省级一流本科课程建设成果教材

化学工业出版社“十四五”普通高等教育规划教材

食品分析

吴广辉　张 建　许青莲　主编

化学工业出版社
·北京·

内容简介

本教材基于应用型本科高校对食品科学与工程类专业人才培养目标的要求，邀请检测机构、科研院所高级技术人员及高校一线教师共同编写，教材内容实用、新颖、规范，理论与实践有效结合。本教材共十三章，包括绪论，食品样品的采集、处理与保存，食品的物理分析法，水分分析，矿物元素分析，酸度分析，脂类分析，糖类分析，蛋白质和氨基酸分析，维生素分析，常见食品添加剂分析，食品中有毒有害物质分析，食品香气物质分析。

本教材可供高等学校食品科学与工程类专业师生使用，亦适用于食品类企业员工培训和有关机构食品分析检测人员培训学习用书。

图书在版编目（CIP）数据

食品分析 / 吴广辉，张建，许青莲主编. -- 北京 : 化学工业出版社，2025. 12. --（省级一流本科课程建设成果教材）（化学工业出版社“十四五”普通高等教育规划教材）. -- ISBN 978-7-122-49517-4

Ⅰ. TS207.3

中国国家版本馆 CIP 数据核字第 2025ZA5058 号

责任编辑：赵玉清　　文字编辑：张熙然　申　莉
责任校对：宋　夏　　装帧设计：关　飞

出版发行：化学工业出版社
（北京市东城区青年湖南街 13 号　邮政编码 100011）
印　　装：高教社（天津）印务有限公司
787mm×1092mm　1/16　印张 15　字数 389 千字
2026 年 1 月北京第 1 版第 1 次印刷

购书咨询：010-64518888　　售后服务：010-64518899
网　　址：http://www.cip.com.cn
凡购买本书，如有缺损质量问题，本社销售中心负责调换。

定　　价：45.00 元

编写人员名单

主　　编　吴广辉　茅台学院

张　建　贵州省产品质量检验检测院

许青莲　西华大学

副 主 编　张　倩　贵州省产品质量检验检测院

宋　亚　茅台学院

邢亚阁　西华大学

毕韬韬　茅台学院

参编人员　（按姓氏拼音排序）

陈学航　贵州省产品质量检验检测院

耿平兰　贵州省产品质量检验检测院

黄家岭　贵州省产品质量检验检测院

李红洲　贵州省产品质量检验检测院

刘　莉　茅台学院

刘兴丽　郑州轻工业大学

张　苗　中国农业科学院农产品加工研究所

前言

食品是一个非常复杂的有机体，在生产、加工、储运和销售过程中会发生各种物理化学及生物变化，从而影响食品品质及其安全性。食品分析是食品质量管理的重要环节，起到监测食品品质、保障食品安全，为食品新产品研制开发提供技术支持等重要作用。

本书是贵州省线上线下混合一流课程和省级教学内容和课程体系改革项目成果教材。本教材吸收传统经典教材的优点，结合基于应用型本科高校对食品科学与工程类专业人才培养目标的要求，从相关检测机构和食品类企业对学生实习、就业过程中的实际需求出发，以我国现行有效的国家标准为基础，结合现代食品分析技术，对食品中的水分、蛋白质、氨基酸、糖类、脂类、灰分、维生素、矿物质、食品添加剂、有害物质、物理特性等的分析方法进行介绍。教材编写特邀检验检测机构高级技术人员、科研院所高级技术人员、高校一线教师参与，力求理论和实践的有效结合。

全书共十三章，西华大学邢亚阁编写第一章；茅台学院毕韬韬编写第二章；茅台学院吴广辉编写第三、四、七、十章，并负责全书的统稿；郑州轻工业大学刘兴丽编写第五章；茅台学院刘莉编写第六章；西华大学许青莲编写第八、十一章；茅台学院宋亚编写第九章第一节、第二节，中国农业科学院农产品加工研究所张苗编写第九章第三节；贵州省产品质量检验检测院张建、张倩、黄家岭编写第十二章，并负责全书的审校工作；贵州省产品质量检验检测院陈学航、耿平兰、李红洲编写第十三章。

本教材可供高等学校食品科学与工程类专业师生使用，亦适用于食品类企业员工培训和有关机构食品分析检测人员培训学习用书。

本书编写得到了相关老师的大力支持，编者在此表示衷心感谢。由于编者水平有限，书中不妥之处恳请读者批评指正。

编者

2025 年 8 月于仁怀

目录

第一章

绪 论

一、食品分析的性质

食品分析是保障食品质量安全及其生产销售过程中质量控制的重要环节，它贯穿于食品的研发、生产和销售全过程，是衡量、评鉴和检验食品品质的一门技术性学科。食品分析根据物理、化学、生物化学、微生物学等学科的基本理论，运用物理检测、化学分析、生物分析及仪器分析等技术手段，依据不同技术及检验检测标准，对食品工业中的原料、辅料、半成品、成品等物料进行成分检测、质量检验。

食品分析主要有以下作用：

① 控制和管理生产，保障和监管食品质量；

② 为食品新产品、新技术、新工艺的开发和研讨提供数据支撑；

③ 监控食品在储藏、运输和销售过程中的品质变化；

④ 为地区食物成分表提供有效依据。

二、食品分析的内容

食品分析的范围比较广泛，分析项目也较多，主要包括食品营养成分分析、食品安全性分析、食品物理特性分析及食品功能活性物质分析等方面的内容。

1. 食品营养成分分析

食品营养分析是食品分析的主要内容之一，主要涉及食品中蛋白质、脂类、糖类、维生素以及矿物质等的含量分析，此外还包括食品中的色素物质、香气物质、食品添加剂等非营养成分。食品的主要营养成分是决定食品品质的关键因素，按照食品标签法规要求，所有食品商品标签上都应该注明该食品的主要配料、营养要素和热量，作为消费者了解和选择食品、监督部门评判食品是否合格的主要依据，对于具有特殊功能的食品，还要标示其功能性成分、含量及其介绍。因此，应用食品分析方法对上述营养成分进行分析，对保障食品质量和安全均具有重要的指导意义。

2. 食品中有毒有害物质分析

食品在生产、加工、包装、储藏、运输和销售等过程中，会产生、引入或污染对人体有毒有害的物质。对这些有毒有害物质的检测是食品分析的重要内容之一，从而可以保障食品安全。有毒有害物质分析主要包括对食品添加剂的合理使用监督、化学性污染分析、生物性污染分析。化学性污染的主要来源有农药残留、兽药残留、有毒重金属、源于包装材料的污染物（如塑化剂、聚氯乙烯、印刷油墨的多氯联苯、包装纸中的荧光增白剂等）、其他化学有毒有害物质（如食品在熏烤等加工过程中产生苯并［a］芘、丙烯酰胺、亚硝胺类化合物等）等。生物性污染的主要来源有微生物及其毒素，如黄曲霉毒素 G_1、黄曲霉毒素 G_2、黄曲霉毒素 M_1、黄曲霉毒素 M_2 等；有害生物，如寄生虫、卵等。

3. 食品的感官检验

食品的感官检验是食品分析过程中的第一项内容，因为人的感觉器官可以对食品进行最可靠、最直接、最快速的感官评鉴，如果食品感官检验不合格，则可直接判断该产品不合格，无须进行理化指标的测定，食品质量标准中都制定了相应的感官判定指标。食品感官检验已经形成了比较成熟的技术和方法体系，可以从视觉、嗅觉、触觉、味觉等方面对食品品质进行研判。

4. 食品安全性分析

食品安全是食品质量的基础，即使是营养丰富的食品，没有安全做保障，都不能称为合格。在食品生产、运输和销售的每个过程都离不开食品安全的监督，而食品安全分析就是以权威部门发布的强制性食品质量标准为依据，对食品中可能会产生或混入的物质，如食品辅料、食品添加剂、重金属元素、有毒物质、农药和兽药残留、真菌毒素等进行分析，评价食品的安全性。同时，随着食品安全事件的频发，人们对食品安全的要求也不断提高，相关分析方法的检出限越来越严格，涌现出很多新型分析方法和仪器，使得食品安全性分析正朝着快速、便捷、准确的方向发展。

5. 食品物理特性分析

通过分析食品的相对密度、折射率、旋光度、黏度、色度、质构等物理参数与食品组成成分和含量的关系，评价食品品质的方法统称为食品的物理特性分析。除了常规的密度计、密度瓶、密度天平、折光仪、旋光仪、黏度计、色度仪、质构仪等仪器以外，还包括计算机视觉检测系统、质构仪、电子舌、电子鼻等替代人的感觉器官对食品的物理特性进行感官分析的精密仪器。这些仪器大多都已经应用到实际的生产和检测中，例如利用计算机视觉检测系统在饮料生产中对饮料灌装液位、饮料瓶外观等指标进行检测；利用质构仪对各类食品的硬度、脆度、黏度、弹性、恢复性和咀嚼性等指标进行检测；电子舌和电子鼻在食品主要风味物质的种类和丰度检测方面的应用等。这些仿生仪器在食品物理特性分析中的应用，为食品品质的提高、新产品的研发提供了丰富的数据信息。

6. 食品功能活性物质分析

具有一定功能活性的食品大多是以药食同源食品资源为主要原料，含有多酚类、多糖类、多肽类等功能活性物质。但是，从目前国际、国内的分析标准来看，针对这一类食品中功能活性成分分析的标准方法较少，且其分析的准确性和精密性参差不齐。

三、食品分析的方法

在选择了合适的样品预处理方法的基础上，分析方法对于样品的适用性也是保证分析结果准确性的一个关键因素。在对食品进行检测分析时，要综合考虑食品样品的分析目的、分析方法的特点、样品自身的特性及方法的有效性和适用性，要考虑分析方法的专一性、精密度、准确度、分析成本、分析速度、设备条件、操作条件及要求等。在企业内部进行产品质量评估或指导生产过程时，可选用分析速度快、操作简便、成本低的快速分析方法；对生产成品进行质量鉴定或对营养标签所标示成分进行检测分析时，则应采用法定分析方法。

食品分析的方法主要有物理分析法、化学分析法、仪器分析法和感官评定法 4 类。

1. 物理分析法

食品的物理分析法是食品分析的重要组成部分，它是根据食品的某些物理指标，如密度、折射率、旋光度等与食品的组成成分及其含量之间的关系进行检测，进而判断被检食品的纯度和组成的方法，如密度法可测定乙醇、蔗糖的含量等。物理分析法具有操作简单、方便快捷等特点，适用于现场检测。

2. 化学分析法

食品的化学分析法是以食品中成分发生的化学反应为基础的分析方法。包括定性分析和定量分析。定性分析是确定食品中某种成分是否存在，定量分析是确定食品中某种成分的准确含量。化学分析法是食品分析最基本、最重要的分析方法，具有仪器简单、常量分析范围内结果准确、有完整的分析理论、计算方便等特点，是常规分析的主要方法。

3. 仪器分析法

食品的仪器分析法近十年来飞速发展，它是在食品成分的物理性质和化学性质基础上建立的精密分析方法，具有速度快、自动化程度高、灵敏度高、准确度高和可同时测定多种成分的特点，在微量成分测定方面具有物理分析法和化学分析法无法比拟的优势。但是，仪器分析法必须依靠专用仪器，如分光光度计、气相色谱仪、液相色谱仪、离子色谱仪、气质联用仪、液质联用仪、电感耦合等离子体质谱仪、同位素质谱仪、高分辨质谱仪、红外光谱仪等价格昂贵的仪器，所用试剂耗材价格也较高。随着分析技术不断进步，已经研发出了多种专用的自动检测仪，如全自动牛奶分析仪、氨基酸自动分析仪、蛋白质测定仪等。食品中存在的很多复杂成分含量较低，如农药残留、兽药残留、食品添加剂和一些有毒物质的残留量等，通常需要大型仪器才能完成分析工作。因此，仪器分析法对食品质量与安全的管理和监控具有非常重要的意义。

4. 感官评定法

人们选择食品往往先从个人喜好出发，由食品的感官品质决定其取舍。不同类别的食品具有不同的感官特征，如色、香、味、形等。这些感官特征在很大程度上决定食品的市场生命力。感官评定分析法又称为感官检验或感官评价，主要依靠检验者的感觉器官（眼、耳、鼻、舌、皮肤等）的感觉，结合职业工作的实践经验，并借助一定的器具对食品的色泽、气味、滋味、质地、口感、形状和组织结构等的质量特性及卫生状况进行判定和客观评价。食品的感官评定法具有简便易行、快速灵敏等特点，是食品质量鉴定的内容之一，在食品分析中占有重要的地位。

食品分析的目的是保障食品质量与安全，同时为生产企业和监督管理部门提供准确可靠的分析数据，以便企业更好地进行产品设计、研发、工艺优化，提升产品质量，管理部门则可对食品产品的质量做出客观判断和评定，便于监管企业合法合规生产，为消费者提供合格产品。

样品中成分的分析方法有多种，选择合适、恰当的分析方法对分析结果的准确度影响很大，需要综合考虑以下各种因素：

① 根据对分析结果的准确度和精密度的具体要求选择适当的分析方法；

② 根据待测样品的数量和分析时间长短来选择适当的分析方法，在确保分析结果具有一定的准确度和精密度的前提下，宜采用简便、快速的分析方法；

③ 根据实验室具体的设备条件和技术条件来选择适当的分析方法；

④ 根据样品的具体特征来选择制备待测液、定量某成分和消除干扰的适宜方法。

目前，比较常用的现代食品分析技术有气相色谱法（gas chromatography，GC）、气相色谱-质谱法（gas chromatography-mass spectrometry，GC-MS）、气相色谱三重四极杆质谱联用仪法（gas chromatography-tandem mass spectrometry，GC-MS/MS）、液相色谱法（liquid chromatography，LC）、高效液相色谱-质谱法（high performance liquid chromatography-mass spectrometry，HPLC-MS）或液相色谱-质谱法（liquid chromatography-mass spectrometry，LC-MS）、原子吸收光谱法（atomic absorption spectrometry，AAS）、荧光分析法（fluorescence analysis）、近红外光谱分析法（near infrared spectrometry）、电感耦合等离子体质谱法（inductively coupled plasma mass spectrometry，ICP-MS）、同位素质谱分析（mass-spectrometric analysis for isotope）、高分辨质谱法（high resolution mass spectrometry）等。例如，元素及价态分析最经典的方法是采用原子吸收光谱法和原子荧光光谱法，可检测砷、铅、汞、锡、硒等金属离子或元素，这几种检测方法灵敏度高、检出限低，可多元素同时进行检测。近年来，由于ICP-MS具有的高灵敏度、可大量分析痕量元素、样品分析时间短等特点，也常被食品分析标准所采用。这些方法均具有样品需要量少、检出限低、线性范围宽、响应值高、精准度高等特点，但是它们涉及的仪器运行和维护成本较高，对放置环境和食品检测人员的操作要求也较高。另外，也有如聚合酶链式反应（polymerase chain reaction，PCR）、DNA探针法、生物芯片法、酶联免疫吸附法等生物分析方法。

近年来，快速检测技术及其在食品分析中的应用也逐渐成为食品分析领域的研究热点，相对于传统和经典的化学检测、仪器分析而言，快速检测的检测时间短，涉及的仪器和设备体积小，试剂简单，可直接带到现场进行检测，既方便快捷又经济实用。但是这类方法往往特异性差、敏感性低，检测能力和检测范围存在局限。因此，在常规的食品分析过程中，快速检测技术大多被用作定性或半定量分析，或作为标准分析方法的补充。但是随着快速检测技术的不断更新和改进，其在食品分析技术领域的广泛应用必将成为现代食品分析技术发展的一个重要趋势。

四、食品分析的过程

在对食品中的目标物质进行分析时，为了获取准确的分析数据，从样品的采集开始一直到分析报告的出具，每一个步骤都需要有合适的方法和严格的操作流程，共同构成食品分析的基本操作程序。食品分析的方法多种多样，有些是国家标准规定的分析方法，有些是某些国际或国内组织制定的分析方法，尽管方法不同，但分析过程基本类似，简要介绍如下：

① 确定分析的内容和要检测的项目；

② 按照标准规程取样和样品存放；

③ 样品采集与制备；

④ 选择合适的分析方法；

⑤ 分析测定，数据处理；

⑥ 分析数据；

⑦ 撰写分析报告。

五、食品分析的标准

食品标准是食品检测人员对食品中主要成分（食品原料、辅料、食品添加剂）、物理特性、有毒有害物质等指标进行分析的依据，也是食品生产企业及相关方面评价其所生产的食品或相关产品质量和安全的“尺子”，更是执法部门进行有效监督的工具。

1. 国内标准

在我国，按照食品分析时所依据的标准不同，可分为国家标准、行业标准、地方标准、企业标准和团体标准等。

（1）国家标准　国家标准是指由国家标准化主管机构批准发布，对全国经济、技术发展有重大意义，且在全国范围内统一的标准。国家标准分为强制性国家标准（GB）和推荐性国家标准（GB/T）。GB 是指保障人体健康、人身和财产安全的标准和法律及行政法规规定强制执行的国家标准；GB/T 是指生产、检验、使用等方面，通过经济手段或市场调节而自愿采用的国家标准。GB/T 一经接受并采用，或各方商定同意纳入经济合同中，就成为各方必须共同遵守的技术依据，具有法律上的约束性。

国家标准是在全国范围内统一的技术要求，由国家标准化管理委员会编制计划，协调项目分工，组织制定（含修订），统一审批、编号、发布。国家标准的编号由国家标准的代号、国家标准发布的顺序号和国家标准发布的年号（发布年份）构成，用 GB ××××（该标准序号）—××××（制定年份）来表示，如 GB 2719—2018《食品安全国家标准　食醋》、GB 14880—2012《食品安全国家标准　食品营养强化剂使用标准》。

此外，对于技术尚在发展中，需要有相应的标准文件引导其发展，或具有标准化价值、尚不能制定为标准的项目，以及采用国际标准化组织、国际电工委员会及其他国际组织的技术报告的项目，可以制定国家标准化指导性技术文件，代号为 GB/Z，如 GB/Z 21922—2008《食品营养成分基本术语》、GB/Z 26587—2011《香菇生产技术规范》。

（2）行业标准　对于某种产品没有国家标准而又需要在全国范围内统一技术要求，则可以制定行业标准，由国务院各行政主管部门编制，如中国轻工业联合会颁布的轻工行业标准（QB）、中国商业联合会颁布的商业行业标准（SB，如 SB/T 10347—2017《糖果　压片糖果》）、农业农村部颁布的农业行业标准（NY）、海关总署颁布的商检标准（SN），如果为推荐标准，同样在字头后添加/T 字样。

（3）地方标准　地方标准又称为区域标准，对没有国家标准和行业标准而又需要在省、自治区、直辖市范围内有统一的安全、卫生要求的工业产品，可以制定地方标准。地方标准由省、自治区、直辖市标准化行政主管部门组织制定，并报国务院标准化行政主管部门和国务院有关行政主管部门备案，在公布国家标准或行业标准之后，该地方标准即应废止。地方标准属于我国的4级标准之一。编号由4部分组成："DB（地方标准代号）"＋"省、自治区、直辖市行政区代码前两位"＋"/T"＋"顺序号"＋"年号"。

（4）企业标准　如果企业生产的产品，尚没有国际标准、国家标准、行业标准及地方标准的，如某些新开发的产品，企业必须自行组织制定相应的标准，报主管部门审批、备案，作为企业组织生产的依据。企业标准开头字母为Q，其后的编号规则由企业自主确定，通常遵循"企业标识代号＋标准顺序＋发布年号"的结构。对已有国家标准、行业标准或地方标准的，鼓励企业制定严于国家标准、行业标准或地方标准要求的企业标准。

（5）团体标准　团体标准是由食品行业协会或相关组织根据行业需求制定的自愿性标准，这些标准通常在没有相应的国家标准、行业标准和地方标准的情况下制定，或者当现有标准不能满足行业发展需求时制定。根据《中国食协团体标准管理办法》，团体标准制修订工作遵循一系列流程，包括立项、起草、征求意见、审查、批准、发布、实施、宣贯和复审等。团体标准的编号由团体标准代号（T）、社会团体代号、发布顺序号和发布年号构成。例如，中国食品工业协会的团体标准编号形式为：T/CNFIA×××—××××。团体标准主要涉及管理标准、技术标准、工作标准以及其他食品工业相关的业务活动，其制修订遵循国家法律法规、食品安全国家标准的要求，并积极采用国际标准和国外先进标准。

2. 国外标准

20世纪60年代，联合国粮食及农业组织（Food and Agriculture Organization of the United Nations，FAO）和世界卫生组织（World Health Organization，WHO）组建了国际食品法典委员会（Codex Alimentarius Commission，CAC），并制定了一系列食品与农产品的标准和安全性法规，旨在使不同国家和地区的食品安全性分析方法一致有效，保障公平的贸易环境。除此之外，国际标准化组织（International Organization for Standardization，ISO）也制定了关于质量控制及记录保持的国际标准，其中就有食品抽样的相关标准。而美国分析化学家协会（Association of Official Analytical Chemists，AOAC）也制定了《官方分析方法》《食品分析方法》《营养成分微生物分析法》《无机污染物的分析技术》等与食品分析方法密切相关的标准方法。上述标准均不属于强制性标准，但对各个国家的食品标准制定和执行具有重要的指导意义和参考价值。目前，具有一定代表性和权威性的国外食品标准主要集中在经济发达国家和地区，如美国、欧洲、日本、俄罗斯等。

美国食品药品监督管理局（Food and Drug Administration，FDA）作为主要的食品安全监管部门，依据《行政程序法》的规定程序制定了大量食品法规，该程序主要包括正式程序和非正式程序。目前主要采用非正式程序，包括公告、评论和公布三个环节，其中公告和评论环节最为重要，称为公告评论制定程序。该程序主要包括立法动议、确定规章制定的必要性、制定规章草案、行政管理和预算局审查规章草案、公布规章草案、公开征求意见、制定最终规章、审查最终规章、公布最终规章9个步骤。但是，在实际的食品监控中，FDA经常需要与其他部门共同负责。例如，肉禽类制品由美国农业部（United States Department of Agriculture，USDA）管理。涉及食品中杀虫剂残留、饮用水安全和食品工厂废水排放方面的问题则由FDA和美国国家环境保护局（Environmental Protection Agency，EPA）共同负责处理。涉及进口食品安全性时则需要FDA和USDA协助美国海关与边境保护局（U. S. Customs and Border Protection，CBP）共同解决。

欧盟的食品安全标准分为产品标准、过程控制标准、环境卫生标准和食品安全标签标准四大类。产品标准主要针对产品的规格、动物性、植物性及婴幼儿食品。过程控制标准主要包括标准品、微生物标准和食品添加剂标准。环境卫生标准主要包括食品制备、加工或者处理的场地规划和设计、运输食品的容器包装、食品接触的设备设施以及食品加工人员在个人清洁方面的卫生标准。食品安全标签标准则严格规范了食品包装上各类图形标志及相关注释性文字。

日本推行的是“多中心治理模式”，即在食品安全委员会的监督下，农林水产省主要负责国内生产的各种生鲜农产品从生产到粗加工过程中的安全性，厚生劳动省主要负责国内农产品、食品再加工、流通环节以及进口农产品、食品的安全性，由行业协会和消费者共同参与食品安全制度的制定、实施和评估工作。

俄罗斯食品的相关法律是《食品质量安全法》，作为俄罗斯食品安全的主要法律之一，规定了为确保食品质量和安全必须遵守的规定和标准、新食品的注册管理、应尽的法律义务，是国家管理食品安全和从业者遵守食品法律的规范。2012 年俄罗斯加入世界贸易组织（World Trade Organization，WTO）后，开始对食品国家标准进行调整。其食品标准在保留俄罗斯食品标准自身的特点外，开始追求与市场经济相适应、与国际标准接轨的食品标准理念，追求建立一个与欧盟接近、符合食品国际标准要求的食品安全标准体系和技术法规体系。

澳大利亚、新西兰是重要的食品出口国，这两个国家出口的食品在国际贸易市场享有较高的信誉，这是以两国完善的食品立法、食品标准体系为保障的。1995 年 12 月，为进一步发展和强化 1983 年《澳新更紧密经济联系贸易协定》生效以来的经济关系，提高食品行业的国际竞争力，促进共享的国际经济利益，两国签署了《澳大利亚新西兰联合食品标准协定》，决定联合开发部分食品标准。澳新食品标准的制定机构主要涉及澳新食品标准局（Food Standards Australia New Zealand，FSANZ）和澳新食品监管部长会议（Australia and New Zealand Food Regulation Ministerial Council，ANZFRMC）。两国联合开发了 9 个方面的食品标准，同时也规定了统一的标准不适用以下 3 个方面：①农药和兽药最高残留限制；②食品卫生规定的详细要求，如证明食品安全和守法的食品安全计划或其他方法；③有关第三国贸易的出口要求。该食品标准体系包含 70 多项食品标准，分为四章。第一章为通用食品标准，涉及标准的适用、解释和普遍禁止，标识和信息要求，食品添加物质利用许可，新食品、转基因食品，辐照食品利用许可，污染物和天然有毒物质最高限量，最高残留限量（仅适用澳大利亚），与食品接触的器物和材料，禁止的和限制的植物和真菌，微生物污染物最高限量，食品加工要求（仅适用澳大利亚）等。第二章为食品产品标准，分十大类，即谷物，肉、禽蛋和鱼，水果和蔬菜，食用油，乳制品，非酒精类饮品，酒精类饮品，糖和蜂蜜，特殊用途食品以及其他食品标准。第三章为食品安全标准，仅适用澳大利亚，包括食品安全计划，食品场所和设备。第四章为初级生产标准，仅适用澳大利亚，涉及海洋食品、禽类、肉类、特殊奶酪和其他商品生产和加工。

3. 国内外食品标准及相关制度比较

（1）食品标准　国际上食品标准一般为推荐性方法或以政府指定的形式发布，CAC、美国、澳大利亚、新西兰等组织或国家以引用 ISO、AOAC 等国际组织制定的方法为主，或将其改进完善后作为推荐性分析方法使用，而它们更注重的是各实验室的标准操作程序。

随着我国综合国力的提升，我国的食品标准也正逐渐向国际先进水平靠拢。以食品中的重金属残留标准为例，我国大多数食品的重金属指标与国际水平基本一致。其中，蔬菜、饮用水和食盐等食品的铅含量限值与CAC及欧盟的相关标准基本保持一致，甚至部分标准还优于欧盟同类标准。例如，在GB 2762—2025《食品安全国家标准　食品中污染物限量》中，新鲜蔬菜铅限量为0.1mg/kg。此外，我国食用菌及其制品的铅残留量限值定为0.5mg/kg，因为这类食品对重金属有富集作用，不应简单地按普通蔬菜处理。而欧盟标准中关于栽培菌铅含量的限值与叶类蔬菜一致，均为0.3mg/kg。由此可以看出，虽然我国的食品种类复杂，但我国食品标准与发达国家食品标准的差距正在逐渐缩小。

(2) 食品安全管理体系模式　目前，国际上食品安全管理体系的模式主要有两种，一种是“集中管理模式”，即由一个部门集中行使食品安全的所有管理职能，以英国、加拿大等国家为代表。另一种是“分散管理模式”，即由多个部门分散行使食品安全的管理职能，以中国、美国等国家为代表。但是在具体的管理过程中，中国和美国的管理权限又有区别。中国主要是以不同的生产环节来管理，而美国主要是以不同的食品类别来管理，且美国的食品安全管理体系主要以预防为主，侧重事前监督。而欧盟的食品安全管理体系比较完善，从横向来看，所涉及的食品种类多、涵盖面广；纵向来看，囊括了食品流通的各个环节；从效果来看，欧盟的食品安全管理体系在其成员国具有强大的效力和约束力，能够使标准体系得到有效践行。

(3) 食品检查人员制度　食品质量和安全的管控除了需要有上述食品标准作为指导外，还有一个非常重要的因素是食品检查人员的专业素质。食品检查人员的专业素质，直接决定检查工作的质量和效率。美国、欧盟、加拿大等较早实施了食品检查人员制度，组建了专业性强、业务素质高的检测人员队伍，为食品企业监督检查工作的科学性和有效性提供了保障。例如在美国，FDA监管事务办公室（ORA）是FDA各类产品（食品、药品、医疗器械等）检查人员所在单位。FDA食品检查人员以专职为主，此外还有数量庞大的食品化学、毒理学、微生物学、流行病学及食品卫生学专家作为兼职检测力量。ORA内设有监管事务大学（ORAU），通过网络培训和课堂授课两种形式对食品检查人员进行定期培训。网络课程免费对国家及州监管人员开放，大部分食品检查人员的课程可以在线学习。

食品企业检查员通常应具有相应的任职资格，经过培训和通过考核的专业人员经当局授权来贯彻食品监管权益，代表政府对企业实施监管。欧盟条例及各国法规中对食品企业检查员的要求和资质做出了规定：对食品企业的检查，都必须由受过专门教育和权威培训的有经验的专职检查员来进行，相关专业的学历背景、掌握一定的食品安全法律法规和一定年限的从业经验是任职的必备条件。欧盟各成员国的食品检查人员必须定期参加欧盟委员会或者国家层面组织的各种培训，培训时会组织相关领域的专家对检查员开展理论基础、专业知识、检查技巧和实践经验的培训。同时还要求食品企业检查员应当更新和补充自身知识，参加继续教育，适应最新监管形势需要。

案例：食品分析之宋代

思考题

1. 什么是食品分析？其主要作用有哪些？
2. 目前常用的食品分析的方法主要有哪几类？各自特点是什么？
3. 食品分析的主要步骤是什么？
4. 中国和国外的食品标准都有什么特点？
5. 作为一名食品分析人员，如何确保食品分析结果的准确性？

第二章

食品样品的采集、处理与保存

第一节　样品的采集、分类、方法和保存

一、样品的采集

食品分析对象种类繁多、基质成分复杂且来源广泛，检测又大多具有破坏性，不可能对所有被检食品进行检测，因此，食品检测的第一步就是从大量的分析对象中抽取有代表性的一部分作为分析用样品，称为样品的采集，简称采样。

采样要确保从大量的被检物料中采集能代表整批物料质量的少量样品，必须遵循一定的规则，掌握适当的方法，防止样品受损或污染，一系列的检验工作都要非常精密、准确。

1. 正确采样的意义

食品的组成复杂多样，且分布不均匀，如果采得的样品不足以代表全部物料的组成成分，那么无论后续的检验工作如何精密、准确，其检验结果也将毫无价值，甚至会得出错误结论，引起严重后果，因此正确采样是食品分析过程中重要的环节之一。

2. 正确采样的原则

① 采集的样品要均匀、有代表性，能反映全部被检食品的组成、质量和卫生状况。

② 采样方法要与分析目的一致。

③ 采样过程要设法保持原有的理化指标，避免待测组分（如水分、气味、挥发性酸等）发生化学变化，防止成分逸散。

④ 要防止带入杂质。

⑤ 要防止待测组分被污染。

3. 采样要求

为保证采样的公正性和严肃性，确保分析数据的可靠，GB/T 5009.1—2003《食品卫生检验方法　理化部分　总则》对采样过程提出了以下要求。

① 采样应注意样品的生产日期、批号、代表性和均匀性（掺伪食品和食物中毒样品除外）。采集的数量应能反映该食品的卫生质量和满足检验项目对样品量的需要，一式三份，

供检验、复验、备查或仲裁，一般散装样品每份不少于0.5kg。

② 采样容器根据检验项目，选用硬质玻璃瓶或聚乙烯制品。

③ 液体、半流体食品如植物油、鲜乳、酒或其他饮料，如用大桶或大罐盛装者，应先充分混匀后再采样。样品应分别盛放在三个干净的容器中。

④ 粮食及固体食品应自每批食品上、中、下三层中的不同部位分别采取部分样品，混合后按四分法对角取样，再进行几次混合，最后取有代表性样品。

⑤ 肉类、水产等食品应按分析项目要求分别采取不同部位的样品或混合后采样。

⑥ 罐头、瓶装食品或其他小包装食品，应根据批号随机取样，同一批号取样件数，250g以上的包装不得少于6个，250g以下的包装不得少于10个。

⑦ 掺伪食品和食品中毒的样品采集，要具有典型性。

⑧ 检验后的样品保存：一般样品在检验结束后，应保留一个月，以备需要时复检。易变质食品不予保留，保存时应加封并尽量保持原状。检验取样一般皆系指取可食部分，以所检验的样品计算。

⑨ 感官不合格产品不必进行理化检验，直接判为不合格产品。

4. 样品类型

（1）抽检货物　从批量货物中的一个位置取出的少量货物。多个抽检货物应从批量货物的不同位置采样。

（2）混合货样　条件允许，从某一特定批量采样、混合，即为混合货样，亦即大样。

（3）缩减样品　混合货样经缩减而获得对该批量货物具有代表性的样品，亦即中样（以200g为准）。

（4）实验室样品　从缩减样品中获得，亦即试样或小样（一般以25g为准）。

二、样品的分类

被检物料按照采集过程，依次分为检样、原始样品和平均样品三类。

（1）检样　从整批食物的各个部分采集的少量样品，称为检样。检样的抽样方法和数量按该产品标准中检验规则规定执行。

（2）原始样品　把许多份检样混合在一起称为原始样品。原始样品必须能代表该批食品的品质。

（3）平均样品　将原始样品按照规定方法（如四分法）混合，均匀地分出一部分，称为平均样品。平均样品要分成三份，应一式三份，分别供检验、复验及备查使用。每份样品数量一般不少于0.5kg。

三、采样的一般方法

（1）随机抽样　即严格遵循所有物料各个部分被抽到的可能性均等的原则，均衡地、不加选择地从全部产品的各个部分取样。随机抽样常于总体个数较少时使用，但随机不等于随意。随机抽样要保证所有物料各个部分被抽到的可能性均等。具体做法有掷骰子、用随机表、用计算器等。

（2）代表性抽样　当取样的总量较大时，可采取代表性取样，按照系统抽样法采集，即根据样品随空间（位置）、时间变化的规律，将总体分成均衡的几个部分，然后从每一部分采集样品，如分层采样、随生产过程流动定时取样、按组按批取样、按不同生产日期，也可在流水线上按一定的时间间隔抽样等。

具体的采样方法根据分析对象的不同而不同，实际采样多采取随机抽样与代表性取样相结合的方式，按照相关的采样标准或操作规程所规定的方法进行。

① 均匀固体食品（如粮食、粉状食品）：

a. 完整包装的食品：可先按式(2-1）确定采样点数，然后从样品堆放的不同部位，将双套回转取样管（图 2-1）插入包装中，回转 180°取出样品，每一包装需由上、中、下三层和五点（周围四点和中心点）取出五份检样，如图 2-2 所示，用四分法将多份检样缩减成平均样品，即将原始样品混合均匀后，在玻璃板上压平成圆形，厚度<3cm，画上“十”字线，将其分成四份，取对角的两份混合，重复以上操作，如此反复操作，直至取得所需数量为止。

$$S=\sqrt{\frac{N}{2}} \tag{2-1}$$

式中 S——取样件数；

N——总件数（如袋、桶、箱等）。

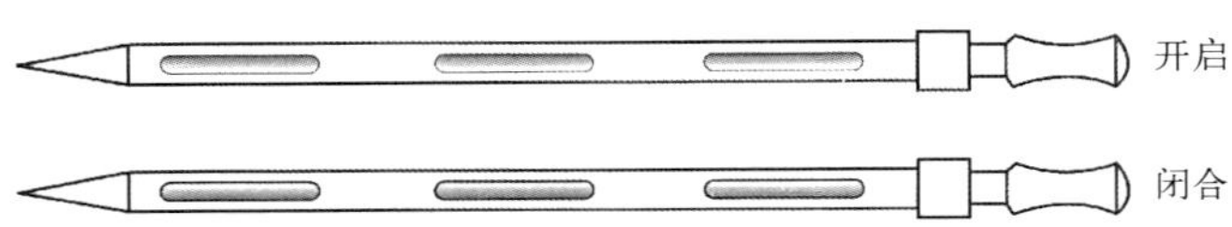

图 2-1 双套回转取样管示意图

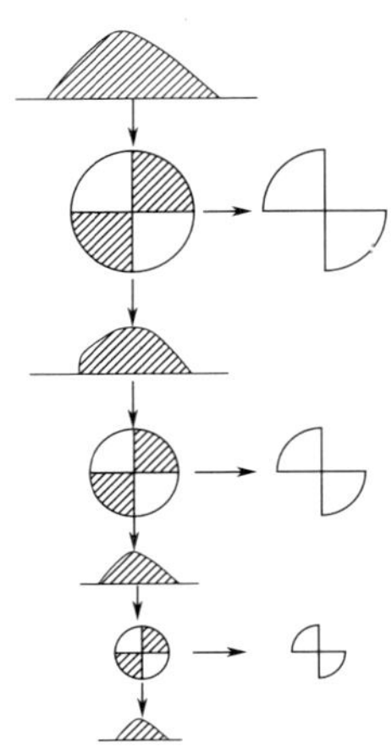

图 2-2 四分法取样图

b. 无包装的固体食品：散装的固体食品先划分若干等体积，然后在每层的四角和中心用取样器各取少量样品，再按四分法缩减后取得平均样品。

② 不均匀的固体食品：不均匀的固体食品（如肉、鱼、果品、蔬菜等）各部位极不均匀，个体大小和成熟程度差异很大，可按如下方法取样。

a. 肉类和水产品类样品取样：可根据分析目的不同，从各个不同部位取样，或随机取多个样品，切碎混匀后，分取、缩减到所需数量。如测鱼头部分的成分就只取鱼头。

b. 果蔬类样品取样：按照采样对象的大小及是否包装等区别，可整体选取，也可依据成熟度和个体大小不同等原则选取个体，或由多个包装中选取一定数量后，进行初步切碎后混匀处理，并缩减到所需数量为止。如蔬菜的营养成分（全菜）要从茎、枝、叶分别取样，粉碎后，混匀。

③ 较稠的半固体食品（如稀奶油、动物油、果酱等）：这类食品不易混匀，可先按式（2-1）确定取样件数，开启包装，用采样器从各桶（罐）中分层（一般分上、中、下三层）分别取样，然后混合、分取、缩减至所需数量的平均样品。

④ 液体食品（如植物油、鲜乳等）：包装体积不太大的食品可先按式(2-1）确定取样件数，开启包装，充分混合，分取，缩减到所需数量。大桶装或散装的食品不易混匀，可用虹吸法分层取样，每层约取 500mL，充分混匀后，分取、缩减到所需数量。

⑤ 小包装食品（罐头、袋或听装乳粉、瓶装饮料等）：这类食品一般按班次或批号连同包装一起采样，如小包装外还有大包装（如纸箱），可在堆放的不同部位抽取一定点数的大包装，再打开大包装，从每个大包装中抽取小包装，再缩减到所需数量。

总之，不论何种采样方法都需按分析的目的取样。

但对于有些样品，如果想要采集其中的特定成分、组成部分或多组分产品中的特定部分，就要特别小心才能获得较好的分离效果。

四、样品的制备与保存

1. 样品的制备

为了保证样品组成的均匀性及测定结果的准确可靠，必须对样品进行制备。样品的制备是为了使被测定成分在样品中均匀分布，使样品具有代表性。对样品进行缩分，以便于样品均质。常用的缩分方法有：瓜果常采用“米字形”分割再横切的方法（图 2-3）；粮食采用“圆锥状”循环反复 1/2 缩分的方法，直到缩分至满足检测需要为止，形状不规则的可采用等分法缩分样品；还可以采用对角线法、棋盘法等缩分方法。

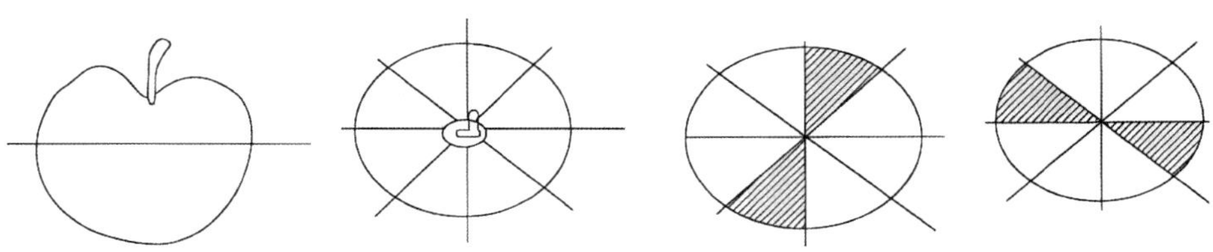

图 2-3　苹果分割缩分图

为了缩分后的总体试样均匀，即均质，一般必须根据水分含量、物理性质和混匀操作间的关系，并考虑不破坏待测成分的条件，用以下方法混匀：①粉碎、过筛；②磨匀；③溶于溶液，加热使其成为液体，搅拌。一般含水分多的新鲜食品（如蔬菜、水果等）用研磨方法混匀；水分少的固体食品（如谷类等）用粉碎方法混匀；液态食品容易溶于水或适当的溶剂，使其成为溶液，以溶液作为试样。

（1）样品制备的步骤

① 去除非食用部分：食品理化检验中用于分析的样品一般是指食品的可食部分。对其中的非食用部分，应该按食用习惯预先去除。

② 除去机械杂质：所检验的食品样品应该去除生产和加工中可能混入的机械杂质，如植物种子、茎、叶、泥沙、金属碎屑、昆虫等异物。

③ 对样品进行缩分，以便于样品均质。

④ 均匀化处理：食品样品在采集时已经切碎或混匀，但还不能达到分析的要求。通常在实验室检验前，必须进一步均匀化。

（2）样品制备的方法　样品制备的方法因产品类型不同而异。例如，液体、浆体或悬浮液体摇匀，充分搅拌。互不相溶的液体（如油与水的混合物）先分离，再分别取样。固体样品：切细、粉碎、捣碎、研磨等。罐头：去核、去骨、去调味品、捣碎。

常用的制备工具有粉碎机、研钵、高速组织捣碎机、绞肉机等。

（3）常用食品样品的制备　液体、浆体或悬浮液体一般将样品充分摇匀或搅拌均匀即可；互不相溶的液体如油和水的混合物，可分离后再分别取样测定；固体样品可视情况采用切细、捣碎、粉碎、反复研磨等方法将样品研细并混合均匀；水果罐头在捣碎前要先清除果核；鱼类罐头、肉禽罐头应先剔除骨头、鱼刺及葱姜等调味品后再捣碎、混匀。制备过程中，还应注意防止易挥发性成分的逸散和避免样品组成及理化性质发生变化。

食品分析中还应注意在均质时样品成分的变化。例如，糖类、蛋白质、脂肪、灰分、无机物主成分、食品添加剂、残留农药、无机物等是比较稳定的，用前述方法干燥、粉碎或研磨时试样成分不会有多大变化。而新鲜食品中的微量有机成分、维生素、有机酸、胺类等很容易减少或增加，原因是被自身的酶分解或微生物增殖。所以在对样品均质处理时要加入酶抑制剂，而且研磨样品时要在5℃以下，可防止上述两种情况的发生。

2. 样品的保存

采集的样品应在短时间内进行分析，否则应妥善保管。一般放在密闭、洁净容器内，干燥、避光保存。冷冻食品应保持原冷冻状态；易腐败变质的样品放在0～5℃冰箱内保存，但不宜长期保存；易分解的样品要避光保存。特殊情况下，可加入不影响分析结果的食品防腐剂或进行冷冻保存。

理化检验后的样品应保留一个月，以备需要时复检。

第二节　样品的预处理

食品种类繁多、组成复杂，既含有大分子的有机化合物如蛋白质、脂肪和糖类等，也含有许多无机元素，而且组分之间大多以复杂的结合态形式存在，给测定造成干扰或无法直接测定。因此在测定前必须破坏其结构，排除干扰组分，使被测成分游离出来。此外，有些被测组分浓度太低或含量太少，测定前必须对样品进行浓缩。这些操作称为样品的预处理。对样品进行预处理的目的是消除干扰因素，完整保留被测组分，使被测组分浓缩，以便获得可靠的分析结果。

从采样结束到分析测定之前的所有准备工序统称为样品的预处理。样品的预处理方法一般有以下几种。

一、有机物破坏法

测定食品中无机成分的含量需要在测定前破坏有机结合体，如蛋白质等。操作方法分为干法灰化和湿法消化两大类。

1. 干法灰化

原理：干法灰化又称灼烧法。将样品放入坩埚中，先在电炉上低温加热，使其中的有机物脱水、炭化，再置高温炉（一般为500～600℃）中灼烧，有机物灼烧后彻底分解逸散，直至残灰变为白色或浅灰色，所得残渣即为无机成分。

低温炭化的目的：样品灰化前要经过炭化处理，目的如下。首先，防止灰化样品外部在高温下焦化，炭粒被包裹住，内部不能充分氧化导致的灰化不彻底；其次，防止因样品水分较大，在高温下水分剧烈蒸发使样品溅失；最后，防止易发泡膨胀的物质在高温下发泡而溢出。

优点：①此法基本不加或加入很少的试剂，故空白值低；②因灰分体积很小，因而可处理较多的样品，可富集被测组分；③有机物分解彻底，操作简单。

缺点：①所需时间长；②因温度高易造成易挥发元素（如 Hg、As、Se 等）的损失；③坩埚对被测组分有吸留作用，使测定结果和回收率降低。

2. 湿法消化

原理：样品中加入强氧化剂后加热消煮，使样品中的有机物质完全分解、氧化，呈气态逸出，待测组分转化为无机物状态存在于消化液中。

常用的消化器皿为高温电炉和凯氏烧瓶（图2-4），常用的强氧化剂有浓硫酸、浓硝酸、高氯酸及它们的混合液，或加入少量的助氧化剂（如高锰酸钾和过氧化氢等）加速消化，由于湿法消化产生大量有刺激性气味的二氧化硫、二氧化氮等气体，因此，湿法消化通常需要在通风橱中进行。

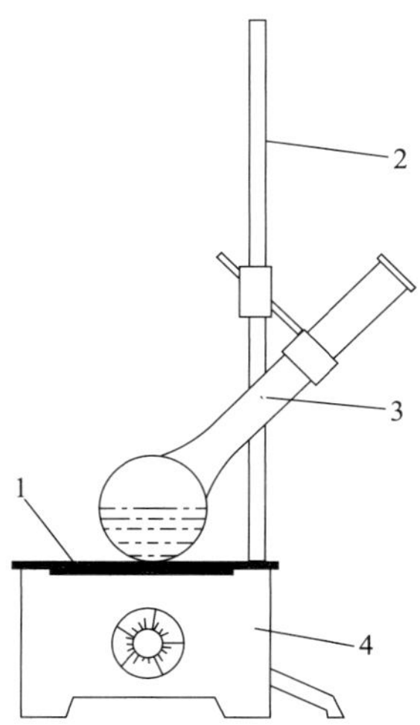

图 2-4　湿法消化示意图

1—石棉网；2—支架；3—凯氏烧瓶；4—电炉

优点：①有机物分解速率快，所需时间短；②由于加热温度低，可减少金属挥发逸散的损失；③容器吸留无机元素的量比干法灰化少。

缺点：①消化过程中会产生大量有害气体，操作必须在通风橱中进行；②整个消化过程必须有操作人员看管，尤其是消化初期易产生大量泡沫外溢；③试剂用量大，空白值偏高。

湿法消化常用的有硫酸消化法，浓硫酸相比浓硝酸和浓盐酸而言更稳定安全，不易挥发。

3. 其他方法

（1）紫外线分解法　由高压汞灯提供紫外线，在（85±5）℃进行光解，通常加过氧化氢。

（2）微波消解法　是一种以微波为能量对样品进行消解的新技术，以其快速、节省能源、易于实现自动化等优点而被广泛应用，被认为是“理化分析实验室的一次技术革命”。美国已将该法作为测定金属离子时消解植物样品的标准方法。

（3）自动回流消化法　是一种采用流水冷却的湿法消化方法，密闭的回流消化仪可避免汞蒸气等的挥发逸散，主要用于砷、汞等高温易挥发无机元素检测的前处理。

二、溶剂提取法

溶剂提取法又称浸提法，是用溶剂将固体样品中某种待测成分浸提出来，又称“液-固萃取法”。此方法是根据食品或天然产物中各种成分在溶剂中的溶解性质，选用对有效成分溶解度大，而对不需要溶出成分溶解度小的溶剂，将有效成分从原料组织中溶解出来。

（1）溶剂选择原则　依据“相似相溶”原理选择溶剂，选择稳定性好的溶剂。选择溶剂沸点在45～80℃的溶剂。沸点低的溶剂易挥发，稳定性差，而沸点高的溶剂不易蒸发去除，因此，沸点过高或过低的溶剂均不适合。

（2）溶剂的分类　常用溶剂分为水、亲水性有机溶剂和亲脂性有机溶剂三类。极性由弱到强依次排序为：石油醚＜环乙烷＜苯＜甲苯＜二氯甲烷＜三氯甲烷＜乙醚＜乙酸乙酯＜丙酮＜乙醇＜甲醇＜水。各溶剂的沸点和密度见表2-1。其中，水是最常用的溶剂，用于氨基酸、糖类、无机盐等的提取；甲醇、乙醇和丙酮等亲水性有机溶剂，常用于苷类、生物碱盐、单宁等物质的提取；乙醚和三氯甲烷等亲脂性有机溶剂常用于油脂、挥发油、游离甾体及三萜类化合物等的提取。

表2-1　常用有机溶剂的沸点和密度

溶剂名称	沸点/℃	密度/(kg/m³)	溶剂名称	沸点/℃	密度/(kg/m³)
水	100.0	1.00	环己烷	80.8	0.78
甲醇	64.7	0.79	苯	80.1	0.88
乙醇	78.0	0.79	甲苯	110.6	0.87
丙酮	56.1	0.79	乙酸乙酯	77.1	0.90
乙醚	34.6	0.71	二氯甲烷	40.8	1.34
石油醚	30～60	0.68～0.72	三氯甲烷	61.2	1.49
	60～90		乙腈	81.6	0.78

（3）常用的溶剂提取方法　依据提取溶剂温度的不同，可将传统的溶剂提取法分为冷提法和热提法两类，浸渍是常用的冷提法，回流提取法和索氏抽提法等是常用的热提法。

浸渍法：浸渍法是用水或醇浸渍原料一定时间，然后合并提取液，减压蒸干溶剂并浓缩待测物的方法。浸渍法在低温下进行，无须加热，适合挥发性成分及受热易分解成分的提取。例如，番茄中番茄红素的提取等。

回流提取法：回流提取法是用有机溶剂作为提取溶剂，在回流装置中对原料进行加热蒸发冷凝后再回流的提取方法，回流提取具有溶剂消耗较少、浸出效率较高的优点，但受热易破坏的成分不宜用此法，且溶剂消耗量较大，操作较麻烦。此法适宜于热稳定性较强的目标物的提取，量大时需要加上机械搅拌，工业上多用蒸汽加热，实验室用水浴加热。

连续回流提取法：连续回流提取法是回流提取法的进阶，具有消耗溶剂量更小、提取效率更高的优点，常用索氏提取器或其他连续回流装置。当物质的溶解度不大时，进行萃取会耗费大量的溶剂，为解决这一问题，引入索氏提取器。该装置是利用溶剂回流和虹吸原理，使固体物质连续不断地被纯溶剂所萃取的仪器。

回流提取法和连续回流提取法是常用的热提法，与浸渍法相比，具有提取效率高的优点，但不适用于提取对热不稳定的物质。

（4）现代提取方法　现代提取方法是在传统浸提法的基础上发展起来的，是采用一种或多种高新技术辅助溶剂提取的方法。主要包括超临界流体萃取、超声波辅助提取、微波辅助提取、酶辅助提取等。

超临界流体萃取（supercritical fluid extraction，SFE）：超临界流体（SCF）是指处于临界温度和临界压力以上，其物理性质介于气体与液体之间的流体。常用的超临界流体为二氧化碳，SCF 既有与气体相当的高渗透能力和低的黏度，又兼有与液体相近的密度和对许多物质优良的溶解能力。SFE 是借助超临界流体萃取仪，利用 SCF 兼有气液两重性的特点进行提取的方法，可以在近常温的条件下提取分离，几乎保留产品中全部有效成分，无有机溶剂残留，产品纯度高，操作简单，节能。

超声波辅助提取（ultrasonic assisted extraction，UAE）：利用超声机械及空化作用等性质增大物质分子运动频率和速度，增加溶剂穿透力，提高目标物质溶出速度和溶出次数，缩短提取时间的浸提方法。超声波辅助提取具有提取时间短（一般＜30min）、低温提取有利于保护有效成分等优点。目前，超声波辅助提取法广泛应用于食品营养、功效成分的提取，作为辅助手段应用于农兽药残留检测的样品前处理中。

微波辅助提取（microwave assisted extraction，MAE）：在微波场中，吸收微波能力的差异使得基体物质的某些区域或萃取体系中的某些组分被选择性加热，从而使得被萃取物质从基体或体系中分离，进入萃取剂中。微波萃取适用于对热有一定稳定性物质的提取，具有萃取时间短、溶剂用量少、溶剂回收率高，所得产品品质好、成本低、投资少、提取效率高且操作简单等诸多优点。

酶辅助提取（enzyme assisted extraction，EAE）：通过酶反应较温和地将植物组织分解，破坏原有的大分子物质和活性成分的复合结构，加速有效成分的释放提取，还可将影响提取液纯度的杂质如蛋白质、淀粉、纤维素、果胶等分解除去。酶辅助提取法显著提高提取得率，缩短提取时间。缺点是对提取条件要求较高，需掌握最适温度、pH 及最适作用时间等，而且酶的成本也较高。

三、常用的分离方法

食品中各类化合物的碳链骨架、官能团、分子量及空间结构不同构成了结构的复杂性，而依据密度、沸点、酸碱性、分子量、溶解度等性质的差异产生了各类不同的分离方法。依照分离原理不同，将分离方法分为蒸馏、萃取、结晶、膜过滤、色谱等几大类。

1. 蒸馏

原理：利用液体混合物中各种组分沸点不同而将其分离，常用于液体组分的分离、浓缩和纯化。食品分析中常用的蒸馏方法有常压蒸馏、减压蒸馏、水蒸气蒸馏等。

（1）常压蒸馏　适用对象为常压下受热不分解或沸点不太高的物质。仪器一般由蒸馏烧瓶和冷凝管组成，使用过程中注意烧瓶和冷凝管连接口的密封问题，并加入沸石、玻璃珠或碎瓷片等防止暴沸。见图 2-5。

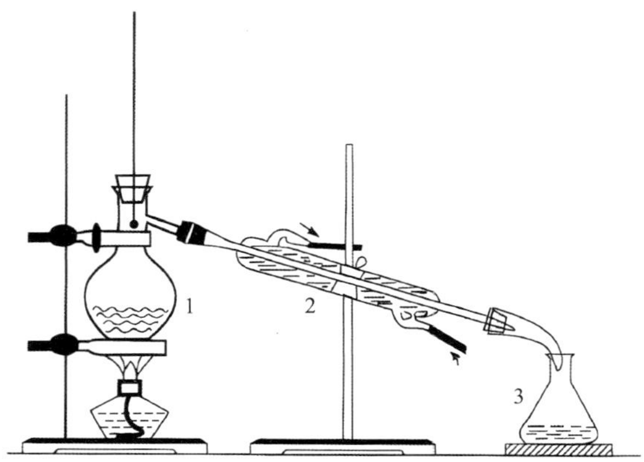

图 2-5　常压蒸馏装置

1—蒸馏烧瓶；2—冷凝管；3—接收瓶

（2）减压蒸馏　适用对象为常压下受热易分解或沸点较高的物质。减压蒸馏装置由真空水泵、减压蒸馏瓶、冷凝管等组成。使用中注意减压蒸馏瓶中一长管通入液下，即安全管通入液面下，停机时，先移开热源，慢慢放入空气再撤真空，防止倒吸。见图 2-6。

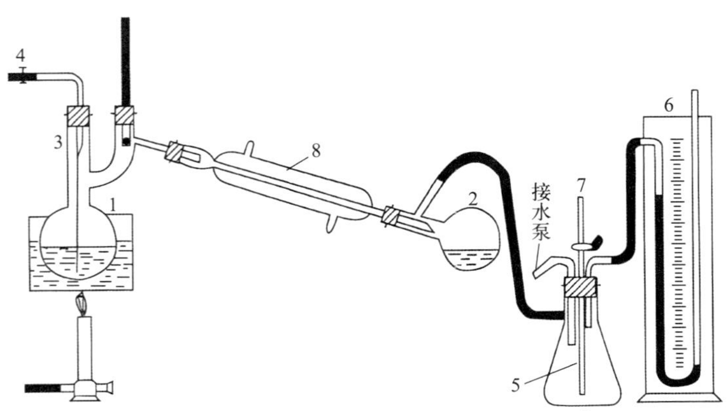

图 2-6　减压蒸馏装置

1—减压蒸馏瓶；2—收集器；3—毛细管；4—螺旋夹；5—玻璃管；6—U 形压力计；7—旋转活塞；8—冷凝管；9—安全瓶

(3) 水蒸气蒸馏　当水和不溶于水的化合物一起蒸馏时，体系的蒸气压根据道尔顿分压定律，应为各组分蒸气压力之和，即 $P_{总}=P_A+P_B$，当 $P_{总}=P_{外}$ 时的温度为该混合体系的沸点。此时的沸点比任何一个单独组分的沸点要低。低于 100℃时不溶于水且沸点较高的物质可以随水蒸气一起蒸馏出来。水蒸气蒸馏适用于沸点较高、易炭化、易分解物质。如挥发油、小分子的香豆素等。适合于沸腾状态下与水不发生反应，不溶或难溶于水，在沸腾的情况下有一定的蒸气压的物质与水分离。见图 2-7。

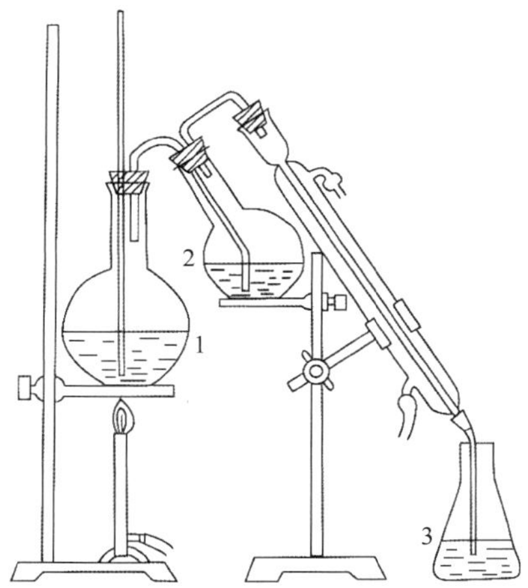

图 2-7　水蒸气蒸馏装置

1—蒸汽发生瓶；2—样品瓶；3—接收瓶

2. 萃取

原理：利用物质在互不相溶的两相中溶解度或分配系数的不同达到提取、分离及纯化的目的。即萃取是通过溶质在两相间的溶解竞争而实现的。其分配定律为在一定温度下，待测物质在有机相和水相的浓度之比为一常数，即 $C_A/C_B=k$（约为溶解度之比），其中 k 为分配系数，C_A 和 C_B 为待测物质在两液相 A 和 B 中的浓度。

萃取溶剂的选择原则：常见萃取溶剂取代基的极性大小顺序：酸>酚>醇>胺>醛>酮>酯>醚>烯>烷。选择的萃取溶剂应与原溶剂的互溶性差，两溶剂的密度差异明显；同时，依据“相似相溶”原理，萃取剂对目标物的选择性高；选择化学性质稳定、沸点较低、价格低、毒性小的萃取溶剂。

(1) 液-液萃取　液-液萃取操作常用的实验室仪器为分液漏斗，一般是用有机溶剂作为萃取剂，从水相中萃取待测物质。萃取用有机溶剂要求与水不互溶且易分层，被萃取物在其中的溶解度大，萃取剂与被萃取物不发生反应，且易分离。常用萃取溶剂把样品提取液中的一种组分萃取出来，这种组分在原溶剂中的溶解度小于在新溶剂中的溶解度，即分配系数不同，但萃取液的分层有赖于萃取剂和原溶剂密度的不同，常用石油醚和乙酸乙酯等低沸点有机溶剂。

(2) 固相萃取(solid phase extraction，SPE)　利用固体吸附剂将液体样品中的目标化合物吸附，与样品的基体和干扰化合物分离，然后再用洗脱液洗脱或加热解吸附，达到分离和富集目标化合物的目的。固相萃取采用高效、高选择性的吸附剂（固定相），能显著减少溶剂的用量，简化样品预处理过程，同时所需费用也有所减少。与液-液萃取相比，固相萃取有很多优点：不需要大量互不相溶的溶剂；处理过程中不会产生乳化现象。但目标化合物的回收率和精密度要低于液-液萃取。

固相萃取的一般操作程序分为活化、上样、淋洗和洗脱。活化是指在萃取样品之前，要用适当的溶剂淋洗固相萃取小柱，以使吸附剂保持湿润，可以吸附目标化合物或干扰化合物。上样操作是将液态或溶解后的固态样品倒入活化后的固相萃取小柱，然后利用抽真空、加压或离心的方法使样品进入吸附剂。之后的洗涤和洗脱步骤，是在样品进入吸附剂，目标化合物被吸附后，先用较弱的溶剂将弱保留干扰化合物洗掉，再用较强的溶剂将目标化合物洗脱下来加以收集。可采用抽真空、加压或离心的方法使淋洗液或洗脱液流过吸附剂。

3. 结晶

结晶是指物质从液态（溶液或熔融体）或蒸汽形成晶体的过程。结晶是获得纯净固态物质的重要方法之一，常用于食品原料中蛋白质、多糖、多酚等营养及生物活性成分提取后分离纯化。溶液结晶是食品分析中常用的结晶技术，溶液结晶有两种操作方法，一是用蒸发方法去除溶剂，即蒸发结晶法；二是对原料冷却后因各组分的溶解度下降而达到过饱和，即冷却结晶法。冷却结晶法是食品原料中营养及生物活性成分分离中的常用方法，利用固体混合物中目标组分在某种溶剂中的溶解度随温度变化有明显差异的特性，在较高温度下溶解度大，降低温度时溶解度小，从而实现分离提纯。重结晶纯化物质的方法，只适用于溶解度随温度上升而增大的化合物。

4. 膜分离技术

膜分离是一种用天然或人工合成的膜，以外界能量或化学位差为推动力，对溶质和溶剂进行分离、分级、提纯或富集的方法。常用的膜材料为天然高分子材料或合成高分子材料，包括乙酸纤维素、聚砜、聚乙烯等，依照膜的孔径、传质动力和原理可将膜分为微滤、超滤、反渗透、透析等多种，食品分析常用膜分离方法如表 2-2 所示，其中最常用的为透析和超滤。透析是采用半透膜作为滤膜，使试样中的小分子经扩散作用不断透出膜外，而大分子不能透过被保留，直到膜两边达到平衡。在制备或提纯生物大分子时，采用透析技术除去小分子物质及其杂质，脱盐。

表 2-2 膜分离方法及应用

膜分离方法	膜分离特性	应用对象	示例
微滤(MF)	0.02～10μm	菌体，悬浮物去除	除菌，回收菌，分离病毒，细胞收集
超滤(UF)	1～20nm	胶体和大分子分离	蛋白质、多糖等的分离和浓缩，脱盐
纳滤(NF)	1～100nm	小分子物质分离	糖、二价盐、游离酸的浓缩
透析(D)	0.1～15nm	生物大分子和小分子分离	脱盐，除变性剂
反渗透(RO)	＜1nm	小分子溶质浓缩	单价盐、非游离酸的浓缩，制淡水

5. 色谱法

色谱法是一大类操作方式不同但分离原理相同的分离技术。不论采用何种方法或设备、其色谱过程有着如下共同点：任何色谱过程，都必须有两相物质存在，一为固定相，一为流动相；物质的分离还必须借助于流动相相对于固定相移动；被分离的物质称为溶质，由于各种溶质组分与两相物质有着不同作用力，从而造成各组分产生差速运动而达到分离目的。溶质与两相物质之间的作用力可以为吸附力，也可以为溶解力；溶质和两相之间作用力种类和大小的不同，决定了各个组分在两相中有着不同量或浓度的分布，随着流动相的前移，则此种分布不断变更，最终与流动相作用力大的组分前移快，反之则慢。常用色谱法包括薄层色谱、吸附色谱、分配色谱、离子交换色谱和凝胶色谱等。

薄层色谱法：薄层色谱（thin-layer chromatography，TLC）是一种把固体分离材料铺在一个固体薄片上形成薄层，通过流动相流经薄片上附着的吸附剂，带动试样逐渐上升（展开），由于混合物组分对固定相、流动相相对吸附能力的不同而将其加以分离的方法。应用最广泛的薄层色谱法是吸附薄层色谱。

在吸附薄层色谱体系中，一般均发生物理吸附。当样品溶液被点样到薄板的吸附剂上然后用展开剂展开时，吸附剂对样品分子、溶剂分子均发生吸附。同时，它们也都可以被解吸下来（即吸附在某一点上的分子被其他分子所取代）。在薄层色谱的展开过程中，溶质分子和溶剂分子对吸附剂存在着一个竞争。被吸附在薄板上的溶质分子可以被溶剂分子置换进入溶剂中，并随溶剂的向前移动而迁移。而在溶剂中的溶质分子也可以把吸附在吸附剂上的溶剂分子置换下来，溶质分子重新被吸附在吸附剂上。这一过程不断循环往复进行。吸附性强的溶质组分在吸附剂上的浓度大一些，吸附性弱的溶质组分则在溶液中浓度大。通过不同组分随溶剂的前进迁移速度不同，把不同的组分分离开。溶质迁移的快慢用比移值 R_f 来表示，按式(2-2) 计算。

$$R_f=\frac{L}{L_0} \tag{2-2}$$

式中 R_f——比移值，以 0.2～0.8 为宜；

L——原点到斑点中心的距离；

L_0——原点到溶剂前沿的距离。

在给定的实验条件下，R_f 值对于某一溶质说是一个特征值，因此可借薄层色谱法来鉴定物质。吸附力强的溶质，有较小的 R_f 值，反之，则有较大的 R_f 值。R_f 这一特征值就构成了薄层色谱分析的基础。薄层色谱常用的吸附剂有纤维素、聚酰胺、碳酸钙、硅胶、活性炭、氧化镁和氧化铝等，其中氧化铝、硅胶适合分离亲脂性化合物，而聚酰胺和纤维素适合分离亲水性化合物。

吸附色谱法：利用吸附剂对被分离化合物分子吸附能力的差异，而实现分离的一类色谱。吸附柱色谱是将吸附剂填充到一根玻璃管或金属管中的色谱技术。这种方法可以用来分离大多数有机化合物，尤其适合复杂的天然产物的分离。适用于分离和精制较大量的样品。吸附介质的种类多，多为天然材料，如硅胶、氧化铝、沸石、活性炭、磷酸钙等，少数为化学合成，如聚酰胺、聚苯乙烯等。常见吸附剂吸附能力大小顺序为：活性炭＞氧化铝＞硅胶＞氧化镁＞磷酸钙。硅胶、氧化铝柱色谱为最常用的吸附剂，硅胶是一种中等极性的酸性吸附剂，适用于中性或酸性成分的色谱分离。氧化铝有弱碱性，主要用于碱性或中性亲脂性成分的分离，如生物碱、甾、萜类等成分分离，对于生物碱类的分离较为理想。但是碱性氧化铝不宜用于醛、酮、酸、内酯等类型的化合物分离。

分配色谱法：利用不同组分在给定的两相中具有不同的分配系数而使混合物实现分离与测定的方法。按照固定相和流动相极性高低分为正相色谱和反相色谱。流动相的极性小于固定相极性的分配色谱为正相色谱，常用的固定相有氰基与氨基键合相，主要用于分离极性及中等极性的各类分子型化合物；反之，流动相的极性大于固定相极性的分配色谱称为反相色谱，常用的固定相有十八烷基硅烷（ODS/C_{18}）键合相和辛基硅烷（C_8）键合相，流动相常用甲醇-水或乙腈-水，主要用于分离非极性及中等极性的各类分子型化合物。食品中的类胡萝卜素、黄酮等各类生物活性成分特别适合用反相色谱法分离。

离子交换色谱法：是以具有离子交换性能的物质作固定相，利用它与流动相中的离子能进行可逆的交换性质来分离离子型化合物的一种方法。离子交换色谱的固定相为阴离子交换树脂或阳离子交换树脂，阳离子交换树脂分为强酸型（如—SO_3H）和弱酸型（如—COOH，—OCH_2COOH）；阴离子交换树脂也分为强碱型［如—$N(CH_3)_3R$］和弱碱型（—NR_2，—NHR）。离子交换色谱可检测离子及可离解的化合物，如氨基酸、核酸等。

凝胶色谱法：凝胶色谱是依据试样分子尺寸大小进行分离的。凝胶具有分子筛的性质，当被分离物质的分子大小不同时，进入凝胶内部的能力也不同。凝胶中的孔隙大小与分子大小有相仿的数量级。当混合物通过凝胶时，比凝胶孔隙小的组分分子可以自由进入凝胶内部，而比凝胶孔隙大的组分分子就不能进入，因此在移动速度方面就出现差异，从而使不同分子量的各组分得到分离。

6. 化学分离法

化学分离法多用于去除被测物质中的干扰物质。是在被测溶液中加入某种试剂和干扰物质发生化学反应从而去除干扰物质的方法。根据发生化学反应的不同，常有以下方法。

磺化法：用浓硫酸处理样品，浓硫酸能使脂肪磺化，引进典型的极性官能团—SO_3使脂肪、色素、蜡质等干扰物质变成极性较大且能溶于水和酸性试剂的化合物，不会被有机溶剂溶解，从而达到与被测物分离而净化样品的目的。磺化法主要应用于对浓硫酸稳定的待测成分的分离，例如食品有机氯农药残留检测的前处理采用了磺化法。

皂化法：在被测溶液中加入碱性物质将脂肪皂化，脂肪由疏水性酯生成亲水性皂化产物（脂肪酸盐及醇），而需检测的非极性物质能较容易地被非极性或弱极性溶剂提取出来。此法仅适用于对碱稳定的组分，例如脂溶性维生素测定时样品的前处理即采用了皂化法。

$$\mathrm{RCOOR' + KOH \longrightarrow RCOOK + R'OH}$$

沉淀分离法：利用沉淀反应进行分离的方法，在试样中加入适当的沉淀剂，使被测组分沉淀下来或将干扰组分沉淀下来，再经过滤或离心，把沉淀和母液分开，常用的沉淀剂为碱性硫酸铜、碱性乙酸铅等。沉淀分离法常用于食品分析样品的前处理中，例如果汁中还原糖样品测定中采用中性乙酸铅溶液作为澄清剂来沉淀蛋白质。

掩蔽法：利用掩蔽剂与样液中的干扰成分作用，使干扰成分转变为不干扰测定的状态，即被掩蔽起来。采用这种方法，可以不经过分离干扰成分的操作而消除其干扰作用，常用于金属元素的测定。

7. 浓缩方法

在样品经过提取、分离、过滤或离心等操作后，溶液体积较大，需要将待测物质进一步富集浓缩，因此，需要去除过多的溶剂，以提高被测组分的浓度。常用的浓缩方法有常压浓缩、减压浓缩、氮气吹干等。

常压浓缩法：常压浓缩法用于被测组分常温下热稳定性较好的样液的浓缩。少量且样品溶剂不需要回收的操作可以在通风橱中或水浴上完成。例如，脂肪测定中脂肪瓶中残存的微量乙醚等。如果溶剂需要回收，则可用一般蒸馏装置或旋转蒸发仪。常压浓缩法简便、易操作。

减压浓缩法：减压浓缩法主要用于被测组分热不稳定或易挥发的样液的浓缩，可采用旋转蒸发仪进行操作。旋转蒸发仪通过减压降低溶剂的沸点，使浓缩在较低的温度下进行，可以有效防止热不稳定物质的分解，食品中农兽药残留及大部分生物活性成分检测的前处理中多采用旋转蒸发浓缩样品溶液，在远低于沸点的情况下，去除水、醇及其他各类溶剂。

氮气吹干法：氮气吹干法常用于农药残留、商检、制药、食品、环境检测的样品处理过程中。采用的仪器为氮吹仪，其是利用氮气吹扫样品顶部，通过氮气的快速流动打破液体上空的气液平衡，使液体迅速挥发，同时可对底部加温，使浓缩进一步加快。氮吹仪的最大特点是能起到隔绝氧气的作用，防止被测物质在浓缩过程中被氧化。

四、样品前处理技术的发展趋势

随着时代的发展和科技的进步，食品分析中的样品更加复杂，精度要求更高，探讨和研究样品前处理的新技术及方法已成为当代食品分析及分析化学领域中的重要课题与发展方向之一。传统的样品前处理方法，大量使用有机溶剂，影响操作人员健康，污染周围环境，操作步骤多，又有较大误差，且处理的时间长，越来越不适应分析的要求。样品前处理正在朝减少甚至不用有毒有机溶剂，能适应处理复杂介质、痕量成分、特殊性质成分分析的要求，减少操作步骤，尽量集采样、萃取、净化、浓缩、预分离进样于一体的方向发展。主要的样品前处理技术有顶空进样萃取、固相萃取、固相微萃取、微波消解等。这些样品前处理技术正越来越多地在生物医药、环境、食品安全、生命科学领域发挥着越来越大的作用。但是，样品的复杂性与多样性也为样品前处理技术带来了非常大的挑战，如何能够更加有效地用最新的样品前处理技术获取到想要的样品，也是一个值得研究的课题。

第三节　分析测定、数据处理及分析报告的撰写

一、分析测定

食品分析测定步骤是整个食品分析程序的关键之一。因此，分析方法必须以中华人民共和国国家标准规定的检验方法为准。选择分析方法的原则是精密度高、重复性好、判断正确、结果可靠。在此前提下根据具体情况选用仪器灵敏、价格低廉、操作简便、省时省力的分析方法。食品中常用的理化分析方法有密度（比重）分析法、质量（重量）分析法、滴定分析法、色谱分析法、可见分光光度法、荧光光度法、原子吸收分光光度法、火焰光度法、电位分析法和气相、液相色谱法、离子色谱法、气质联用法、液质联用法、电感耦合等离子体质谱法、同位素质谱法、高分辨质谱法等。

二、数据处理

通过测定结果获得一系列有关分析数据后，需按以下原则记录、运算和处理。

（1）记录　对于食品理化检验，测定的量一般都用有效数字表示，在测定值中只保留最后一位可疑数字。

（2）运算　具体要求参照 GB/T 8170—2008《数值修约规则与极限数值的表示和判定》、JJF 1094—2002《测量仪器特性评定》的规定。

（3）计算及标准曲线的绘制　食品分析中多次测定的数据均应按统计学方法计算其算术平均值、标准差、变异系数。同时用直线回归方程式计算结果并绘制标准曲线。

（4）检验结果的表示　检验结果的表示方法应与食品卫生标准的表示方法一致。样品测定值的单位应使用法定计量单位。如果分析结果在方法的检出限以下，可以用“未检出”表述，但应注明检出限的数值。

三、撰写分析报告

食品分析检验完成后要撰写分析报告。写报告时应做到认真负责、一丝不苟、实事求是、准确无误。

思考题

1. 名词解释：采样、检样、原始样品、平均样品。
2. 食品样品分析的程序包含哪些内容？
3. 食品采样时应注意什么问题？
4. 样品如何保存？
5. 样品的前处理方法有哪些？各有何特点？

第三章

食品的物理分析法

第一节　常用物理分析法

一、密度的测定

（一）密度的定义

密度是指物质在一定温度下单位体积的质量，以符号 ρ 表示，其单位为 g/cm^3 或 g/mL。物质的体积、密度随温度变化，可用符号 ρ_t 表示某物质在温度 t 时的密度。把 4℃时 1mL 水的质量当成一个单位，即 4℃时水的绝对密度为 1.000000g/mL。

相对密度是指某一温度下物质的质量与同体积某一温度下水的质量之比，以 $d_{t_2}^{t_1}$ 表示，无单位。其中 t_1 表示物质的温度，t_2 表示水的温度。密度与相对密度之间的关系为：

$$d_{t_2}^{t_1}=\frac{\text{温度 } t_1 \text{ 时物质的密度}}{\text{温度 } t_2 \text{ 时水的密度}} \tag{3-1}$$

某液体在 20℃时的质量与同体积纯水在 4℃时的质量之比，称为真密度，以 d_4^{20} 表示。在普通的密度瓶或密度计测定法中测定溶液对同温度水的密度以 d_{20}^{20} 表示，称为视密度。对同一溶液来说，视密度总是比真密度大，即 $d_{20}^{20}>d_4^{20}$。这是因为水在 4℃时的密度大于在 20℃时的密度。d_{20}^{20} 与 d_4^{20} 的关系为：

$$d_4^{20}=d_{20}^{20}\times 0.99823 \tag{3-2}$$

式中，0.99823 为水在 20℃时的密度。

同理，如果要将 $d_{t_2}^{t_1}$ 换算成 $d_4^{t_1}$，可按式(3-3) 换算：

$$d_4^{t_1}=d_{t_2}^{t_1}\rho_{t_2} \tag{3-3}$$

式中，ρ_{t_2} 为水在温度 t_2 时的密度。

不同温度时水的密度见表 3-1。

表 3-1　水的密度与温度的关系

t/℃	密度/(g/mL)	t/℃	密度/(g/mL)	t/℃	密度/(g/mL)
0	0.999868	11	0.999623	22	0.997797
1	0.999927	12	0.999525	23	0.997565
2	0.999968	13	0.999404	24	0.997323
3	0.999992	14	0.999271	25	0.997071
4	1.000000	15	0.999126	26	0.996810
5	0.999992	16	0.998970	27	0.996539
6	0.999968	17	0.998801	28	0.996259
7	0.999929	18	0.998622	29	0.995971
8	0.999876	19	0.998432	30	0.995673
9	0.999808	20	0.998230	31	0.995367
10	0.999727	21	0.998019	32	0.995052

（二）密度的测定方法

液态食品相对密度的测定方法有密度瓶法、天平法和比重计法等。GB 5009.2—2024《食品安全国家标准　食品相对密度的测定》规定，测定食品相对密度第一法为密度瓶法，第二法为天平法，第三法为比重计法。较为常用的是密度瓶法和比重计法，其中密度瓶法测定结果最准确，但耗时长，效率低；比重计法简单快捷，应用广泛，但结果准确度较差。

1. 密度瓶法

（1）原理　密度瓶是测定液体相对密度的专用精密仪器，是容积固定的玻璃称量瓶，其种类和规格有多种。常用的有带温度计的精密密度瓶和带毛细管的普通密度瓶，如图 3-1 所示。

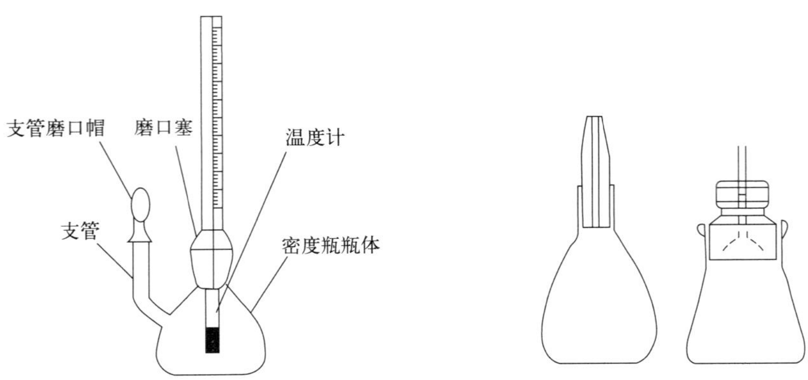

(a) 带温度计的精密密度瓶　　(b) 带毛细管的普通密度瓶

图 3-1　密度瓶

在一定温度下，用同一密度瓶分别称取等体积的样品溶液和蒸馏水，两者的质量之比即为该样品溶液的相对密度。

（2）操作步骤　先把密度瓶洗干净，再依次用乙醇、乙醚洗涤，烘干并冷却后，精密称重。装满样液，将瓶置于20℃水浴内浸30min，使内容物的温度达到20℃，盖上盖，用滤纸吸去支管标线上的样液，盖上支管帽后取出。用滤纸把瓶外擦干，置于天平室内30min后称重。将样液倾出，洗净密度瓶，装入煮沸30min并冷却到20℃以下的蒸馏水，按上述操作，测出同体积20℃蒸馏水的质量。

相对密度计算如下：

$$d_{20}^{20}=\frac{m_2-m_0}{m_1-m_0} \tag{3-4}$$

$$d_{4}^{20}=d_{20}^{20}\times 0.99823 \tag{3-5}$$

式中，m_0为空密度瓶质量，g；m_1为密度瓶和水的质量，m_2为密度瓶和样品的质量，g；0.99823为20℃时水的密度，g/mL。

（3）注意事项

① 该方法适用于测定各种液体食品的相对密度，特别适合于样品量较少时，对挥发性样品也适用，结果准确，但操作较烦琐。

② 测定较黏稠的样液时，宜使用具有毛细管的密度瓶。

③ 水及样品必须装满密度瓶，瓶内不得有气泡。

④ 拿取已达恒温的密度瓶时，不得用手直接接触密度瓶球部，以免液体受热流出。应戴隔热手套拿取瓶颈或用工具夹取。

⑤ 水浴中的水必须清洁无油污，防止瓶外壁被污染。

⑥ 天平室温度不得高于20℃，以免液体膨胀流出。

2. 比重计法

（1）原理　比重计法利用阿基米德原理，将待测液体倒入一个较高的容器，恒温至20℃后将比重计放入液体中。比重计下沉到一定高度后呈漂浮状态。此时液面的位置在玻璃管上所对应的刻度就是该液体的密度。测得液体的密度和水的密度的比值即为相对密度。

比重计种类很多，但结构和形式基本相同，都是由玻璃外壳制成的，它由三部分组成。头部呈球形或圆锥形，内部灌有铅珠、水银或其他重金属，使比重计能够直立于溶液中；中部是胖肚空腔，内有空气，因此能浮起；尾部是一细长管，内附有刻度标记，刻度是利用各种不同密度的液体标刻的。

食品工业中按刻度方法的不同，比重计可分为普通比重计、锤度计、乳稠计、波美计、酒精计（乙醇计）等。锤度计是专门用于测定糖液浓度的比重计。它以蔗糖溶液的质量百分浓度为刻度，以符号“°Bx”表示。乳稠计是专门用于测定牛乳相对密度的比重计，测量范围为1.015～1.045。波美计以波美度（°Bé）来表示液体浓度大小。乙醇计是用以测量乙醇浓度的比重计，其刻度是用已知乙醇浓度的乙醇溶液来标定的，1%的乙醇溶液为1°。

（2）操作步骤　将比重计洗净擦干，缓缓放入盛有待测液体试样的适当量筒中，勿使其碰及容器四周及底部，保持试样温度在20℃，待其静置后无气泡冒出，再轻轻按下少许，然后待其自然上升，静置至无气泡冒出后，从水平位置观察与液面相交处的刻度，即为试样的密度。分别测试试样和水的密度，两者比值即为试样的相对密度。

（3）注意事项

① 该方法操作简便迅速，但准确性较差，需要样液多，不适用于极易挥发的样品。

② 测定前应根据样品大概的密度范围选择量程合适的比重计。

③ 往量筒注入样液时应缓慢，防止产生气泡影响准确读数。

④ 测定时量筒需置于水平桌面，不使比重计触及量筒壁及底部。

⑤ 读数时视线保持水平，以比重计与液体形成的弯月面下缘为准。样液温度不是标准温度，应进行校正。

⑥ 一般比重计的刻度是上小、下大，但乙醇计正好相反，是上大、下小，因为乙醇浓度越大其相对密度越小。

二、折射率的测定

由测量物质的折射率鉴别物质的组成，确定其纯度、浓度，以及判断物质品质的分析方法称为折射检验法，简称折射法。折射率和密度一样，是物质重要的物理常数。在食品分析中，折射法主要用于油脂、乳品分析，以及果汁、饮料中可溶性固形物含量的测定，也可测定生长期果蔬汁液的折射率，判断果蔬的成熟度。

（一）基本原理

1. 光的折射和折射率

光线从一种介质射到另一种介质时，一部分光线发生反射，另一部分光线进入第二种介质并改变它的传播方向，这种现象称为光的折射。对某种介质来说，入射角正弦与折射角正弦之比恒为定值，它等于光在两种介质中的速率之比，此值称为该介质的折射率或折射率（图 3-2）。物质的折射率是物质的特征常数之一，与入射光的波长、温度有关，一般在折射率 n 的右上角标注温度，右下角标注波长。

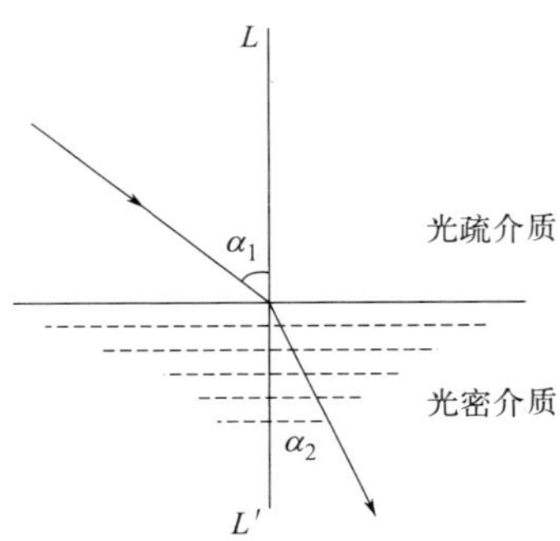

图 3-2　光的折射

$$\frac{\sin\alpha_1}{\sin\alpha_2}=\frac{v_1}{v_2} \tag{3-6}$$

式中，v_1 为光在第一种介质中的传播速率；v_2 为光在第二种介质中的传播速率。将式（3-6）左边的分子和分母都乘以光在真空中的传播速率 c，经变换后得

$$\frac{c}{v_1}\sin\alpha_1=\frac{c}{v_2}\sin\alpha_2 \tag{3-7}$$

光在真空中的传播速率 c 和在介质中的传播速率 v 之比，称为介质的绝对折射率（简称

为折射率)，以 n 表示，即 $n=\frac{c}{v}$、$n_1=\frac{c}{v_1}$、$n_2=\frac{c}{v_2}$，其中 n_1 表示第一介质的绝对折射率，n_2 表示第二介质的绝对折射率，可得折射定律为

$$n_1\sin\alpha_1=n_2\sin\alpha_2 \tag{3-8}$$

2. 临界角

两种介质相比较，光在其中传播速率较大的称为光疏介质，其折射率较小；反之，称为光密介质，其折射率较大。当光线从光疏介质进入光密介质（如从样液射入棱镜中）时，改变入射光线的角度，当 $\alpha_1=90°$时，此时 α_2 称为临界角（如果光线从光密介质射向光疏介质时，折射角将大于入射角；当入射角为某一数值时，折射角等于 90°，发生全反射，此入射角称为临界角)，用 $\alpha_{临}$ 表示。由折射定律知，$n_1\sin90°=n_2\sin\alpha_{临}$，即 $n_1=n_2\sin\alpha_{临}$，其中 n_2 为棱镜的折射率，是已知的；$\alpha_{临}$ 可以通过折射仪检测，然后可得到样液的折射率 n_1。

（二）测定折射率的意义

折射率是食品品质和工艺控制的重要指标，液态食品折射率的测定意义如下。

1. 确定食品的质量浓度或可溶性固形物的含量

测定折射率可以确定糖液的质量浓度，如饮料、糖水罐头等食品的糖度，还可以测定以糖为主要成分的果汁、蜂蜜等食品可溶性固形物的含量。蔗糖溶液的折射率随质量浓度的增加而升高。折射法测得的只是可溶性固形物的含量，不能用折射法直接测出总固形物的含量。对于番茄酱、果酱等食品，已通过实验编制了总固形物与可溶性固形物关系表，先用折射法测定可溶性固形物的含量，再查出总固形物的含量。

2. 鉴别食品的组成和品质

各种油脂由不同的脂肪酸构成，每种脂肪酸均有其特定的折射率。含碳原子数目相同时，不饱和脂肪酸的折射率比饱和脂肪酸的折射率大；不饱和脂肪酸相对分子质量越大，其折射率也越大；酸度高的油脂折射率低，密度大的油脂折射率高。因此，测定折射率可鉴别油脂的组成和品质。

3. 判断食品的纯度及是否掺假

液态食品的折射率均有一定的范围，当液态食品掺杂、质量浓度变化、成分改变、发生变质时，折射率会变化。例如，正常牛乳乳清的折射率为 1.34199～1.34275，牛乳掺水后折射率降低。20℃时菜籽油的折射率为 1.4710～1.4755，棕榈油的折射率为 1.456～1.459（40℃）。在菜籽油中掺入棕榈油后折射率降低。因此，测定折射率可以初步判断某些食品的纯度及是否掺假。

（三）折射仪的构造与使用

折射仪是利用临界角原理测定物质折射率的仪器。食品工业中常用的是阿贝折射仪和手持折射仪。

1. 折射仪的构造

阿贝折射仪的构造见图 3-3，其光学系统由观测系统和读数系统两部分组成（图 3-4)。

观测系统：光线由反光镜 1 反射，经进光棱镜 2、折射棱镜 3 及两棱镜间被测样薄层折射后射出，再经色散补偿器 4 抵消，由于折射棱镜及被测样液所产生的色散，由物镜 5 将明暗分界线成像于分划板 6 上，经目镜 7、8 放大后成像于观测者眼中。

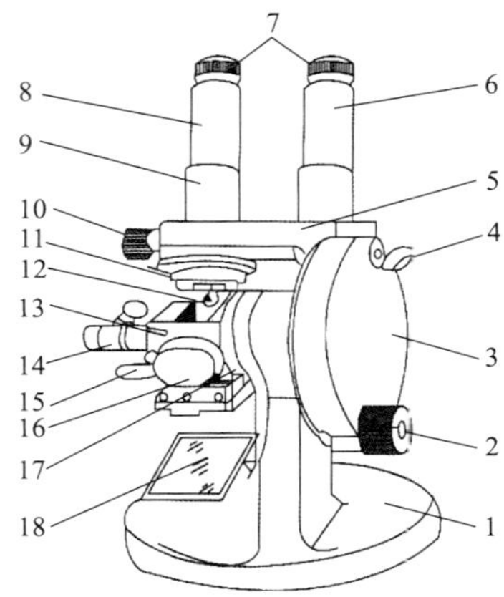

图 3-3　阿贝折射仪构造

1—底座；2—棱镜调节旋钮；3—圆盘组（内有刻度板）；4—小反光镜；5—支架；6—读数镜筒；7—目镜；8—观察镜筒；9—分界线调节螺丝；10—消色调节旋钮；11—色散刻度尺；12—棱镜锁紧扳手；13—棱镜组；14—温度计插座；15—恒温器接头；16—保护罩；17—主轴；18—反光镜

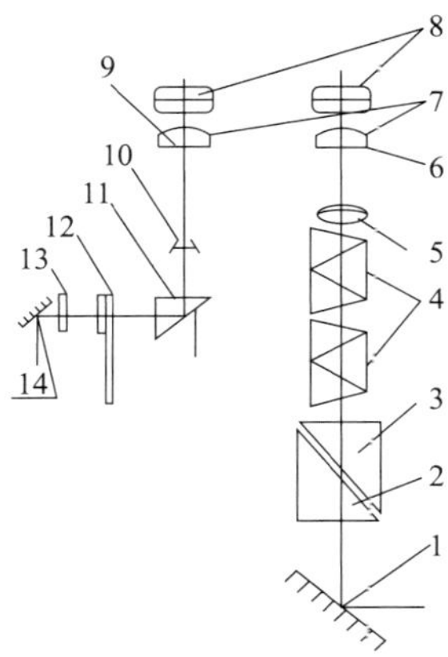

图 3-4　阿贝折射仪的光学系统

1—反光镜；2—进光棱镜；3—折射棱镜；4—色散补偿器；5、10—物镜；6、9—分划板；7、8—目镜；11—转向棱镜；12—刻度盘；13—毛玻璃；14—小反光镜

读数系统：光线由小反光镜 14 反射，经毛玻璃 13 射到刻度盘 12 上，经转向棱镜 11 及物镜 10 将刻度成像于分划板 9 上，通过目镜 7、8 放大后成像于观测者眼中。当旋动棱镜调节旋钮时棱镜摆动，视野内明暗分界线通过十字交叉点，表示光线从棱镜的入射角达到了临界角。当测定不同的样液时，因折射率不同，临界角的数值也不同，在读数镜筒中即可读取折射率，或糖液浓度，或固形物含量。

手持折射仪的基本结构包括检测棱镜、盖板、调节螺丝、镜筒、手柄、调节手轮、目镜和棱镜座，如图 3-5 所示。

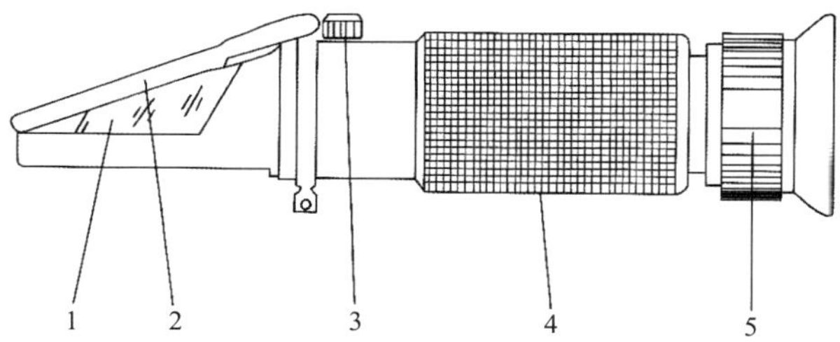

图 3-5　手持折射仪结构

1—检测棱镜；2—盖板；3—调节螺丝；4—镜筒和手柄；5—调节手轮和目镜

手持折射仪具有构造简单、携带方便、检测基本准确、质量小、体积小等优点。仪器在测量前需要校正，取标准液一滴，涂抹在蓝色检测棱镜上，然后把标准玻璃块亮面盖在上面，拧动零位调节螺丝，调整至标准刻度位置。擦净检测棱镜后可进行检测。使用时先打开盖板，用软布仔细擦净检测棱镜后取待测溶液数滴置于检测棱镜上，轻轻合上盖板，避免气泡产生，使溶液遍布棱镜表面，将仪器进光板对准光源或明亮处，眼睛通过目镜观察视场，转动目镜调节手轮，使视场的蓝白分界线清晰，分界线的刻度值即为溶液的浓度。

2. 阿贝折射仪的使用方法

① 用脱脂棉蘸取乙醇擦净两棱镜表面，挥发干乙醇。滴 1～2 滴样液于下面棱镜的中央，迅速旋转棱镜锁紧扳手，调节小反光镜和反光镜至光线射入棱镜，使两镜筒内视野明亮。

② 由目镜观察，转动棱镜旋钮，使视野呈现明暗两部分。

③ 旋转色散补偿器旋钮，使视野中只有黑白两色。

④ 旋转棱镜旋钮，使明暗分界线在十字线交叉点。

⑤ 在读数镜筒读出折射率或质量浓度。

⑥ 同时记录测定时的温度。

⑦ 对颜色较深的样液进行测定时，应采用反光法测定，以减少误差，即取下保护罩作为进光面，使光线间接射入而观察之，其余操作相同。

⑧ 打开棱镜，如果测定水溶性样液，用脱脂棉吸水擦拭干净；如果测定油类样液，用乙醇、乙醚或二甲苯等擦拭。

折射率测定最好在 20℃下进行。如果测定温度不是 20℃，应查表对测定结果进行温度校正。测定光源通常为白光，当白光经过棱镜和样液发生折射时，因各色光的波长不同，折射程度也不同，折射后分解成为多种色光，这种现象称为色散。光的色散会使视野明暗分界线不清，产生测定误差。为了消除色散，可以微调阿贝折射仪观测镜筒下端的色散补偿器。

三、旋光度的测定

（一）基本原理

光是一种电磁波，光波的振动方向与其前进方向相互垂直。自然光有无数个与光前进方向相互垂直的光波振动面，如果是自然光通过尼科尔棱镜，只有振动面与尼科尔棱镜光轴平行的光波才能通过尼科尔棱镜，因此通过尼科尔棱镜的光，只有一个与光的前进方向相互垂直的光波振动面。这种仅在一个平面上振动的光称为偏振光。偏振光的振动平面称为偏振面。具有光学活性的物质，其分子和镜像不能叠合，当偏振光通过这类物质溶液时，偏振面就会旋转一个角度。利用专门的仪器测量偏振面向右或向左的旋转角度数，即可求出光学活性物质的含量，这种测定方法称为旋光法。旋光法基本原理示意图见图 3-6。

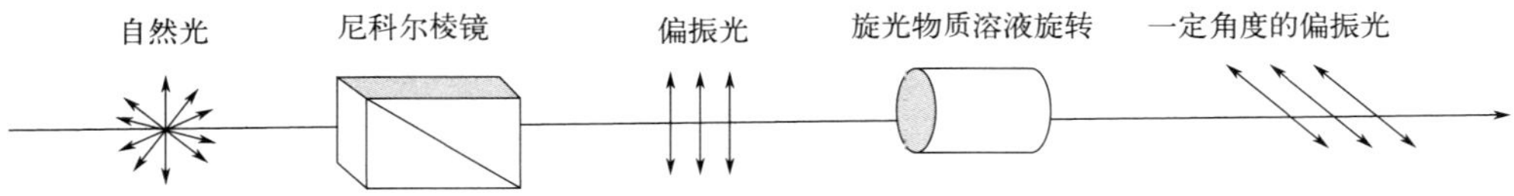

图 3-6　旋光法基本原理示意图

（二）光学活性物质、旋光度与比旋光度

分子结构中凡含有不对称碳原子，能把偏振光的偏振面旋转一定角度的物质称为光学活性物质。许多食品成分有光学活性，如单糖、低聚糖、淀粉及大多数氨基酸等，其中能把偏振光的振动平面向右旋转的称为“具有右旋性”，以（+）表示；反之，称为“具有左旋性”，以（−）表示。

偏振光通过光学活性物质溶液时，其振动平面所旋转的角度称为该物质溶液的旋光度，以 α 表示。旋光度的大小与光源的波长、温度、旋光性物质的种类、溶液的浓度及液层的厚度有关。对于特定的光学活性物质，在光波长和测定温度一定的情况下，其旋光度 α 与溶液浓度 c 和液层厚度 L 成正比，即

$$\alpha = KcL \tag{3-9}$$

当旋光性物质浓度为 1g/mL、液层厚度为 1dm（10cm）时所测得的旋光度称为比旋光度，以 $[\alpha]_\lambda^t$ 表示，把数据代入式(3-9)，得

$$[\alpha]_\lambda^t = K \times 1 \times 1 = K$$

即

$$[\alpha]_\lambda^t = \frac{\alpha}{Lc} \text{ 或 } c = \frac{\alpha}{[\alpha]_\lambda^t L} \tag{3-10}$$

式中，$[\alpha]_\lambda^t$ 为比旋光度，度（°）；t 为温度，λ 为光源波长，nm；α 为旋光度，度（°）；L 为液层厚度或旋光管长度，dm；c 为溶液浓度，g/mL。

旋光仪的测定通常规定在 20℃下用钠光 D 线（波长 589.3nm）进行，因此，比旋光度用 $[\alpha]_D^{20}$ 表示。当溶液温度不是 20℃时，需加以校正。主要糖类的比旋光度见表 3-2。在一定条件下比旋光度 $[\alpha]_D^{20}$ 是已知的，L 一般也是定值，所以测得某溶液的旋光度 α，可由式(3-10) 计算出该溶液的浓度。蔗糖的糖度、味精的纯度、淀粉和某些氨基酸的含量与其旋光度成正比，通过测定旋光度可以快速检测其含量，便于生产中食品质量的控制。

表 3-2　常见糖类的比旋光度

糖类	$[\alpha]_D^{20}$	糖类	$[\alpha]_D^{20}$
葡萄糖	+52.3	乳糖	+53.3
果糖	−92.5	麦芽糖	+138.5
转化糖	−20.0	糊精	+194.8
蔗糖	+66.5	淀粉	+196.4

（三）变旋光作用

具有光学活性的还原糖类（如葡萄糖、果糖、乳糖、麦芽糖等）溶解后，其旋光度起初迅速变化，然后变化缓慢，最后达到恒定值，这种现象称为变旋作用。这是因为还原性糖类存在两种异构体，即α型和β型，它们的比旋光度不同，这两种环形结构及中间的开链结构在构成一个平衡体系的过程中显示变旋作用。在用旋光法测定蜂蜜或含有还原糖的样品时，宜将配成溶液后的样品放置过夜再测定。

（四）旋光仪的结构及原理

测定化合物旋光度的仪器称为旋光仪。旋光仪主要部件有光源、起偏镜、旋光管、检偏镜和半荫片等。其结构示意图见图 3-7。

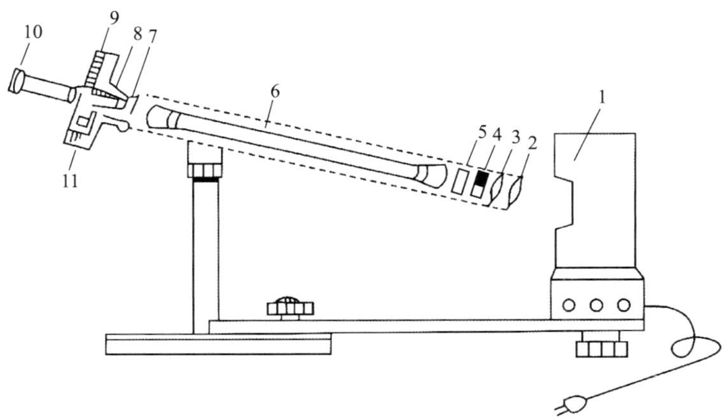

图 3-7　旋光仪结构示意图

1—光源；2—会聚透镜；3—滤色片；4—起偏镜；5—半荫片或三荫片；6—旋光管；7—检偏镜；8—物镜；9—刻度盘；10—目镜；11—刻度盘转动手轮

为便于观测视野，光源要有一定强度。常见的光源有钠光灯、汞蒸气灯。要得到较纯的单色光，需设置光学色散系统或设置适当的滤光器（如滤光片）。测量时，先将旋光仪中起偏镜 4 和检偏镜 7 的偏振轴调到相互正交，这时在目镜 10 中看到最暗的视场；然后装上旋光管 6，转动检偏镜，使因振动面旋转而变亮的视场重新达到最暗，此时检偏镜的旋转角度，即表示被测溶液的旋光度。实际工作中，肉眼无法精确区分视野完全黑暗和较为黑暗的情况。为了克服上述缺点，旋光仪通常设置一个半荫片（半荫片是由一块半圆形无旋光作用的玻片和一块半圆形有旋光作用的石英板胶合成的透光片，其作用是帮助判断亮度），这时视野可分为明暗两半。仪器的终点不是视野的完全黑暗，而是视野两半圆照度相等。由于肉眼较易识别视野两半圆光线强度的微弱差异，因此能正确判别终点而得到正确的分析结果。

第二节　现代仪器食品物理分析法

食品物性分析也可称为食品物理分析，与食品化学分析相对应，在内容上重点针对食品及食品原料的物理特性和工程特性进行分析，主要包括食品的流变分析、质构分析、乳状液分析、热分析、颜色分析、力学分析、电分析等，其中食品的流变分析和质构分析在食品加工和研究中应用十分广泛，也是本节介绍的重点。

一、食品的流变分析

食品流变学主要研究食品原料、中间产物在加工过程中的变形和流动问题，以及最终产品在消费咀嚼过程中的变形与恢复。

食品的流变性是半固态食品的重要物性，在食品物性学中占有非常重要的地位，它与产品质量密切相关。食品胶体的黏、弹、塑性与食品的口感、风味关系密切；汤汁的可口性、饮料的爽口性、面条和馒头的咀嚼感，显著地受到其流变学性质的影响。另外，可通过改变食品的流变学性质，提高食品的品质。许多食品都有一个状态稳定性问题。例如，果汁要求不分层、不沉淀；面条要求不糊汤，且耐浸泡不烂；冰激凌需要保形性好、口感细腻。而解决这些问题的本质，就是要调整胶体粒子的分布或结合状态，从而使之稳定。因此，食品流变特性的分析无论是在食品加工、产品开发方面，还是在储运及品质改良等方面，均具有十分重要的作用。

黏度是黏性大小的衡量指标，有时也被称为黏度系数。黏性是表现阻碍流体流动的性质，也是表现流体流动性质的指标。从微观上讲，就是流体受力的作用，其质点间做相对运动时产生的来自内部的阻力性质。黏度为应力与剪切速率（应变速率）之间的比例系数，其值等于流体在剪切速率为 1 单位时所产生的剪切应力。

室温下呈液态的食品很多，如牛奶、汤、汁、糖液、浆、酱等。这些食品分散相多为蛋白质、淀粉、食用胶质、脂肪或纤维的乳状液。无论是食用品质还是加工性能，对这些液态食品来说，最重要的流变性质就是黏度。因此，黏度测定是分析和研究液态食品物性的重要手段，黏度测定也就是对液体流动性质的测量。

测定食品液体的黏度时，要根据测定目的和待测对象的性质选择测定仪器。食品中常见的测定方法有毛细管黏度计测定法、圆筒回转式黏度计测定法和锥板回转式黏度计测定法等。这里仅介绍食品物性分析中的转子回转式黏度计测定法和毛细管黏度计测定法。

（一）回转式黏度计测定法

回转式黏度计测定法是食品工业中测定流体黏度常用的方法。回转式黏度计主要有同心双圆筒式、转子回转式、锥板式和平行板式等多种类型。

转子回转式黏度计的外圆筒半径较内筒半径大得多，其结构原理如图 3-8 所示。电动机通过悬吊的弹簧，带动转子在待测流体中旋转。设弹簧扭转弹性系数为 K，当转子转动达到平衡状态时，弹簧受黏性阻力矩作用，上部（刻度盘）与下部（指针）就会产生一个偏转角 θ。根据式(3-11) 可得黏度 η，即

$$\eta=\frac{K\theta}{4\pi h\omega_0 R^2} \tag{3-11}$$

式中，h 为转子浸入液中的高度；ω_0 为转速；R 为转子半径。

（二）毛细管黏度计测定法

毛细管黏度计种类很多，下面介绍常用的两种毛细管黏度计，即奥氏黏度计和乌氏黏度计（图 3-9）。

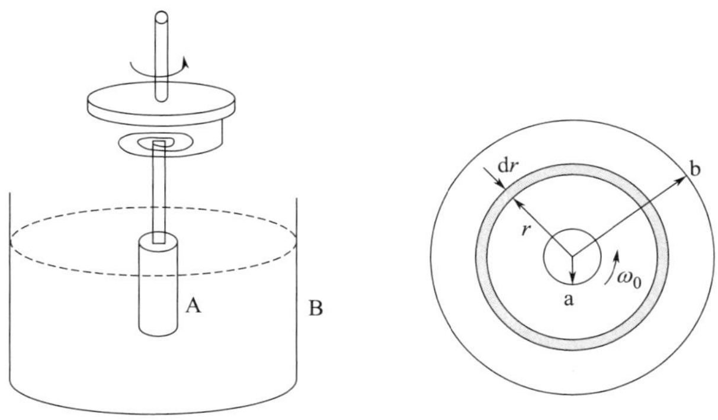

(a) 结构示意侧面图　　(b) 结构示意俯视图

图 3-8　转子回转式黏度计结构示意图

A、a—转子；B、b—容器；r—转子半径；ω_0—转速

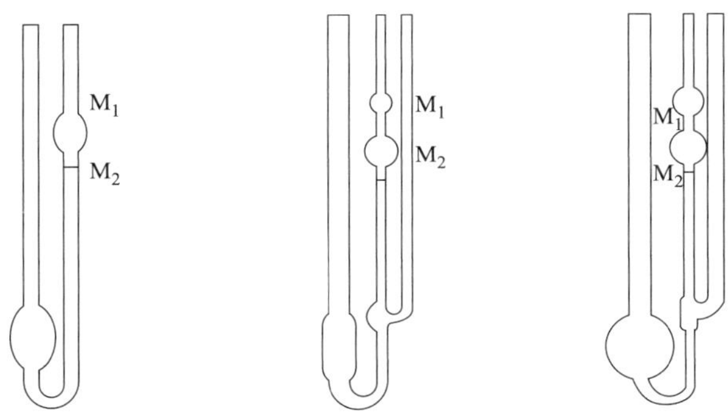

(a) 奥氏黏度计　　(b) 非稀释型乌氏黏度计　　(c) 稀释型乌氏黏度计

图 3-9　毛细管黏度计

1. 奥氏黏度计

奥氏黏度计由导管、毛细管和球泡组成。毛细管的孔径和长度有一定的规格和精度要求。球泡两端导管上都有刻度线（如 M_1、M_2 等），刻度线之间导管和球泡的容积也有一定的规格和较高的精度。测定时，先把一定量（或一定体积）的液体注入左边管，然后将乳胶管与右边导管的上部开口处连接，把注入的液体抽吸到右管，直到上液面超过刻度线 M_1。这时，使黏度计垂直竖立，再去掉上部胶管，使液体因自重向下、向左管回流。注意测定液面通过 M_1 至 M_2 之间所需的时间，即一定量液体通过毛细管的时间。测定多次，取平均值。根据对标准液和试样液通过时间的测定，就可求出液体黏度。为了提高测定效率，奥氏黏度计右面也有双球形的。

2. 乌氏黏度计

乌氏黏度计结构与奥氏黏度计结构的不同之处是它由三根竖管组成，其中右边的第三根管与中间球泡管的下部旁通，即在球泡管下部有一个小球泡与右管连通。这一结构可以在测量时使流经毛细管的液体形成一个气悬液柱，减少因左边导管液面升高对毛细管中液流压力差带来的影响。测定方法是，首先向左管注入液体，然后堵住右管，由中间管吸上液体，直至充满上面的球泡。这时，同时打开中间管和右管，使液体自由流下，测定液面从 M_1 到 M_2 的时间。

乌氏黏度计与奥氏黏度计相比有以下优点：①乌氏黏度计对加入液量的精确度要求较低，而且误差较小，这是由于奥氏黏度计在液体流动时，左管液面的上升对液柱的压力差影响较大，从而产生的误差较大，而且对每次液量的加入要求较严格；②乌氏黏度计因为气悬液柱的存在，对垂直性要求较低，而奥氏黏度计在测定中因两管液面的变化，要求保持毛细管垂直；③乌氏黏度计对加入液量的要求较宽，因此可以做成稀释型乌氏黏度计，这种黏度计可以对同一试样通过多次稀释，测定其在不同浓度下的黏度。

二、食品的质构分析

质构是用机械的、触觉的方法，或在适当条件下，利用视觉和听觉感受器所感知到的产品所有流变学结构上的（几何图形）特征。一个物体的质构可以通过视觉（视觉质构）、触觉（触觉质构）和听觉（听觉质构）来感知。

食品的质构原本是一个感觉的表现，但为了揭示质构的本质和更准确地描绘及控制食品质构，仪器测定成为表征质构的一种方法。将食品质构的感官评价称为主观评价法，而将用仪器对食品质构进行定量评价的方法称为客观评价法。

测定仪器选择的原则首先要求从感官特征，即色泽、滋味、香味、外观、质构等中找出最影响口感的特征因素。如果质构是一个比较重要的因素，就需要参照质构剖面分析方法，进一步确定哪项质构特性是关键。然后，将这些质构特性按照分析评价和嗜好评价分别进行感官评定。同时，按照分析评价的内容，选择相应的质构测定仪器和条件进行测定。最后，将感官评价值与仪器测定值进行相关性统计分析。根据分析结果，确定能代替感官评价的仪器测定方法。

实用的食品质构测定仪器很多，一般按变形或破坏的方式可以分为 7 类，包括压缩破坏型测试仪、剪断型测试仪、切入型测试仪、插入型测试仪、搅拌型测试仪、食品流变仪、减压测试仪。本节仅介绍压缩破坏型测试仪、搅拌型测试仪两类仪器。

（一）压缩破坏型测试仪

这类测定仪器多由食品质构研究人员根据测定的对象和目的自行设计制成。比较典型的有质构测试仪、万能测试仪和压缩测试仪等。质构测试仪是一种模仿口腔咀嚼动作测定食品质构性质的仪器。这种仪器可以以数据形式表示质构多面剖析的特征，如硬度、弹性、内聚性、黏着性等。测定时柱形压头上下运动，像咀嚼食品一样将载物器上的试料反复压碎。支持载物悬臂杆与应变计相连，可连续测定压头上下运动时试样所受压力、拉力，并通过以一定速率卷动的记录纸，记录力的变化。压头采用树脂制的直径为 18mm、高为 25mm 的圆柱。实验开始时，在载物器上放置试样。然后选择适当电压通电，使咀嚼力的曲线波形大小合适。这样，在记录纸上就会得到如图 3-10 所示的曲线。此曲线反映了试样在咀嚼动作下的受力随时间变化的破碎过程。从中可以分析出试样质构的全部特征。它被称为质构特征曲线（TPC）。图 3-10 所示曲线从右至左记录了破碎动作的第一次（A_1）和第二次（A_2）力及时间的变化。由这一曲线可以得到以下质构参数：

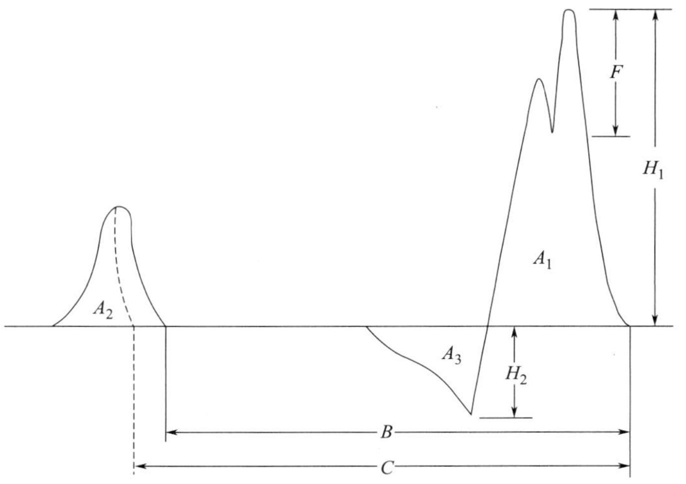

图 3-10　典型 TPC

$$硬度=H_1/U \tag{3-12}$$

式中，H_1 为第 1 波峰高度；U 为所加电压。

$$内聚性=A_2/A_1 \tag{3-13}$$

式中，A_1 为第 1 波峰面积；A_2 为第 2 波峰面积。

$$弹性=C-B \tag{3-14}$$

式中，C 为用典型无弹力物质（如黏土）做相同实验时所测得的两次压缩接触点间的距离；B 为用试样做相同实验时所测得的两次压缩接触点间的距离。

$$黏着性=A_3/U \tag{3-15}$$

式中，A_3 为黏着性对应的峰面积；U 为所加电压。

$$脆性=F/U \tag{3-16}$$

式中，F 为第 1 波峰最大压缩力与第 1 波谷作用力之差；U 为所加电压。

（二）搅拌型测试仪

搅拌型测定仪主要用于小麦粉的品质鉴定，具有代表性的测定仪器有布拉本德粉质仪和淀粉粉力测定仪。这些仪器的测定结果多以 B. U.（brabender unit）为单位。

1. 布拉本德粉质仪

布拉本德粉质仪也称为面团阻力仪，由调粉（揉面）器和动力测定计组成。测定原理是把小麦粉和水用调粉器的搅拌臂揉成一定硬度的面团，并持续搅拌一段时间。与此同时，自动记录在揉面搅动过程中面团阻力的变化。以这个阻力变化曲线来分析面粉筋力、面团的形成特性和达到一定硬度时所需要的水分（也称为面粉的吸水率）。记录纸得出的面团阻力曲线称为面团的粉质曲线，如图 3-11 所示。由此曲线可得到以下物性参数。

（1）吸水率（water absorption，ab）　小麦粉形成硬度为 500B. U. 的面团所需要的加水量，用对小麦粉的质量分数表示。一般来说，强力粉吸水率大一些，薄力粉吸水率小一些。

（2）面团形成时间（dough development time，dt）　表示从搅拌开始到转矩达到最大值所需要的时间，也有把曲线顶边刚达到 500B. U. 所需时间称为达到时间。

（3）面团稳定度（dough stability，stab） 阻力曲线中心线最初开始上升到 500B. U. 至下降到 500B. U. 之间所需的时间。当然这段时间越长，说明面团加工稳定性越好。

（4）面团衰落度（dough weakness，wk） 曲线从开始下降时起 12min 后曲线的下降值。面团衰落度值越小，说明面团筋力越强。从阻力曲线最高点起 5min 后曲线的落差称为耐性指数（tolerance index）。

（5）综合评价值（valorimeter value，vv） 用面团形成时间和衰落度综合评价的指标，用本仪器附属的测定板在图上量出。如图 3-11 所示，根据面团阻力曲线的形状也可大体判断面粉的性质。

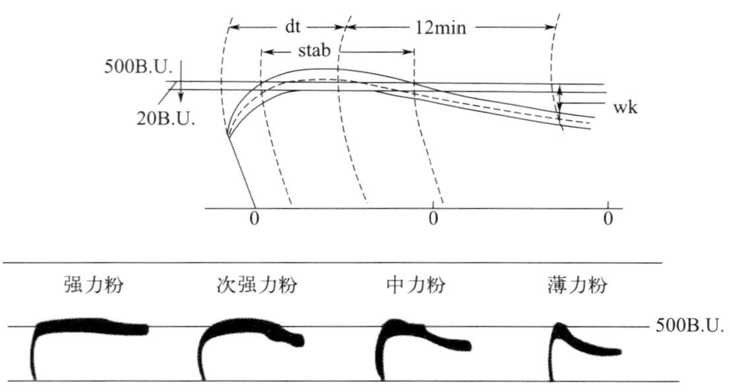

图 3-11 布拉本德粉质仪测试的粉质曲线

2. 淀粉粉力测定仪

淀粉粉力测定仪是另一种常用的淀粉性质测定仪，属于外筒旋转式黏度计的一种，主要用来综合测定淀粉的性质，包括淀粉酶的影响和酶的活性。其原理为将面、水按一定量和比例和成面糊，放入一个圆筒中。与圆筒配合有一个感力头形状如蜂窝煤的搅盘，将搅盘插入盛面糊的圆筒中，然后按照一定的温度上升速率（1.5℃/min）加热面糊。同时转动搅盘，并自动记录搅盘所受到的扭力，就会得到一条淀粉黏度曲线。从该曲线可以得到如下物性指标：糊化开始温度（gelatinization start temperature，GST）、最高黏度时温度（maximum viscosity temperature，MVT）和最高黏度（maximum viscosity，MV）。

三、食品色度、白度、浊度的测定及计算机视觉检测

色、香、味、形是食品可接受性的四大要素，在这四大要素中，色可以说是非常重要的品质特性。色是对食品（特别是肉类、水果和蔬菜）品质评价的第一印象，它直接影响人们对食品品质优劣、新鲜与否的判断，因而它是增加食欲、满足人们心理需要的重要条件。随着生活水平的提高，人们对食品色彩的要求也越来越高。加之视觉生理、色度学、颜色心理学、色光测试技术，以及计算机图像处理技术等的进步，也促进了食品色彩学的飞速发展。

食品的颜色影响食品的品质，因此，有关食品的着色、保色、发色、褪色等研究也成为

食品科学的重要课题。啤酒的琥珀色、蛋白质饮料的乳白色、火腿香肠的肉红色等都是食品加工厂家提高商品品质的重要指标。为了追求利润，一些厂商对食品色彩的追求走入了误区。例如，对面粉进行不适当的漂白处理，对一些食品使用过量的色素进行染色等，这些已经成为食品安全关注的问题。

（一）色度的测定

1. 目测法

目测方法主要分为标准色卡对照法和标准液测定法。测定时要注意观察的位置、光源及试样的摆放位置。

（1）标准色卡对照法　国际上出版的标准色卡一般都是根据色彩图制定的。常见的有孟塞尔色圈、522匀色空间色卡、麦里与鲍尔色典和日本的标准色卡等。

用标准色卡与试样比较颜色时，光线非常重要。一般要求采用国际照明协会所规定的标准光源，光线的照射角度应为45°。在比较时，如果标准色卡与试样的观察面积不同，将影响判断的正确性，所以要求对试样进行适当的遮挡。

如果没有合适的标准光源，可以在晴天10：00～14：00利用北窗射进的自然光线作为光源。总之要避免在阳光直射下进行颜色比较。即使如此，对于有光泽的食品表面或凹凸不平的食品（如果酱、辣酱之类），进行颜色比较也是相当困难的。

目测法常用于谷物、淀粉、水果、蔬菜等食品规格等级的检验。

（2）标准液测定法　标准液测定法主要用来比较液体食品的颜色。标准液多用化学药品溶液制成，如测定橘子汁颜色时采用重铬酸钾溶液作为标准色液。酱油、果汁等液体食品的颜色也要求标准化质量管理。除目测法外，在比较标准液时，也可以使用比色计。这种简单的比色计可以大大提高比较的准确性。对食用油可以采用威桑比色计进行颜色测定。

测定液体食品的颜色常使用杜波斯克比色计，其原理是根据朗伯光学定律，通过改变标准液的光程使之与试样液颜色一致，从而求出试样的浓度。

2. 仪器测定法

（1）光电管比色法　光电管比色法是采用光电比色计用光电管代替目测，以减少误差的一种仪器测定方法。这种仪器是由彩色滤光片、透过光接收光电管和与光电管连接的电流计组成，主要用来测定液体试样色的浓度，所以常以无色标准液为基准。

（2）分光光度法　分光光度法主要用来测定各种波长光线的透过率。其原理是由棱镜或衍射光栅将白光滤成一定波长的单色光，然后测定这种单色光透过液体试样时被吸收的情况。测得的光谱吸收曲线可以获得以下信息：①了解液体中吸收特定波长的化学成分；②测定液体浓度；③作为颜色的一种尺度，测定某种呈色物质的含量，如叶绿素含量。

（3）光电反射光度计　光电反射光度计也称为色彩色差计。这种仪器是通过光电测定的方法，迅速、准确、方便地测出各种试样被测位置的颜色，并且通过计算机直接换算成L^*、a^*、b^*或x、y、z值，对颜色进行数值化表示。它还能自动记忆和进行数值处理，得到两点间颜色的差别，如ΔE^*_{ab}等。

色彩色差计目前种类较多，有测定大面积颜色的，也有测定小面积颜色的；有测定带光泽表面颜色的，也有测定透明液体颜色的。但从结构原理上讲主要有两种类型：直接刺激值测定法和分光测定法。直接刺激值测定法是利用人眼对颜色判断的三变量原理，即眼睛中三种感光细胞对色光的三刺激值决定了人对颜色的印象。该仪器的光接收部分也装有三种感光

元件 [$x(\lambda)$、$y(\lambda)$、$z(\lambda)$ 光电传感器]，这三种感光元件对等能量光波所引起的相对感度(分光感度）与人眼的等色 $x(\lambda)$、$y(\lambda)$、$z(\lambda)$ 函数相同。这三种传感器对色光的接收反应如图 3-12 所示。

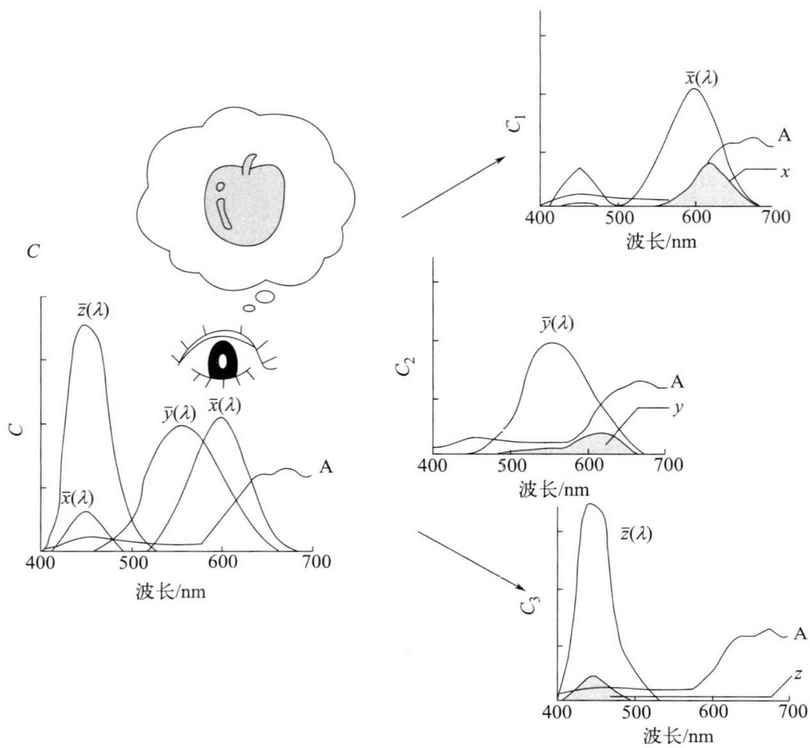

图 3-12　三刺激值法测定色光的原理

图 3-12 所示以白光源照射红苹果为例，反射的光波分布线如图 3-12 所示曲线 A。当 A 光波进入眼中或仪器的三种传感器中，每个传感器（相当于眼中感光细胞）对 A 光波产生的感应分别为 C_1、C_2、C_3，即形成了 x、y、z 三刺激值（与斜线部分积分面积成比例）。经过对这三刺激值的运算就可以求出代表待测物苹果颜色的三个参数：$x=21.21$，$y=13.37$，$z=9.32$。在其基础上可换算出其他表色系统的值，如 L^*、a^*、b^* 值。

分光测定法与直接刺激值测定法的区别是前者采用了更多的光电传感器。目前的测光元件有 4 个传感器，这样就可以将从试样反射的色光进行更精细的分光处理。通过测定每个波长反射及对这些更精细的光信号进行数据记录和积分演算处理，得到三刺激值 x、y、z。

直接刺激值测定色彩计开发比较早，具有结构简单、体积小、价格低的优点，多用于生产部门和品质检查部门，尤其在测定色差方面非常有用。分光测定色彩计精度高，可以对各种光波的绝对值进行测定，主要用于科研。色彩色差计的性能还体现在内置的光源上。直接刺激值测定色彩计内置光源一般只有 D_{65} 和 C 两种光源。而分光测定色彩计内置光源除了 D_{65} 和 C 外还有 7 种，这对于条件等色情况的测定比较有利。条件等色是分光反射率不同的颜色在特定光源下显示相同颜色的现象。要解决这一问题，需要分别用两种以上差异较大的光源测定。分光测定色彩计的另一个特征就是用分光曲线表示功能，可以把各种不同颜色用光谱曲线清楚地表示出来。

（二）白度的测定

白度是样品的洁白程度。在规定条件下，样品表面光反射率与标准白板［理想完全反射漫射体（PRD）］表面光反射率的比值称为样品的白度，以白度仪测得的样品白度值来表示。规定标准白板（其光谱漫反射比恒等于1）表面的白度为100度，黑体（其光谱漫反射比恒等于0）表面的白度为0度。任何白色物体的白度是其对于PRD白色程度的相对值。

中国食品标准中对淀粉、食用盐及白糖等的白度及其测定方法都做了规定。食用盐的白度标准为精制盐优级≥80度，一级≥75度，二级≥67度；日晒盐一级≥55度，二级≥45度。食用小麦淀粉的白度标准为优级品≥93.0%，一级品≥92.0%，二级品≥91.0%。白度测定的基本原理是通过样品对蓝光的反射率与标准白板对蓝光的反射率进行对比，得到样品的白度。所用仪器为白度仪。

（三）浊度的测定

浊度是溶液的浑浊程度，由液体中的不溶性悬浮物质、胶体物质、浮游生物等产生，其大小与样品中悬浮颗粒物质的含量有关，是衡量透明溶液质量的重要指标之一。

中国规定1L蒸馏水中含有1mg一定粒度硅藻土（SiO_2）的浊度为1度。现在越来越多采用稳定性、重现性更好的国际通用的度量单位NTU来表示。NTU浊度标准液是由硫酸肼［$(NH_2)_2 \cdot H_2SO_4$］和六亚甲基四胺［$(CH_2)_6N_4$］反应配制而成的。酿酒行业常用EBC单位来衡量酒的浊度，1EBC=4NTU（FTU）。生活饮用水卫生标准（GB 5749—2022），规定饮用水的浊度不超过1NTU，水源及净化技术受限制时不超过3NTU。淡色啤酒在保质期内的浊度标准是：优级≤0.9EBC单位、一级≤1.2EBC单位、二级≤1.5EBC单位。浊度的测定方法有目视比浊法和仪器分析法。仪器分析法包括分光光度法和浊度仪法。

（四）计算机视觉检测

计算机视觉也称为机器视觉，它是利用一个图像传感器（如高清晰摄像头）获取物体的图像，将图像转换成数字图像，传送给专用的图像处理系统，根据像素分布和亮度、颜色等信息，转变成数字信号，并利用计算机模拟人的判别准则去理解和识别图像，达到分析图像和做出结论的目的。该项技术是20世纪70年代在遥感图像处理和医学图像处理技术成功应用的基础上逐渐兴起的，并应用于很多领域。目前，计算机视觉技术在农产品和食品检测中的应用研究日益增多。计算机视觉技术可以检测农产品和食品的大小、形状、颜色、表面裂纹、表面缺陷及损伤等，优点是速率快、信息量大、客观准确，可一次完成多个品质指标的检测。其应用主要表现在以下几个方面。

① 计算机视觉技术可以实现水果和蔬菜外观质量的评定。例如，对梨、苹果、番茄、桃等各种果蔬的大小、形状、颜色和表面缺陷等进行评判；对加工、储藏、销售过程中的产品分等、分级等，如苹果、桃、梨等；进行碰压伤检测，不仅可以确定损伤面积，而且能区分碰压伤与鸟啄、虫咬、褐色伤斑等不同的损害。

② 计算机视觉技术可对肉制品及茶叶的纹理进行识别以判断其等级和品质。例如，对屠宰后家禽肿块、瘀伤和有害家禽肉的图像特征进行识别，可以剔除不合格产品；对牛肉的大理石花纹进行识别，可以对牛肉进行分级及脂肪含量的测算；利用计算机视觉技术可对茶叶进行种类鉴别及等级区分，还可定量描述茶叶色泽随储藏时间的变化，可以从新茶叶中检

测出陈茶的量。

③ 计算机视觉技术在谷物检测中有应用。大米品质的一个重要指标是留胚率，即在碾米过程中胚芽的保留率，以胚芽占米粒的比例计算，留胚率的检测大多依靠人眼观察测定，饱和度的不同造成胚芽和胚乳视觉上的差异，饱和度可作为识别胚芽的颜色特征参数，利用计算机视觉技术测定大米的留胚率，其检测结果与人工评定结果高度吻合。爆腰率是大米品质的重要指标，国内检测爆腰大米粒的机器视觉系统已获得成功应用。

④ 计算机视觉技术在加工食品质量控制方面有应用。色泽是食品的重要品质之一。利用计算机视觉系统对产品进行颜色分析，可以克服人眼的疲劳和差异，同时还可以利用产品各部分颜色的不同做出相应判断。食品颜色分析主要应用于加工产品（如酱油、薯片、面包等），以及果蔬的着色、保色、发色、褪色等的研究和品质分析，能够很好地反映产品的特性。例如，焙烤食品的色泽是加工过程中质量控制的关键环节，以前只能靠人工定性判断，有研究人员尝试利用计算机视觉技术检测面包、比萨饼及其他焙烤食品的颜色来控制产品的质量。

四、食品热分析

在食品的加工、储藏和流通中，往往需要进行与食品热物性相关的处理，如加热、冷却或冷冻等。因此，研究食品的热物性是食品工程研究的重要领域。食品热物性与食品的分子结构、化合状态也有着密切的关系，所以它也是研究食品微观结构的重要手段。食品热物性的基础是传热传质学，在此不作详述。这里仅就食品热物性的一些特殊热物理问题进行简单介绍。

热分析（thermal analysis，TA）是指在程序控制温度下测量物质的物理性质（如质量）与温度关系的一类技术，根据所测物理量的性质，热分析方法分类见表 3-3。其中差热分析法、差示扫描量热法、热重分析法和热机械分析法是热分析的四大支柱。

表 3-3　热分析方法分类

物理量	方法名称	简称	物理量	方法名称	简称
热量	热重分析法	TGA	温度	差热分析法	DTA
	等压质量变化测定法	—	尺寸	热膨胀法	—
	逸出气测定法	EGD	力学量	热机械分析法	TMA
	逸出气分析法	EGA		动态热机械法	—
	放射热分析法	—	声学量	热发声法	—
	热微粒分析法	—		热传声法	—
	差示扫描量热法	DSC	光学量	热光学法	—
	调制式差示扫描量热法	MDSC	电学量	热电学法	—
温度	升温曲线测定法	—	磁学量	热磁学法	—

（一）差热分析法

差热分析法（differential thermal analysis，DTA）是指在程序控温下，测量物质和参比物的温度差与温度或时间关系的一种测试技术。该法广泛应用于测定物质在热反应时的特征温度及吸收或放出的热量，包括物质相变、分解、化合、凝固、脱水、蒸发等物理或化学反应。在无机物、有机物，特别是高分子聚合物等的热分析中应用广泛。

差热分析是在相同温度环境中，将样品和参比物按一定的速率加热或冷却，并用特定的仪器记录样品及参比物的温差-时间变化关系的技术，描述这种关系的曲线称为差热曲线（DTA 曲线）。差热曲线直接提供的信息主要有峰位置、峰面积、峰形状和峰个数。峰位置是由导致热效应变化的温度和热效应种类（吸热或放热）决定的，前者体现在峰的起始温度上，后者体现在峰的方向上。不同物质的热性质不同，相应的差热曲线上的峰位置、峰个数和形状不同，这是用差热分析法对物质进行定性分析的依据。影响差热分析法结果的因素包括样品密度、比热容、导热性、反应类型、结晶状态、试样黏度、装填方式、试样量、升温速率、样品预处理方式等。该方法操作简便、快速，取样量少，重现性高，结果直观。

（二）差示扫描量热法

差示扫描量热法（differential scanning calorimetry，DSC）是指在程序控温下，随时间或温度的变化，记录下试样和参比物之间为达到没有温差所必需能量的一项技术。它能克服差热分析法在定量测定上存在的不足，通过对试样能量变化进行及时补偿，保持试样与参比物始终无温差、无热传递，热损失小，检测信号强。因此，灵敏度和精度都有所提高，并可进行热量定量分析。影响差示扫描量热法的因素主要有样品的性质、粒度、参比物的性质、升温速率等。该法的优、缺点基本与差热分析法相同，样品用量少、操作方便，灵敏度更高。

（三）热重分析法

物质在加热或冷却过程中除产生热效应外，还伴随有质量变化，其大小及变化时的温度与物质的化学组成和结构密切相关。因此，利用在加热和冷却过程中物质质量变化的特点，可以区别和鉴定不同的物质。热重分析法（thermogravimetric analysis，TGA）是指在程序控温下，测量物质质量与温度之间关系的技术。以温度为横坐标，以失重百分数为纵坐标的曲线即为热重曲线（TG 曲线）。从热重曲线可得到物质的组成、热稳定性、热分解及产物等与质量相关的信息，也可得到分解温度和热稳定温度范围等信息。将热重曲线对时间求一阶导数即得到微商热重法（derivative thermogravimetry，DTG）曲线，它反映试样质量的变化率与时间的关系。热重法与差热分析法和差示扫描量热法等联用可提高鉴别的准确性。影响热重法的因素包括仪器、试样和实验条件等。该方法操作简便，灵敏度高。

（四）热机械分析法

热机械分析（thermomechanical analysis，TMA）是指在程序控温下，测量物质在非振动负荷下的形变与温度关系的技术。根据测定内容分为静态法和动态法。热机械分析法能够简单迅速地测量样品因温度、时间和外加力的作用而产生的变化（延展、收缩、移动等），主要应用包括玻璃化温度、软化性能、应力/应变的张力研究、膨胀系数、应力下的机械行为、烧结过程、体积膨胀、聚合物结构形态及黏弹性、恒量分析及摩擦阻力研究等。

案例：中国食品质构仪发展

思考题

1. 食品黏度测定的方法有哪些？各自的特点是什么？
2. 简述食品颜色分析的主要方法。
3. 与传统的食品分析方法相比，现代的食品分析方法具有哪些优势？
4. 对食品质构进行分析时，主要考察哪些方面？
5. 食品热分析方法有哪些？各有什么特点？

第四章

水分分析

第一节　水分测定的意义

水是维持动物、植物生存必不可少的物质，其含量占动物、植物或食品质量的50%～90%，各种食品中都有其特定的水分含量，所以才能显示出各自的色、香、味和形态特征，除谷物和豆类种子（一般水分为12%～16%）外，作为食品的许多动物和植物的含水量为60%～90%，有时甚至更高。从物理、化学角度分析，水在食品中起着分散蛋白质和淀粉等物质的作用，使它们形成溶胶。从化学角度分析，水对食品的鲜度、硬度、呈味性、流动性、保藏性和加工等方面都具有重要意义。水也是微生物生长、繁殖的重要因素。此外，在食品加工过程中水还起着膨润、浸透、呈味等作用。

水分测定是食品分析的重要研究内容，不同种类的食品中水分含量差别很大，食品中水分含量的多少，影响食品的感官性状、结构及对腐败的敏感性。控制食品中的水分含量，对保持食品优良的感官性状、维持食品中各组分的平衡关系、保证食品具有一定的保质期等都具有重要意义。例如，新鲜面包中的水分含量若低于28%，其外观形态会干瘪无光泽；水果硬糖中的水分含量若低于3.0%，则会出现返砂甚至返潮现象。此外，各种生产原料中水分含量的多少，除对产品的品质与保存有影响外，对成本核算、提高工厂的经济效益等均有重要意义。

由于食品中水分的重要性，在食品分析中，水分的测定是最难获得精确可靠数据的分析项目之一，它对计算生产中的物料平衡、实行工艺监督及保证产品品质等均具有重要意义。以下实例可以充分说明水分在食品中的重要性。

① 水分含量是食品的一个关键质量因素。例如，在果冻和果酱中，要防止糖结晶，必须严格控制水分含量。

② 某些食品的水分含量通常有专门的规定。例如，国家标准中规定硬质干酪水分含量为49%～56%，蛋制品（巴氏消毒冰鸡蛋）水分含量须小于76%。

③ 水分含量也是食品保藏的一个重要因素。例如，脱水蔬菜和水果、奶粉、鸡肉粉、香精、香料等质量的稳定性。其中奶粉中水分含量在2.5%～3.0%时，可抑制微生物生长

繁殖，延长保质期。

④ 食品营养价值的计量值要求列出水分含量。

⑤ 水分含量数据可用于表示样品在同一计量基础上其他分析的测定结果。

第二节 食品中水的存在形式

根据水在食品中与非水组分结合程度及其所处状态的不同，可以将食品中的水分为结合水和自由水。不同食品的水分含量差异非常大，如表4-1所示。

表 4-1 主要食品中的水分含量

食品	水分含量/%	食品	水分含量/%
蔬菜	>90	脱脂奶粉	4
水果	87～89	绿茶	4
肉类	>70	虾干	23
鱼贝类	70～85	西式糕点	25
果汁	86～88	饼干	4
果冻	18	苏打饼干	5
果干	15～21	小麦粉	14
蛋	75	香肠、火腿	56～65
巧克力	1	面包	35
奶酪	40	蜂蜜	16

1. 结合水

结合水可看成存在于溶质与其他非水组分相邻处，并且与同一体系中体相水具有不同性质的水。与体相水相比，结合水具有“被阻碍的流动性”而不是“被固定化的”。在一种典型的高水分含量食品中，结合水仅占总水量的很少一部分。根据与水结合的牢固程度，结合水可以分为以下几种形式。

（1）化合水　此部分水与非水组分结合最为牢固，为构成非水物质的水。

（2）邻近水　此部分水处于非水组分亲水性最强的基团周围的第一层位置，是与离子或离子基团缔合的水，是结合最紧密的邻近水。主要的结合力是水-离子和水-偶极缔合作用，其次是一些具有电离或离子状态基团的中性分子与水形成的水-溶质氢键力。

（3）多层水　位于上述第一层的剩余位置及邻近水外层所形成的几个水层，主要是由水-水和水-溶质间的氢键形成的，虽然多层水不像邻近水那样结合得非常牢固，但是仍与非水组分结合较为紧密，并且性质与纯水的性质不相同。

由上可知，结合水包括化合水、邻近水及多层水。食品中的大部分结合水是与碳水化合物、蛋白质等相结合的，是食品中最牢固的水，如麦芽糖、葡萄糖、乳糖的结晶，以及食品中的淀粉、蛋白质、果胶物质中的羧基、氨基、羟基、巯基通过氢键结合的水。结合水的冰点为－40℃，它与非水组分之间的配位键结合力远大于自由水与非水组分之间的结合力，很难用蒸发的方法将其去除，结合水在食品内部不能作为溶剂，微生物及其孢子也不能利用其进行繁殖与发芽。

2. 自由水

自由水（游离水）在组织、细胞中容易结冰，也能溶解溶质，只有游离水才能被细菌、酶和化学反应所触及，因此这部分水又被称为有效水分，可以用水分活度进行估量。与此部分水有关的作用力是毛细管力，由于结合松散，所以很容易用干燥的方法将其分离出去。游离水又可分为滞化水、毛细管水和自由流动水三大类。

在一定条件下，食品是否被微生物污染，并不取决于食品中的水分总含量，而是仅仅取决于食品中游离水的含量，因为只有游离水才能支持微生物生长及水解反应，所以引入水分活度的概念用于表征食品的腐败变质情况。

水分活度的定义为：$A_w=p/p_0$，式中 A_w 为水分活度，p 为样品中的水蒸气分压，p_0 为在相同温度下纯水的蒸汽压。水分活度与相对湿度在数值上的换算关系为 $A_w\times100=$ 相对湿度。纯水的 $A_w=1$，一般而言，谷类与豆类等食品中的含水量较少，A_w 值为 0.60～0.64，鱼与水果等的含水量较高，A_w 值为 0.98～0.99。各种微生物得以繁殖的 A_w 值为酵母菌 0.88、霉菌 0.80、细菌 0.94～0.99。当水分活度保持在最低 A_w 值时（此时水分主要以结合水形式存在），食品稳定性最高。

第三节　食品中水分的测定方法

食品中水分的测定方法包括干燥法、蒸馏法、滴定法（卡尔·费休法）、电测法、近红外分光光度法、气相色谱法、核磁共振法、干燥剂法等，其中干燥法是使用最广泛的方法。本节重点介绍 GB 5009.3—2016《食品安全国家标准　食品中水分的测定》中的直接干燥法、减压干燥法、蒸馏法和卡尔·费休法，并适当对其他方法进行介绍。

一、直接干燥法

1. 原理

利用食品中水分的物理性质，在 101.3kPa（1atm），温度 101～105℃下采用挥发方法测定样品中干燥减失的重量，包括吸湿水、部分结晶水和该条件下能挥发的物质，再通过干燥前后的称量数值计算出水分的含量。

2. 仪器和设备

扁形铝制或玻璃制称量瓶；电热恒温干燥箱；干燥器（内附有效干燥剂）；天平（感量为 0.1mg）。

3. 分析步骤

固体试样：取洁净铝制或玻璃制的扁形称量瓶，置于 101～105℃干燥箱中，瓶盖斜支于瓶边，加热 1.0h，取出盖好，置干燥器内冷却 0.5h，称量，并重复干燥至前后两次质量差不超过 2mg，即为恒重。将混合均匀的试样迅速磨细至颗粒小于 2mm，不易研磨的样品应尽可能切碎，称取 2～10g 试样（精确至 0.0001g），放入此称量瓶中，试样厚度不超过 5mm，如为疏松试样，厚度不超过 10mm，加盖，精密称量后，置于 101～105℃干燥箱中，瓶盖斜支于瓶边，干燥 2～4h 后，盖好取出，放入干燥器内冷却 0.5h 后称量。然后再放入 101～105℃ 干燥箱中干燥 1h 左右，取出，放入干燥器内冷却 0.5h 后再称量。并重复以上操作至前后两次质量差不超过 2mg，即为恒重。注：两次恒重值在最后计算中，取质量较小的一次称量值。

半固体或液体试样：取洁净的称量瓶，内加 10g 海砂（实验过程中可根据需要适当增加海砂的质量）及一根小玻璃棒，置于 101～105℃ 干燥箱中，干燥 1.0h 后取出，放入干燥器内冷却 0.5h 后称量，并重复干燥至恒重。然后称取 5～10g 试样（精确至 0.0001g），置于称量瓶中，用小玻璃棒搅匀放在沸水浴上蒸干，并随时搅拌，擦去瓶底的水滴，置于 101～105℃ 干燥箱中干燥 4h 后盖好取出，放入干燥器内冷却 0.5h 后称量。然后再放入 101～105℃ 干燥箱中干燥 1h 左右，取出，放入干燥器内冷却 0.5h 后再称量。并重复以上操作至前后两次质量差不超过 2mg，即为恒重。

4. 分析结果的表述

试样中的水分含量，按式(4-1) 进行计算：

$$X=\frac{m_1-m_2}{m_1-m_3}\times 100 \tag{4-1}$$

式中 X——试样中水分的含量，g/100g；

m_1——称量瓶（加海砂、玻璃棒）和试样的质量，g；

m_2——称量瓶（加海砂、玻璃棒）和试样干燥后的质量，g；

m_3——称量瓶（加海砂、玻璃棒）的质量，g；

100——单位换算系数。

水分含量≥1g/100g 时，计算结果保留三位有效数字；水分含量＜1g/100g 时，计算结果保留两位有效数字。

5. 适用范围

直接干燥法适用于在 101～105℃下，蔬菜、谷物及其制品、水产品、豆制品、乳制品、肉制品、卤菜制品、粮食（水分含量低于 18%）、油料（水分含量低于 13%）、淀粉及茶叶类等食品中水分的测定，不适用于水分含量小于 0.5g/100g 的样品。

6. 注意事项

① 采用直接干燥法的前提条件，水分是唯一的挥发物质，不含或含其他挥发性成分极少。水分的排除情况很完全，即含胶态物质、结合水量少。因为常压很难把结合水除去，所以只好用真空干燥除去结合水。食品中其他组分在加热过程中发生化学反应引起的重量变化非常小，可忽略不计，对热稳定。

② 水分测定的称量恒重是指前后两次称量的质量差不超过 2mg。

③ 物理栅是食品物料表面收缩和封闭产生的一种特殊现象。在烘干过程中，有时样品内部的水分还来不及转移至物料表面，表面却形成一层干燥薄膜，以至于大部分水分留在食品内不能排出。例如，富含糖分的水果、糖浆、富含淀粉和糖分的蔬菜等样品，如不加以处理，样品表面极易结成干膜，进而妨碍水分从食品内部扩散至表面。

④ 糖类，尤其是果糖，在温度超过 70℃时会氧化分解。因此，对果糖含量较高的样品，如果酱、蜂蜜、水果及其制品等，采用减压干燥法为宜。

⑤ 某些氨基酸、蛋白质及羰基化合物含量较高的样品，经长时间加热后会发生羰氨反应析出水分，所以此类样品宜采用其他方法测定其水分含量。

⑥ 称量皿有玻璃制称量皿和铝制称量皿两种，前者适用于各种食品，后者导热性能好、

质量轻，常用于减压干燥法。但铝质称量皿不耐酸碱，使用时应根据测定样品加以选择。称量皿的规格以样品置于其中，平铺开后厚度不超过 1/3 为宜。

二、减压干燥法

1. 原理

利用食品中水分的物理性质，在达到 40～53kPa 压力后加热至 60℃±5℃，采用减压烘干方法去除试样中的水分，再通过烘干前后的称量数值计算出水分的含量。

2. 仪器和设备

扁形铝制或玻璃制称量瓶；真空干燥箱；干燥器（内附有效干燥剂）；天平（感量为 0.1mg）。

3. 分析步骤

试样制备：粉末和结晶试样直接称取；较大块硬糖经研钵粉碎，混匀备用。

测定：取已恒重的称量瓶称取 2～10g（精确至 0.0001g）试样，放入真空干燥箱内，将真空干燥箱连接真空泵，抽出真空干燥箱内空气（所需压力一般为 40～53kPa），并同时加热至所需温度 60℃±5℃。关闭真空泵上的活塞，停止抽气，使真空干燥箱内保持一定的温度和压力，经 4h 后，打开活塞，使空气经干燥装置缓缓通入至真空干燥箱内，待压力恢复正常后再打开。取出称量瓶，放入干燥器中 0.5h 后称量，并重复以上操作至前后两次质量差不超过 2mg，即为恒重。

4. 分析结果的表述

同直接干燥法。

5. 适用范围

减压干燥法适用于高温易分解的样品及水分较多的样品（如糖、味精等食品）中水分的测定，不适用于添加了其他原料的糖果（如奶糖、软糖等食品）中水分的测定，不适用于水分含量小于 0.5g/100g 的样品（糖和味精除外）。

6. 注意事项

① 实验时可根据样品的不同对压力和温度进行选择，如咖啡样品为 3.3kPa 和 95℃、奶粉为 13kPa 和 80℃、糖和蜂蜜为 6.7kPa 和 60℃、干果为 13kPa 和 70℃。

② 减压干燥法能加快水分的去除，且操作温度较低，大大减少了样品氧化或分解的影响，可以得到较为准确的结果。

三、蒸馏法

1. 原理

利用食品中水分的物理化学性质，使用水分测定器将食品中的水分与甲苯或二甲苯共同蒸出，根据接收的水的体积计算出试样中水分的含量。

2. 仪器和设备

水分测定器，如图 4-1 所示（带可调电热套），水分接收管容量 5mL，最小刻度值 0.1mL，容量误差小于 0.1mL；天平，感量为 0.1mg。

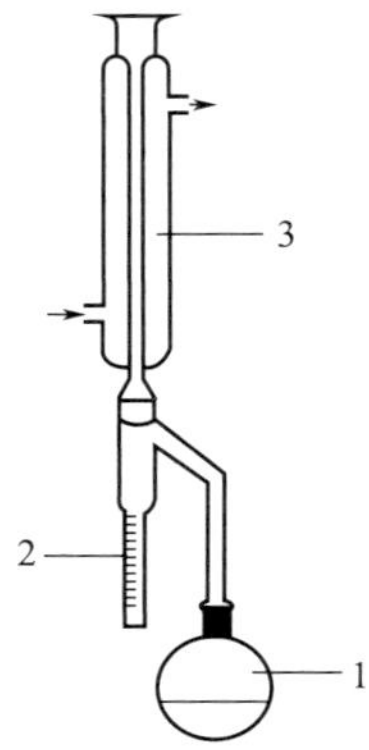

图 4-1　水分测定器

1—250mL 蒸馏瓶；2—水分接收管（有刻度）；3—冷凝管

3. 分析步骤

准确称取适量试样（应使最终蒸出的水在 2～5mL，但最多取样量不得超过蒸馏瓶的 2/3），放入 250mL 蒸馏瓶中，加入新蒸馏的甲苯（或二甲苯）75mL，连接冷凝管与水分接收管，从冷凝管顶端注入甲苯，装满水分接收管。同时做甲苯（或二甲苯）的试剂空白。加热慢慢蒸馏，使每秒钟的馏出液为 2 滴，待大部分水分蒸出后，加速蒸馏约每秒钟 4 滴，当水分全部蒸出后，接收管内的水分体积不再增加时，从冷凝管顶端加入甲苯冲洗。如冷凝管壁附有水滴，可用附有小橡皮头的铜丝擦下，再蒸馏片刻至接收管上部及冷凝管壁无水滴附着，接收管水平面保持 10min 不变为蒸馏终点，读取接收管水层的容积。

4. 分析结果的表述

试样中水分的含量，按式(4-2) 进行计算：

$$X=\frac{V-V_0}{m}\times 100 \tag{4-2}$$

式中　X——试样中水分的含量，mL/100g（或按水在 20℃的相对密度 0.998，20g/mL 计算质量）；

V——接收管内水的体积，mL；

V_0——做试剂空白时，接收管内水的体积，mL；

m——试样的质量，g；

100——单位换算系数。

以重复性条件下获得的两次独立测定结果的算术平均值表示，结果保留三位有效数字。

5. 适用范围

蒸馏法适用于含水较多又有较多挥发性成分的水果、香辛料及调味品、肉与肉制品等食品中水分的测定，不适用于水分含量小于 1g/100g 的样品。

6. 注意事项

① 蒸馏法的加热温度比干燥法低，所以适宜易氧化、易分解及含有挥发性组分样品的测定，尤其对香料类，其准确度明显优于干燥法。此种方法也是唯一公认的水分含量的标准分析法。

② 对于新试剂可以做水饱和处理，方法是取试剂与少量水进行混合，静置后移去水层，

进行蒸馏，收集馏出液备用。

③ 此种方法是利用所加入的有机溶剂与水分形成共沸混合物而降低沸点的，样品性质是选择溶剂的重要依据，对于热不稳定样品，一般不用二甲苯。对于某些含有糖分、可分解释放出水分的样品，如某些脱水蔬菜（大蒜、洋葱）等，宜选用低沸点的苯作为溶剂，但蒸馏时间需延长（甲苯的沸点为 110.7℃、纯苯的沸点为 80.2℃、水苯共沸点为 69.25℃）。

④ 操作中如果馏出液为乳浊液，可以添加少量的戊醇或异丁醇。

⑤ 对受热易炭化分解的样品可以选择密度大于水的溶剂，其优点是蒸馏时样品物质在蒸馏液上方时，馏分在冷凝后穿过水层进入接收管下端，而当蒸馏时间过长时，水分测定难度会加大，因此，可以通过控制蒸馏时间或选用下端带有放空装置的接收管来改善操作。

⑥ 对富含糖分或蛋白质的样品，适宜的方法是将样品分散涂布在硅藻土上；对热不稳定的食品，除选用低沸点的溶剂外，也可以将样品分散涂布在硅藻土上。

四、卡尔·费休法

1. 原理

根据碘能与水和二氧化硫发生化学反应，在有吡啶和甲醇共存时，1mol 碘只与 1mol 水作用，反应式如下。

$$C_5H_5N \cdot I_2 + C_5H_5N \cdot SO_2 + C_5H_5N + H_2O + CH_3OH \longrightarrow 2C_5H_5N \cdot HI + C_5H_6N[SO_4CH_3]$$

卡尔·费休水分测定法又分为库仑法和容量法。其中容量法测定的碘是作为滴定剂加入的，滴定剂中碘的浓度是已知的，根据消耗滴定剂的体积，计算消耗碘的量，从而计量出被测物质水的含量。

2. 仪器和设备

卡尔·费休水分测定仪，如图 4-2 所示；天平（感量为 0.1mg）。

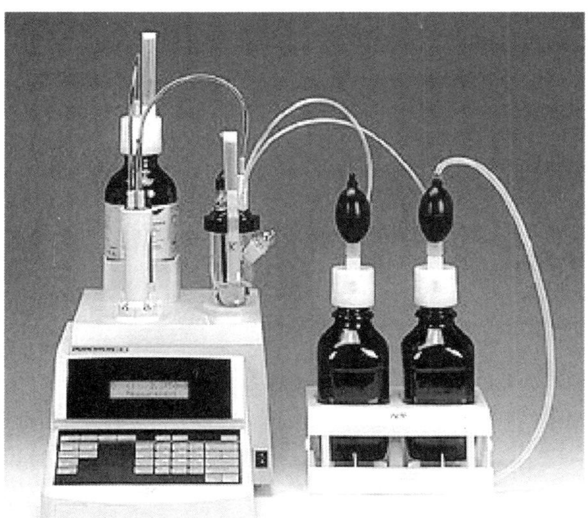

图 4-2　卡尔·费休水分测定仪

3. 分析步骤

(1) 卡尔·费休试剂的标定(容量法) 在反应瓶中加入一定体积(浸没铂电极)的甲醇,在搅拌下用卡尔·费休试剂滴定至终点。加入 10mg 水(精确至 0.0001g),滴定至终点并记录卡尔·费休试剂的用量(V)。

卡尔·费休试剂的滴定度按式(4-3)计算:

$$T=\frac{m}{V} \tag{4-3}$$

式中 T——卡尔·费休试剂的滴定度,mg/mL;

m——水的质量,mg;

V——滴定水消耗的卡尔·费休试剂的用量,mL。

(2) 试样前处理 可粉碎的固体试样要尽量粉碎,使之均匀。不易粉碎的试样可切碎。

(3) 试样中水分的测定 于反应瓶中加入一定体积的甲醇或卡尔·费休测定仪中规定的溶剂浸没铂电极,在搅拌下用卡尔·费休试剂滴定至终点。迅速将易溶于甲醇或卡尔·费休测定仪中规定的溶剂的试样直接加入滴定杯中;对于不易溶解的试样,应采用对滴定杯进行加热或加入已测定水分的其他溶剂辅助溶解后用卡尔·费休试剂滴定至终点。建议采用容量法测定试样中的含水量应大于 100μg。对于滴定时,平衡时间较长且引起漂移的试样,需要扣除其漂移量。

(4) 漂移量的测定 在滴定杯中加入与测定样品一致的溶剂,并滴定至终点,放置不少于 10min 后再滴定至终点,两次滴定之间的单位时间为的体积变化即为漂移量(D)。

4. 分析结果的表述

固体试样中水分的含量按式(4-4),液体试样中水分的含量按式(4-5)进行计算:

$$X=\frac{(V_1-Dt)T}{m}\times 100 \tag{4-4}$$

$$X=\frac{(V_1-Dt)T}{V_2\rho}\times 100 \tag{4-5}$$

式中 X——试样中水分的含量,g/100g;

V_1——滴定样品时卡尔·费休试剂体积,mL;

D——漂移量,mL/min;

t——滴定时所消耗的时间,min;

T——卡尔·费休试剂的滴定度,g/mL;

m——样品质量,g;

100——单位换算系数;

V_2——液体样品体积,mL;

ρ——液体样品的密度,g/mL。

水分含量≥1g/100g 时,计算结果保留三位有效数字;水分含量<1g/100g 时,计算结果保留两位有效数字。

5. 适用范围

卡尔·费休法适用于食品中含微量水分的测定,不适用于含有氧化剂、还原剂、碱性氧化物、氢氧化物、碳酸盐、硼酸等食品中水分的测定。卡尔·费休容量法适用于水分含量大于 1.0×10^{-3}g/100g 的样品。

6. 注意事项

① 滴定过程中，借通入的惰性气体（N_2 或 CO_2）保持很小的正压，以驱除空气。

② 卡尔·费休法适用于测定脱水蔬菜、乳制品、巧克力、油脂、糖果、香料等样品，不适用于水分含量高并且分布不均匀的食品。

③ 冷凝管在使用前要用无水甲醇回流处理，具体操作：加热回流 15min，然后移开热源静置 15min，使冷凝管内壁附着的液体流下来。

④ 维生素 C 等还原性强组分含量高的样品不宜采用此种方法。

五、其他方法

1. 红外线干燥法

红外线干燥法以红外线灯管作为加热源，利用红外线辐射加热试样，可以使水分高效、快速地蒸发，根据干燥前后质量损失可以计算样品中的水分含量。

简易红外线水分测定仪主要由红外线灯管和盘式天平组成，干燥时间一般由灯管高低或灯管电压决定。红外水分测定仪是一种称量与加热合一的精密天平，它具有简易、快速的分析特点，一般样品的测定时间仅为 3～5min（图 4-3）。

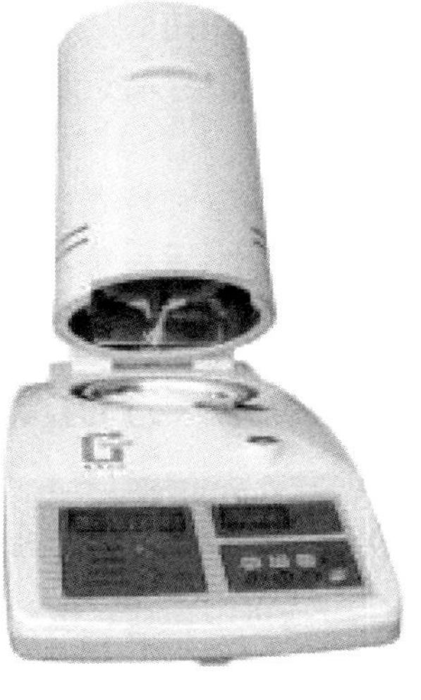

图 4-3　红外线水分测定仪

2. 微波干燥法

微波干燥法使用微波辐射加热样品，使水分快速、高效蒸发，通过系统中的精密天平对样品干燥前后的质量进行测定，以损失重量计为样品中的水分含量。

微波水分测定仪是集称量天平与加热干燥功能于一体的分析仪器，具有快速、简易的分析特点，可以在数十秒内完成测定，该方法适用于水分含量为 12%～98%的样品（图 4-4）。

3. 近红外分光光度计法

该方法适用于水分含量比较低的干菜等干制品中水分含量的测定，也可以用于谷物、花

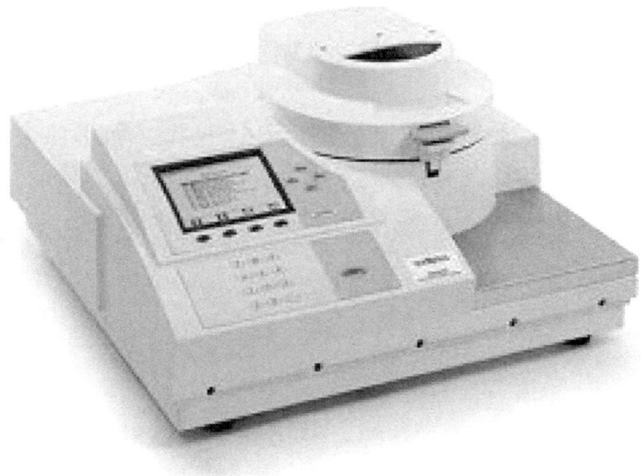

图 4-4 微波水分测定仪

生、咖啡、可可等样品中水分含量的测定。此方法是利用不同水分含量的样品在二甲基甲酰胺存在的情况下对近红外线有不同吸光值的原理进行测定的。

4. 化学干燥法

该方法是将某种对水蒸气具有强烈吸附作用的化学试剂（干燥剂）与含水样品装在同一个干燥容器中，通过等温扩散和吸附作用而使样品达到干燥恒重，然后根据样品的质量损失值表征样品的水分含量。

化学干燥法适用于热不稳定物质，以及含有易挥发组分的样品，如茶叶、香料等食品的水分含量测定，该方法的缺点是耗时较长，一般需要数天甚至数月才能完成。

第四节 食品水分活度的测定

A_w 值的测定方法包括蒸汽压力法、电湿度计法、溶剂萃取法、扩散法、A_w 测定仪法等。其中国家标准中以扩散法为主，包括康卫氏皿扩散法和水分活度仪扩散法，本节重点讲解康卫氏皿扩散法。

一、康卫氏皿扩散法

1. 原理

在密封、恒温的康卫氏皿中，试样中的自由水与水分活度（A_w）较高和较低的标准饱和溶液相互扩散，达到平衡后，根据试样质量的变化量，求得样品的水分活度。

2. 仪器和设备

康卫氏皿（带磨砂玻璃盖）：见图 4-5。称量皿：直径 35mm，高 10mm。天平：感量 0.0001g 和 0.1g。恒温培养箱：精度±1℃。电热恒温鼓风干燥箱。

图 4-5 康卫氏皿

3. 分析步骤

（1）试样制备 粉末状固体、颗粒状固体及糊状样品：取有代表性的样品至少 200g，混匀，置于密闭的玻璃容器内。

块状样品：取可食部分的代表性样品至少 200g。在室温 18～25℃，湿度 50%～80%的条件下，迅速切成约小于 3mm×3mm×3mm 的小块，不得使用组织捣碎机，混匀后置于密闭的玻璃容器内。

瓶装固体、液体混合样品：取液体部分。

质量多样混合样品：取有代表性的混合均匀样品。

液体或流动酱汁样品：直接采取均匀样品进行称重。

（2）试样预测定 预处理：将盛有试样的密闭容器、康卫氏皿及称量皿置于恒温培养箱内，于 25℃±1℃条件下，恒温 30min。取出后立即使用及测定。

预测定：分别取 12.0mL 溴化锂饱和溶液、氯化镁饱和溶液、氯化钴饱和溶液、硫酸钾饱和溶液于 4 只康卫氏皿的外室，用恒温、预先干燥并称量的称量皿（精确至 0.0001g），迅速称取与标准饱和盐溶液相等份数的同一试样约 1.5g（精确至 0.0001g），放入盛有标准饱和盐溶液的康卫氏皿的内室。沿康卫氏皿上口平行移动盖好涂有凡士林的磨砂玻璃片，放入 25℃±1℃的恒温培养箱内，恒温 24h。取出盛有试样的称量皿，立即称量（精确至 0.0001g）。

预测定结果计算：试样质量的增减量按式(4-6) 计算。

$$X=\frac{m_1-m}{m-m_0} \tag{4-6}$$

式中，X 为试样质量的增减量，g/g；m_1 为 25℃扩散平衡后，试样和称量皿的质量，g；m 为 25℃扩散平衡前，试样和称量皿的质量，g；m_0 为称量皿的质量，g。

绘制二维直线图：以所选饱和盐溶液（25℃）的水分活度（A_w）数值为横坐标，对应标准饱和盐溶液的试样的质量增减数值为纵坐标，绘制二维直线图。取横坐标截距值，即为该样品的水分活度预测值，参见图 4-6。

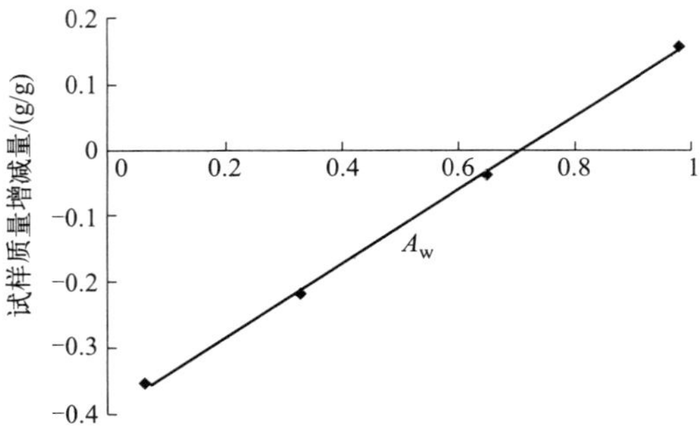

图 4-6 蛋糕水分活度预测结果二维直线图

(3) 试样的测定　依据预测定结果，分别选用水分活度数值大于和小于试样预测结果数值的饱和盐溶液各 3 种，各取 12.0mL，注入康卫氏皿的外室。用恒温、预先干燥并称量的称量皿（精确至 0.0001g），迅速称取与标准饱和盐溶液相等份数的同一试样约 1.5g（精确至 0.0001g），放入盛有标准饱和盐溶液的康卫氏皿的内室。沿康卫氏皿上口平行移动盖好涂有凡士林的磨砂玻璃片，放入 25℃±1℃的恒温培养箱内，恒温 24h。取出盛有试样的称量皿，立即称量（精确至 0.0001g）。

4. 分析结果的表述

同预测定结果计算，取横轴截距值，即为该样品的水分活度值，参见图 4-7。当符合精密度所规定的要求时，取三次平行测定的算术平均值作为测定结果。计算结果保留两位有效数字。

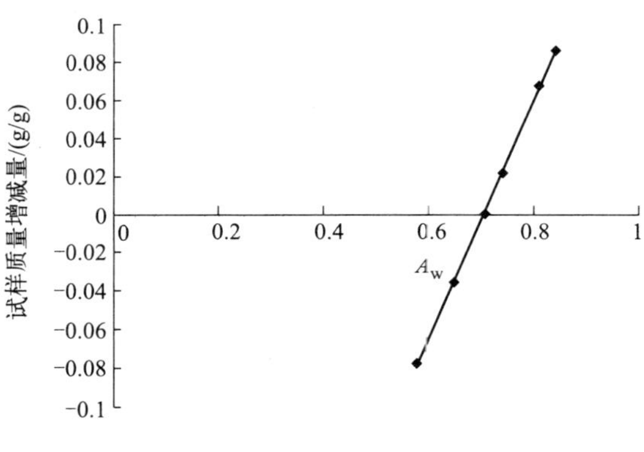

图 4-7 蛋糕水分活度二维直线图

5. 适用范围

康卫氏皿扩散法适用的食品水分活度范围为 0.00～0.98。

6. 注意事项

① 依据预测定结果，分别选用水分活度数值大于和小于试样预测结果数值的饱和盐溶液各 3 种。各种常见饱和盐溶液在 25℃的水分活度值见表 4-2。

表 4-2　常见饱和盐溶液在 25℃ 的水分活度值

饱和盐溶液	水分活度值	饱和盐溶液	水分活度值
溴化锂	0.064	氯化钠	0.753
氯化锂	0.113	溴化钾	0.809
氯化镁	0.328	硫酸铵	0.810
碳酸钾	0.432	氯化钾	0.843
硝酸镁	0.529	硝酸锶	0.851
溴化钠	0.576	氯化钡	0.902
氯化钴	0.649	硝酸钾	0.936
氯化锶	0.709	硫酸钾	0.973
硝酸钠	0.743		

② 样品的取样条件要一致，操作要求快速、准确。

③ 试样的大小及形状对测定结果的影响很小，取样品的固体部位或液体部位所得测定结果没有差异。

④ 康卫氏皿应密封性良好。

二、水分活度仪扩散法

1. 原理

在密闭、恒温的水分活度仪测量舱内，试样中的水分扩散达到平衡。此时水分活度仪测量舱内的传感器或数字化探头显示出的响应值（相对湿度对应的数值）即为样品的水分活度（A_w）。

2. 仪器和设备

水分活度仪见图 4-8；天平（感量 0.01g）；样品皿。

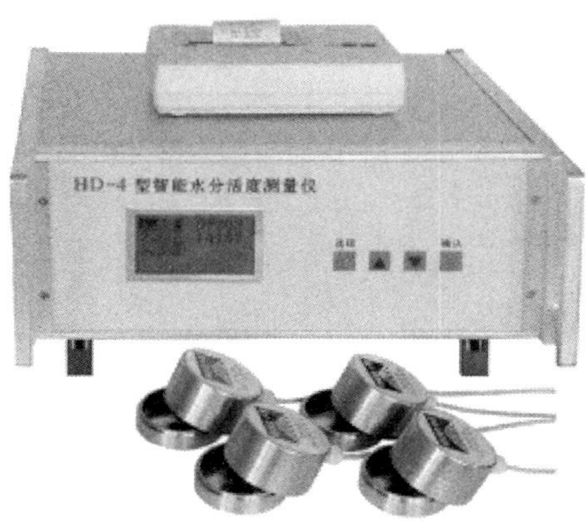

图 4-8　水分活度仪

3. 分析步骤

(1) 试样制备　同康卫氏皿扩散法。

(2) 试样的测定　在室温 18～25℃，湿度 50％～80％的条件下，用饱和盐溶液校正水分活度仪。称取约 1g（精确至 0.01g）试样，迅速放入样品皿中，封闭测量仓，在温度 20～25℃、相对湿度 50％～80％的条件下测定。每间隔 5min 记录水分活度仪的响应值。当相邻两次响应值之差小于 0.005A_w 时，即为测定值。仪器充分平衡后，同一样品重复测定 3 次。

4. 分析结果的表述

当符合精密度所规定的要求时，取两次平行测定的算术平均值作为测定结果。计算结果保留两位有效数字。

5. 适用范围

水分活度仪扩散法适用的食品水分活度范围为 0.60～0.90。

案例：高粱中水分的测定方法演变

思考题

1. 食品中的水分测定有何目的与意义？

2. 食品中水分的存在形式有哪些？干燥过程主要除去食品中的哪一部分水分？

3. 食品中水分测定方法选择的依据是什么？

4. 下列食品采用哪一种水分测定方法较合适？

(1) 稻谷；(2) 含果糖较高的果酱、蜂蜜、水果制品；(3) 香料。

5. 微波干燥法与红外线干燥法测定水分的原理分别是什么？

6. 简述直接干燥法、减压干燥法与蒸馏法测定水分的原理及各自的适用范围。

第五章

矿物元素分析

第一节　概　述

一、食品灰分的概念

食品中的灰分是指食品经高温灼烧，有机成分挥发逸散后残留下来的无机物（又称矿物质），主要是氧化物或无机盐类，是表示食品中无机成分总量的一项指标。而所谓的高温一般是550～600℃，可于马弗炉或灰化炉中进行。灼烧过程中，一方面，某些易挥发元素如氯、碘、铅等会挥发散失，磷、硫等也会以含氧酸的形式挥发散失，从而使无机成分减少；另一方面，某些金属氧化物会吸收有机物分解产生的二氧化碳形成碳酸盐，从而使无机成分增多。因此，灰分并不能准确地表示食品中原来的无机成分含量，严格来说，应把食品经高温灼烧后的残留物称为粗灰分。灰分由氧化物和盐构成，包括金属元素和非金属元素，还有微量元素。根据食品组成的特点，灰分中约含50种元素，包括金属元素（如K、Na、Ca、Mg、Fe）、非金属元素（如Cl、S、P、Si）、微量元素（如Mn、Co、Cu、Zn）。这些成分对人体具有很大的生理价值，占人体体重的4%～5%。

二、食品的灰分含量

通常认为动物制品的灰分是一个常数，但是植物制品的灰分含量却复杂得多。表5-1列出了部分常见食品的灰分含量，大部分新鲜食品的灰分含量不高于5%，纯净的油脂灰分一般很少或不含灰分。

表5-1　常见食品的灰分含量

样品	灰分含量/%	样品	灰分含量/%
鲜肉	0.5～1.2	淡炼乳	1.6～1.7
鲜鱼(可食部分)	0.8～2.0	甜炼乳	1.9～2.1
牛乳	0.6～0.7	全脂奶粉	5.0～5.7

续表

样品	灰分含量/%	样品	灰分含量/%
脱脂奶粉	7.8～8.2	小麦胚乳	0.5
蛋白	0.6	小麦	1.5
蛋黄	1.6	精制糖、硬糖	痕量～1.8
新鲜水果	0.2～1.2	糖浆、蜂蜜	痕量～1.8
蔬菜	0.2～1.2	纯油脂	0

三、食品灰分的分类

食品灰分除总灰分（粗灰分）外，按其溶解性还可分为水溶性灰分、水不溶性灰分和酸不溶性灰分，因此灰分的测定项目相应有总灰分测定、水溶性灰分测定、水不溶性灰分测定和酸不溶性灰分测定，且有不同的检验意义。

（1）总灰分　主要是金属氧化物、无机盐类及一些杂质，反映食品中矿物质及机械杂质的情况。

（2）水溶性灰分　反映灰分中可溶性金属钾、钠、钙等元素的氧化物，以及可溶性盐类的含量。

（3）水不溶性灰分　反映食品中含铁、铝等氧化物及碱土金属的碱式磷酸盐，以及由于污染混入产品的泥沙等机械性物质的含量。

（4）酸不溶性灰分　主要为污染渗入的泥沙和食品中原来存在的微量二氧化硅。

四、食品灰分测定的意义

① 灰分是食品重要的质量控制指标之一，是食品成分全分析的项目之一。在面粉加工中，常以灰分含量评价面粉等级，富强粉的总灰分含量为0.3%～0.5%，标准粉的灰分含量为0.6%～0.9%；方便面的灰分含量一般要求控制在0.4%以下。

② 测定灰分可判断食品受污染的程度。食品所用原料、加工方法及测定条件不同，各种灰分的组成和含量也不相同。当这些条件确定后，某种食品的灰分含量通常会在一定范围内，如果灰分含量超过了正常范围，说明食品加工过程中，使用了不合乎卫生标准的原料或食品添加剂，或食品在生产、加工、贮藏过程中受到了污染。

③ 测定植物性原料的灰分可反映植物生长的成熟度和自然条件对其影响，测定动物性原料的灰分可反映动物品种、饲料组分对其影响。植物性原料灰分的组成和含量与自然条件、成熟度等因素密切相关。通过测定作物生长过程中的灰分含量及变化，可掌握适时采摘期和环境、气候、施肥等因素对作物的影响。

第二节　灰分测定

一、食品中总灰分的测定

依据GB 5009.4—2016《食品安全国家标准　食品中灰分的测定》（第一法）。

1. 原理

食品经灼烧后所残留的物质称为灰分，灰分数值在灼烧、称重后计算得出。

2. 试剂

乙酸镁［$(CH_3COO)_2Mg \cdot 4H_2O$］，盐酸（HCl）。

3. 主要仪器

高温炉（最高使用温度≥950℃），分析天平（感量分别为 0.1mg、1mg、0.1g），石英坩埚或瓷坩埚，干燥器（内有干燥剂），电热板，恒温水浴锅（控温精度±2℃）。

4. 分析步骤

（1）坩埚预处理

① 含磷量较高的食品和其他食品：取大小适宜的石英坩埚或瓷坩埚置高温炉中，在 550℃±25℃下灼烧 30min，冷却至 200℃左右，取出，放入干燥器中冷却 30min，准确称量。重复灼烧至前后两次称量相差不超过 0.5mg 为恒重。

② 淀粉类食品：先用沸腾的稀盐酸洗涤，再用大量自来水洗涤，最后用蒸馏水冲洗。将洗净的坩埚置于高温炉内，在 900℃±25℃下灼烧 30min，并在干燥器内冷却至室温，称重，精确至 0.0001g。

（2）称样　含磷量较高的食品和其他食品：灰分大于或等于 10g/100g 的试样称取 2～3g（精确至 0.0001g）；灰分小于或等于 10g/100g 的试样称取 3～10g（精确至 0.0001g，对于灰分含量更低的样品可适当增加称样量）。

淀粉类食品：迅速称取样品 2～10g（马铃薯淀粉、小麦淀粉以及大米淀粉至少称 5g，玉米淀粉和木薯淀粉称 10g），精确至 0.0001g。将样品均匀分布在坩埚内，不要压紧。

（3）测定

① 含磷量较高的豆类及其制品、肉禽及其制品、蛋及其制品、水产及其制品、乳及乳制品：称取试样后，加入 1.00mL 乙酸镁溶液（240g/L）或 3.00mL 乙酸镁溶液（80g/L），使试样完全润湿。放置 10min 后，水浴将水分蒸干，在电热板上以小火加热使试样充分炭化至无烟，然后置于高温炉中，在 550℃±25℃灼烧 4h。冷却至 200℃左右，取出，放入干燥器中冷却 30min，称量前如发现灼烧残渣有炭粒，应向试样中滴入少许水湿润，使结块松散，蒸干水分再次灼烧至无炭粒即表示灰化完全，方可称量。重复灼烧至前后两次称量相差不超过 0.5mg 为恒重。

吸取 3 份与样品相同浓度和体积的乙酸镁溶液，做 3 次试剂空白试验。当 3 次试验结果的标准偏差小于 0.003g 时，取算术平均值作为空白值。若标准偏差大于或等于 0.003g，应重新做空白试验。

② 淀粉类食品：将坩埚置于高温炉口或电热板上，半盖坩埚盖，小心加热使样品在通气情况下完全炭化至无烟，即刻将坩埚放入高温炉内，将温度升高至 900℃±25℃，保持此温度直至剩余的碳全部消失为止，一般 1h 可灰化完毕，冷却至 200℃左右，取出，放入干燥器中冷却 30min，称量前如发现灼烧残渣有炭粒，应向试样中滴入少许水湿润，使结块松散，蒸干水分再次灼烧至无炭粒即表示灰化完全，方可称量。重复灼烧至前后两次称量相差不超过 0.5mg 为恒重。

③ 其他食品：液体和半固体试样应先在沸水浴上蒸干，固体或蒸干后的试样，先在电热板上以小火加热使试样充分炭化至无烟，然后置于高温炉中，在 550℃±25℃灼烧 4h，冷

却至200℃左右，取出，放入干燥器中冷却30min，称量前如发现灼烧残渣有炭粒，应向试样中滴入少许水湿润，使结块松散，蒸干水分再次灼烧至无炭粒即表示灰化完全，方可称量。重复灼烧至前后两次称量相差不超过0.5mg为恒重。

（4）计算　加了乙酸镁溶液的试样，按式(5-1)计算：

$$X_1=\frac{m_1-m_2-m_0}{m_3-m_2}\times 100 \tag{5-1}$$

式中　X_1——加了乙酸镁溶液的试样中灰分的含量，g/100g；

m_1——坩埚和灰分的质量，g；

m_2——坩埚的质量，g；

m_0——氧化镁（乙酸镁灼烧后生成物）的质量，g；

m_3——坩埚和试样的质量，g；

100——单位换算系数。

未加乙酸镁溶液的试样，按式(5-2)计算：

$$X_2=\frac{m_1-m_2}{m_3-m_2}\times 100 \tag{5-2}$$

式中　X_2——未加乙酸镁溶液的试样中灰分的含量，g/100g；

m_1——坩埚和灰分的质量，g；

m_2——坩埚的质量，g；

m_3——坩埚和试样的质量，g；

100——单位换算系数。

5. 说明与注意事项

① 样品炭化时要注意热源强度，防止产生大量泡沫溢出坩埚。

② 使用坩埚时要注意：放入高温炉或从炉中取出时，要放在炉口停留片刻，使坩埚预热或冷却，防止因温度剧变而使坩埚破裂。从干燥器中取出冷却后的坩埚时，因内部呈真空，开盖恢复常压时应让空气缓缓进入，以防止灰分飞散。

③ 使用过的坩埚，应把残灰及时倒掉，初步洗刷后，用粗盐酸浸泡10～20min，再用水冲刷干净。

④ 将坩埚放入马弗炉时，一定不要将坩埚盖完全盖严，否则会由于缺氧，无法使有机物充分氧化。

⑤ 灰化后所得残渣可留作钙、磷、铁等无机成分的测定。

⑥ 贝类、内脏、种子等含有大量蛋白质和磷，灰化时间较长，需加速，可采用添加助剂的方法加速灰化。初步灼烧冷却后，加入几滴氧化剂（6mol/L硝酸或30%过氧化氢），蒸干后再灼烧至恒重，氧化速率大大加快。若食盐较多，则可添加30%过氧化氢。糖类样品残灰中加入硫酸，可进一步加速。疏松剂如10%碳酸铵等，在灼烧时分解为气体逸出，使灰分呈松散状态，促进灰化。此外，乙酸镁、硝酸镁等助灰化剂随灰化分解，与过剩的磷酸结合，使残灰不熔融而呈松散状态，避免炭粒被包裹，可缩短灰化时间，但生成的氧化镁会导致结果偏高，应做空白试验。而添加氧化镁、碳酸钙等惰性不溶物质，可以产生疏松作用，使氧能完全进入样品内部，使碳完全氧化，但是这些盐不挥发，保留在样品中，使残灰增重，应做空白试验。

二、水溶性灰分和水不溶性灰分的测定

依据 GB 5009.4—2016《食品安全国家标准　食品中灰分的测定》（第二法）。

1. 原理

用热水提取总灰分，经无灰滤纸过滤、灼烧、称量残留物，测得水不溶性灰分，由总灰分和水不溶性灰分的质量之差计算水溶性灰分。

2. 主要仪器

高温炉（最高使用温度≥950℃），分析天平（感量分别为 0.1mg、1mg、0.1g），石英坩埚或瓷坩埚，干燥器（内有干燥剂），无灰滤纸，漏斗，表面皿，烧杯（高型，容量 100mL），恒温水浴锅（控温精度±2℃）。

3. 分析步骤

（1）坩埚预处理　同总灰分的测定中的坩埚预处理。

（2）称样　同总灰分的测定中的称样。

（3）总灰分的制备　同总灰分的测定中的测定。

（4）测定　用约 25mL 热蒸馏水分次将总灰分从坩埚中洗入 100mL 烧杯中，盖上表面皿，用小火加热至微沸，防止溶液溅出。趁热用无灰滤纸过滤，并用热蒸馏水分次洗涤杯中残渣，直至滤液和洗涤体积约达 150mL 为止，将滤纸连同残渣移入原坩埚内，放在沸水浴锅上小心地蒸去水分，然后将坩埚烘干并移入高温炉内，以 550℃±25℃灼烧至无炭粒（一般需 1h）。待炉温降至 200℃时，放入干燥器内，冷却至室温，称重（准确至 0.0001g）。再放入高温炉内，以 550℃±25℃灼烧 30min，如前冷却并称重。如此重复操作，直至连续两次称重之差不超过 0.5mg 为止，记下最低质量。

（5）计算　水不溶性灰分的含量，按式(5-3）计算：

$$X_1=\frac{m_1-m_2}{m_3-m_2}\times 100 \tag{5-3}$$

式中　X_1——水不溶性灰分的含量，g/100g；

m_1——坩埚和水不溶性灰分的质量，g；

m_2——坩埚的质量，g；

m_3——坩埚和试样的质量，g；

100——单位换算系数。

水溶性灰分的含量，按式(5-4）计算：

$$X_2=\frac{m_4-m_5}{m_0}\times 100 \tag{5-4}$$

式中　X_2——水溶性灰分的质量，g/100g；

m_0——试样的质量，g；

m_4——总灰分的质量，g；

m_5——水不溶性灰分的质量，g；

100——单位换算系数。

4. 说明与注意事项

① 试样中灰分含量≥10g/100g 时，保留三位有效数字；试样中灰分含量＜10g/100g 时，保留两位有效数字。

② 取样量的多少应根据试样的种类、性状来决定。

③ 对磷含量较高的食品进行灰化时，应加灰化助剂，一般为乙酸镁。

三、酸不溶性灰分的测定

GB 5009.4—2016《食品安全国家标准　食品中灰分的测定》(第三法)。

1. 原理

用盐酸溶液处理总灰分，过滤、灼烧、称量残留物。

2. 试剂

浓盐酸 (HCl)。

3. 主要仪器

高温炉 (最高使用温度≥950℃)，分析天平 (感量分别为 0.1mg、1mg、0.1g)，石英坩埚或瓷坩埚，干燥器 (内有干燥剂)，无灰滤纸，漏斗，表面皿 (直径 6cm)，烧杯 (高型，容量 100mL)，恒温水浴锅 (控温精度±2℃)。

4. 分析步骤

(1) 坩埚预处理　同总灰分的测定中的坩埚预处理。

(2) 称样　同总灰分的测定中的称样。

(3) 总灰分的制备　同总灰分的测定中的测定。

(4) 测定　用 25mL 10%盐酸溶液将总灰分分次洗入 100mL 烧杯中，盖上表面皿，在沸水浴上小心加热，至溶液由浑浊变为透明时，继续加热 5min，趁热用无灰滤纸过滤，用沸蒸馏水少量反复洗涤烧杯和滤纸上的残留物，直至中性 (约 150mL)。将滤纸连同残渣移入原坩埚内，在沸水浴上小心蒸去水分，移入高温炉内，以 550℃±25℃灼烧至无炭粒 (一般需 1h)。待炉温降至 200℃时，取出坩埚，放入干燥器内，冷却至室温，称重 (准确至 0.0001g)。再放入高温炉内，以 550℃±25℃灼烧 30min，如前冷却并称重。如此重复操作，直至连续两次称重之差不超过 0.5mg 为止，记下最低质量。

(5) 计算　以试样质量计，酸不溶性灰分的含量，按式(5-5) 计算：

$$X_1=\frac{m_1-m_2}{m_3-m_2}\times 100 \tag{5-5}$$

式中　X_1——酸不溶性灰分的含量，g/100g；

m_1——坩埚和酸不溶性灰分的质量，g；

m_2——坩埚的质量，g；

m_3——坩埚和试样的质量，g；

100——单位换算系数。

5. 说明与注意事项

① 试样中灰分含量≥10g/100g 时，保留三位有效数字；试样中灰分含量＜10g/100g 时，保留两位有效数字。

② 每次开始放入炉内或取出时，都要放在门口缓冲一下温差，以免坩埚破裂。

③ 从干燥器中取出冷却的坩埚时，因内部形成负压，开盖恢复常压时应让空气缓缓进入，以防残灰飞散。

四、灰分的快速分析

测定灰分常用的标准方法是高温灰化法，该方法只能得到粗灰分，且费时费力，耗能大。研究快速准确、省时省力的新灰化方法势在必行。

1. 微波快速灰化法

微波快速灰化法主要利用微波的热穿透效应，直接把能量辐射到反应物上，使极性分子产生每秒 25 亿次以上的分子旋转和碰撞，迅速提高反应物的准备状态或亚稳态，促使进一步电离或氧化还原反应，检测时间短，操作简便。如焙烤食品的灰分测定，将 3～4g 样品置于恒重好的 100mL 瓷坩埚，放入微波灰化仪中，按照升温速率 12.5℃/min 升温到 250℃，保温 30min；然后以升温速率 10℃/min 升温到 400℃，保温 30min；最后以升温速率 15℃/min 升温到 550℃，保温 60min，结束后冷却至 200℃，取出放入干燥器中冷却 30min 后称重。重复灼烧至前后 2 次称量相差不超过 0.5mg 为恒重。

2. 近红外分析仪测定灰分

近红外技术（NIR）在过去 40 年得到不断改进和发展，已成为一种简便、快速、低成本、无污染、不接触样品的绿色检测技术。20 世纪 80 年代中期，NIR 被美国谷物化学家协会（AACC）、国际粮食科技协会（ICC）接受，成为测定谷物成分的标准方法。与传统的检测方法相比，NIR 操作简单省时，可实现多组分同时测定，主要是基于组分中含氢基团（C—H、O—H、N—H、S—H 等）在近红外光谱区有特征吸收信息，通过构建吸收光谱信息和灰分之间的定量关系（即模型），实现对灰分的快速检测，其优点是所需样品量少，重复性好，不用化学试剂，整个过程只需 20s。

3. 电导率法测定面粉中的灰分

面粉抽提液中可溶性离子浓度与灰分存在一定的关系，利用面粉抽提液中可溶性离子的电导率测定面粉的灰分。其影响因素主要是抽提时间、抽提温度、抽提方法及底物。首要影响因素为抽提温度，建议控制温度为 30℃；在一定范围内延长抽提时间有利于电导率的测定，在 1h 左右达到稳定；抽提方法中离心后静置 15min 测定其上清液最佳，过滤对测定结果影响不大；蒸馏水对测定结果有显著影响，要求用重蒸馏水，也可结合超声波、微波辅助抽提技术，为未来建立电导率法快速测定面粉的灰分和有关仪器的研制提供理论基础。

第三节 食品中营养矿物元素的测定

食品中所含元素 50 余种，除 C、H、O、N 四种元素构成水分和有机物质以外，其他的元素统称为矿物元素。食品中的矿物元素从营养学角度又可分为必需元素、非必需元素和有毒元素。有些矿物元素是人体必需的，在维持人体正常生理功能、构成人的机体组织等方面，起着十分重要的作用。人体中大约 98%的 Ca 和 80%的 P 存在于骨骼中，Mg、K、Ca、Na 与神经传导和肌肉收缩有关。胃中的盐酸对膳食中矿物质的溶解与吸收有很大的影响。

同时，食品中矿物质的种类、含量与食品的品质和质量有密切的关系。例如，苹果风味品质与钾、钙含量成正比，钾、钙含量高的苹果果质硬脆度高，肉质好。因此，测定食品中的矿物元素含量，对于评价食品的营养价值和品质，开发和生产强化食品具有指导意义，有利于食品加工工艺的改进和食品质量的提高。测定食品中营养矿物元素的方法有化学分析法、原子吸收光谱法、荧光法、化学发光法等，本节主要介绍钙、铁、锌和碘的主要测定方法。

一、食品中钙含量的测定

（一）火焰原子吸收光谱法

依据 GB 5009.92—2016《食品安全国家标准　食品中钙的测定》（第一法）。

1. 原理

试样经消解处理后，加入镧溶液作为释放剂，经原子吸收火焰原子化，在 422.7nm 处测定的吸光度值在一定浓度范围内与钙含量成正比，与标准系列比较定量。

2. 主要试剂

硝酸（HNO_3），高氯酸（$HClO_4$），盐酸（HCl），氧化镧（La_2O_2），碳酸钙（$CaCO_3$，纯度>99.99%）。

3. 主要仪器

原子吸收光谱仪（配火焰原子化器，钙空心阴极灯），分析天平（感量为 0.1mg 和 1mg），微波消解系统（配聚四氟乙烯消解内罐），可调式电热炉，可调式电热板，压力消解罐（配聚四氟乙烯消解内罐），恒温干燥箱，马弗炉。

4. 分析步骤

（1）试样制备　粮食、豆类样品去除杂物后，粉碎，储于塑料瓶中；蔬菜、水果、鱼类、肉类等样品用水洗净晾干，取可食部分制成匀浆，储于塑料瓶中；饮料、酒、醋、酱油、食用植物油、液态乳等液体样品摇匀备用。

（2）试样消解　湿法消解：准确称取固体试样 0.2～3g（精确至 0.001g）或准确移取液体试样 0.500～5.00mL 于带刻度消化管中，加入 10mL 硝酸、0.5mL 高氯酸，在可调式电热炉上消解（参考条件：120℃/0.5h～120℃/1h、升至 180℃/2h～180℃/4h、升至 200℃～220℃）。若消化液呈棕褐色，再加硝酸，消解至冒白烟，消化液呈无色透明或略带黄色。取出消化管，冷却后用水定容至 25mL，再根据实际测定需要稀释，并在稀释液中加入一定体积的镧溶液（20g/L），使其在最终稀释液中的浓度为 1g/L，混匀备用，此为试样待测液。同时做试剂空白试验。亦可采用锥形瓶于可调式电热板上，按上述操作方法进行湿法消解。

微波消解：准确称取固体试样 0.2～0.8g（精确至 0.001g）或准确移取液体试样 0.500～3.00mL 于微波消解罐中，加入 5mL 硝酸，按照微波消解的操作步骤消解试样，消解条件见表 5-2。冷却后取出消解罐，在电热板上于 140～160℃ 赶酸至 1mL 左右。消解罐放冷后，将消化液转移至 25mL 容量瓶中，用少量水洗涤消解罐 2～3 次，合并洗涤液于容量瓶中并用水定容至刻度。根据实际测定需要稀释，并在稀释液中加入一定体积镧溶液（20g/L），使其在最终稀释液中的浓度为 1g/L，混匀备用，此为试样待测液。同时做试剂空白试验。

表 5-2　微波消解升温程序参考条件

步骤	设定温度/℃	升温时间/min	恒温时间/min
1	120	5	5
2	160	5	10
3	180	5	10

压力罐消解：准确称取固体试样 0.2～1g（精确 0.001g）或准确移取液体试样 0.500～5.00mL 于消解内罐中，加入 5mL 硝酸。盖好内盖，旋紧不锈钢外套，放入恒温干燥箱，于 140～160℃下保持 4～5h。冷却后缓慢旋松外罐，取出消解内罐，放在可调式电热板上于 140～160℃赶酸至 1mL 左右。冷却后将消化液转移至 25mL 容量瓶中，用少量水洗涤内罐和内盖 2～3 次，合并洗涤液于容量瓶中并用水定容至刻度，混匀备用。根据实际测定需要稀释，并在稀释液中加入一定体积的镧溶液（20g/L），使其在最终稀释液中的浓度为 1g/L，混匀备用，此为试样待测液。同时做试剂空白试验。

干法灰化：准确称取固体试样 0.5～5g（精确至 0.001g）或准确移取液体试样 0.500～10.0mL 于坩埚中，小火加热，炭化至无烟，转移至马弗炉中，于 550℃灰化 3～4h，冷却，取出。对于灰化不彻底的试样，加数滴硝酸，小火加热，小心蒸干，再转入 550℃马弗炉中，继续灰化 1～2h，至试样呈白灰状，冷却，取出，用适量硝酸溶液转移至容量瓶中，用水定容至 25mL。根据实际测定需要稀释，并在稀释液中加入一定体积的镧溶液，使其在最终稀释液中的浓度为 1g/L，混匀备用，此为试样待测液。同时做试剂空白试验。

（3）仪器参考条件　波长 422.7nm，狭缝 1.3nm，灯电流 5～15mA，燃烧头高度 3mm，空气流量 9L/min，乙炔流量 2L/min。

（4）标准曲线的制作　将钙标准系列溶液（0mg/L、0.500mg/L、1.00mg/L、2.00mg/L、4.00mg/L 和 6.00mg/L）按浓度由低到高的顺序分别导入火焰原子化器，测定吸光度值，以标准系列溶液中钙的质量浓度为横坐标，相应的吸光度值为纵坐标，制作标准曲线。

（5）试样溶液的测定　在与测定标准溶液相同的实验条件下，将空白溶液和试样待测液分别导入原子化器，测定相应的吸光度值，与标准系列比较定量。

（6）计算　试样中钙含量的计算按（5-6）计算：

$$X=\frac{(\rho-\rho_0)fV}{m} \tag{5-6}$$

式中　X——试样中钙的含量，mg/kg 或 mg/L；

ρ——试样待测液中钙的质量浓度，mg/L；

ρ_0——空白溶液中钙的质量浓度，mg/L；

f——试样消化液的稀释倍数；

V——试样消化液的定容体积，mL；

m——试样质量或移取体积，g 或 mL。

5. 说明与注意事项

① 试样制备过程中应特别注意防止各种污染。所用设备，如电磨、匀浆器、粉碎机等必须是不锈钢制品。容器必须使用玻璃或聚乙烯制品，用作钙测定的试样不得用石磨研碎。

② 所用的玻璃仪器均以铬酸洗液浸泡数小时后，用水反复冲洗，然后用去离子水冲洗、

晒干或烘干后方可使用。

③ 鲜样（如果蔬、鲜肉等）先用自来水冲洗，再用去离子水充分洗净。干粉类试样（如面粉、奶粉等）取样后立即装入容器密封保存，防止空气中的灰尘和水分污染。

④ 以称样量 0.5g（或 0.5mL），定容至 25mL 计算，方法检出限为 0.5mg/kg（或 0.5mg/L），定量限为 1.5mg/kg（或 1.5mg/L）。

⑤ 当钙含量≥10.0mg/kg 或 10.0mg/L 时，计算结果保留三位有效数字，当钙含量＜10.0mg/kg 或 10.0mg/L 时，计算结果保留两位有效数字。

⑥ 可根据仪器的灵敏度及样品中钙的实际含量确定标准溶液系列中元素的具体浓度。

（二） EDTA 法

依据 GB 5009.92—2016《食品安全国家标准　食品中钙的测定》（第二法）。

1. 原理

在适当的 pH 范围内，钙与 EDTA（乙二胺四乙酸二钠）形成金属配合物。以 EDTA 滴定，在达到当量点时，溶液呈现游离指示剂的颜色。根据 EDTA 用量，计算钙的含量。

2. 主要试剂

氢氧化钾（KOH），硫化钠（Na_2S），柠檬酸钠（$Na_3C_6H_5O_7 \cdot 2H_2O$），乙二胺四乙酸二钠（EDTA，$C_{10}H_{14}N_2O_8Na_2 \cdot 2H_2O$），盐酸（HCl，优级纯），钙红指示剂（$C_{21}O_7N_2SH_{14}$），硝酸（$HNO_3$，优级纯），高氯酸（$HClO_4$），碳酸钙（$CaCO_3$，纯度＞99.99%）。

3. 主要仪器

分析天平（感量为 0.1mg 和 1mg），可调式电热炉，可调式电热板，马弗炉。

4. 分析步骤

（1）试样制备　同火焰原子吸收光谱法中的试样制备。

（2）试样消解　同火焰原子吸收光谱法中的湿法消解、干法灰化。

（3）滴定度（T）的测定　吸取 0.500mL 钙标准储备液（100.0mg/L）于试管中，加 1 滴硫化钠溶液（10g/L）和 0.1mL 柠檬酸钠溶液（0.05mol/L），加 1.5mL 氢氧化钾溶液（1.25mol/L），加 3 滴钙红指示剂，立即以稀释 10 倍的 EDTA 溶液（0.45g/100mL）滴定至指示剂由紫红色变蓝色为止，记录所消耗的稀释 10 倍的 EDTA 溶液的体积。根据滴定结果计算出每毫升稀释 10 倍的 EDTA 溶液相当于钙的质量（mg），即滴定度（T）。

（4）试样及空白滴定　分别吸取 0.100～1.00mL（根据钙的含量而定）试样消化液及空白液于试管中，添加 1 滴硫化钠溶液和 0.1mL 柠檬酸钠溶液，然后加入 1.5mL 氢氧化钾溶液（1.25mol/L），加 3 滴钙红指示剂，立即用稀释 10 倍的 EDTA 溶液滴定，至指示剂由紫红色变蓝为止，记录所消耗的稀释 10 倍后的 EDTA 溶液的体积。

（5）计算　试样中钙含量的计算按照式(5-7）计算：

$$X=\frac{T(V_1-V_0)V_2\times 1000}{mV_3} \tag{5-7}$$

式中　X——试样中钙的含量，mg/kg 或 mg/L；

T——EDTA 滴定度，mg/mL；

V_1——滴定试样溶液时所消耗的稀释 10 倍的 EDTA 溶液的体积，mL；

V_0——滴定空白溶液时所消耗的稀释 10 倍的 EDTA 溶液的体积，mL；

V_2——试样消化液的定容体积，mL；

1000——换算系数；

m——试样质量或移取体积，g 或 mL；

V_3——滴定用试样待测液的体积，mL。

5. 说明与注意事项

① 计算结果保留三位有效数字，在重复性条件下获得的两次独立测定结果的绝对差值不得超过算术平均值的 10%。

② 以称样量 4g（或 4mL），定容至 25mL，吸取 1.00mL 试样消化液测定时，方法的定量限为 100mg/kg（或 100mg/L）。

③ EDTA 法滴定试验中，加入氢氧化钾溶液的目的是消除锌、铜、铁、铝、镍、铅等金属离子的干扰，加入柠檬酸钠的目的是防止钙与磷酸生成磷酸钙沉淀。

④ EDTA 法滴定试验中，pH 应控制在 12～14，否则游离的钙红指示剂不呈蓝色。

⑤ 所有玻璃器皿均需用硝酸溶液（1+5，体积比）浸泡过夜，用自来水反复冲洗，最后用水冲洗干净。

二、食品中铁含量的测定

铁的测定方法包括火焰原子吸收光谱法、电感耦合等离子体发射光谱法和电感耦合等离子体质谱法等。火焰原子吸收光谱法快速、灵敏，下面予以介绍。

依据 GB 5009.90—2016《食品安全国家标准　食品中铁的测定》（第一法）。

1. 原理

试样经消解后，经火焰原子化，在 248.3nm 处测定吸光度值，在一定浓度范围内铁的吸光度值与铁含量成正比，与标准系列比较定量。

2. 主要试剂

除非另有规定，本方法所用试剂均为优级纯，水为 GB/T 6682 规定的二级水，硝酸（HNO_3），高氯酸（$HClO_4$），硫酸（H_2SO_4）。

3. 主要仪器

原子吸收光谱仪（配火焰原子化器，铁空心阴极灯），分析天平（感量为 0.1mg 和 1mg），微波消解仪（配聚四氟乙烯消解内罐），可调式电热炉，可调式电热板，压力消解罐（配聚四氟乙烯消解内罐），恒温干燥箱，马弗炉。

4. 分析步骤

（1）试样制备　微量元素分析的试样制备过程中应特别注意防止各种污染。所用设备如电磨、绞肉机、匀浆器、粉碎机等必须是不锈钢制品，容器必须使用玻璃或聚乙烯制品。粮食、豆类样品去除杂物后粉碎，储于塑料瓶中；蔬菜、水果、鱼类、肉类等样品用水洗净晾干，取可食部分制成匀浆，储于塑料瓶中；饮料、酒、醋、酱油、食用植物油、液态乳等液体样品摇匀后使用。

（2）试样消解　湿法消解：准确称取固体样品 0.5～3g（精确至 0.001g）或准确移取液体试样 1.00～5.00mL 于带刻度消化管中，加入 10mL 硝酸和 0.5mL 高氯酸，在可调式电热炉或电热板上消解。若消化液呈棕褐色，加入硝酸消解至冒白烟，当消化液呈无色透明或略带黄色时，取出消化管。

微波消解：准确称取固体试样0.2～0.8g（精确至0.001g）或准确移取液体试样1.00～3.00mL于微波消解罐中，加入5mL硝酸消解试样。冷却后取出消解罐，在电热板上于140～160℃赶酸至1.0mL左右。

压力罐消解：准确称取固体试样0.3～2g（精确至0.001g）或准确移取液体试样2.00～5.00mL于消解内罐中，加入5mL硝酸。盖好内盖，旋紧不锈钢外套，在140～160℃下恒温干燥4～5h。冷却后取出消解罐，赶酸至1.0mL左右。

干法消解：准确称取固体试样0.5～3g（精确至0.001g）或准确移取液体试样2.00～5.00mL于坩埚中，小火加热炭化至无烟后转移到马弗炉中，550℃灰化3～4h。对于灰化不彻底的试样，加数滴硝酸，小火加热，小心蒸干后再转入550℃马弗炉中继续灰化1～2h，至试样呈白灰状后冷却取出，溶解于适量硝酸溶液。

所有方法的消解液冷却后转移至25mL容量瓶中，用少量水洗涤2～3次，合并洗涤液于容量瓶中并用水定容至刻度，混匀备用。同时做试样空白试验。

（3）仪器测试条件　波长248.3nm，狭缝0.2nm，灯电流5～15mA，燃烧头高度3mm，空气流量9L/min，乙炔流量2L/min。

（4）标准曲线的制作　将铁标准系列溶液（0mg/L、0.500mg/L、1.00mg/L、2.00mg/L、4.00mg/L和6.00mg/L）按浓度由低到高的顺序分别导入火焰原子化器，测定吸光度值。以标准系列溶液中铁的质量浓度为横坐标，相应的吸光度值为纵坐标，制作标准曲线。可根据仪器的灵敏度及样品中铁的实际含量确定标准溶液系列中铁的具体浓度。

（5）试样溶液的测定　在与测定标准溶液相同的实验条件下，将空白溶液和试样待测液分别导入原子化器，测定相应的吸光度值，与标准系列比较定量。

（6）计算　试样中铁的含量按式(5-8)计算：

$$X=\frac{(\rho-\rho_0)V}{m} \tag{5-8}$$

式中　X——试样中铁的含量，mg/kg或mg/L；

ρ——试样溶液中铁的质量浓度，mg/L；

ρ_0——空白溶液中铁的质量浓度，mg/L；

V——试样消化液的定容体积，mL；

m——试样称样量或移取体积，g或mL。

5. 说明与注意事项

① 当称样量为0.5g（或0.5mL），定容体积为25mL时，方法检出限为0.75mg/kg（或0.75mg/L），定量限为2.5mg/kg（或2.5mg/L）。

② 当铁含量≥10.0mg/kg或10.0mg/L时，计算结果保留三位有效数字；当铁含量＜10.0mg/kg或10.0mg/L时，计算结果保留两位有效数字。在重复性条件下获得的两次独立测定结果的绝对差值不得超过算术平均值的10%。

③ 可根据仪器的灵敏度及样品中铁的实际含量确定标准溶液系列中铁的具体浓度。

三、食品中锌含量的测定

食品中锌含量的测定方法有火焰原子吸收光谱法、电感耦合等离子体发射光谱法、电感耦合等离子体质谱法和二硫腙比色法。火焰原子吸收光谱法由于其快速、灵敏作为国家标准中锌含量测定的第一推荐方法，二硫腙比色法仪器简单、容易操作，因此以下对此两种方法进行介绍。

（一）火焰原子吸收光谱法

依据GB 5009.14—2017《食品安全国家标准　食品中锌的测定》（第一法）。

1. 原理

试样经消解后，经火焰原子化，在213.9nm处测定吸光度值。在一定浓度范围内锌的吸光度值与锌含量成正比，与标准系列比较定量。

2. 主要试剂

除非另有规定，本方法所用试剂均为优级纯，水为GB/T 6682规定的二级水，硝酸（HNO_3），高氯酸（$HClO_4$）。

3. 主要仪器

原子吸收光谱仪（配火焰原子化器，附锌空心阴极灯），分析天平（感量为0.1mg和1mg），微波消解系统（配聚四氟乙烯消解内罐），可调式电热炉，可调式电热板，压力消解罐（配聚四氟乙烯消解内罐），恒温干燥箱，马弗炉。

4. 分析步骤

（1）试样制备　在采样和试样制备过程中，应避免试样污染。粮食、豆类样品去除杂物后粉碎，储于塑料瓶中；蔬菜、水果、鱼类、肉类等样品用水洗净晾干，取可食部分制成匀浆，储于塑料瓶中；饮料、酒、醋、酱油、食用植物油、液态乳等液体样品摇匀后使用。

（2）试样消解　湿法消解：准确称取固体样品0.2～3g（精确至0.001g）或准确移取液体试样0.500～5.00mL于带刻度消化管中，加入10mL硝酸和0.5mL高氯酸，在可调式电热炉上消解。若消化液呈棕褐色，加入少量硝酸消解至冒白烟，当消化液呈无色透明或略带黄色时取出消化管。亦可采用锥形瓶，于可调式电热板上，按上述操作方法进行湿法消解。冷却后用水定容至25mL或50mL，混匀备用。同时做试剂空白试验。

微波消解：准确称取固体试样0.2～0.8g（精确至0.001g）或准确移取液体试样0.500～3.00mL于微波消解罐中，加入5mL硝酸消解试样。冷却后取出消解罐，在电热板上于140～160℃赶酸至1mL左右。消解罐放冷后，将消化液转移至25mL或50mL容量瓶中，用少量水洗涤消解罐2～3次，合并洗涤液于容量瓶中，用水定容至刻度，混匀备用。同时做试剂空白试验。

压力罐消解：准确称取固体试样0.2～1g（精确至0.001g）或准确移取液体试样0.500～5.00mL于消解内罐中，加入5mL硝酸。盖好内盖，旋紧不锈钢外套，在140～160℃下恒温干燥4～5h。冷却后取出消解内罐，赶酸至1mL左右。冷却后将消化液转移至25～50mL容量瓶中，用少量水洗涤内罐和内盖2～3次，合并洗涤液于容量瓶中并用水定容至刻度，混匀备用。同时做试剂空白试验。

干法灰化：准确称取固体试样0.5～5g（精确至0.001g）或准确移取液体试样0.500～10.0mL于坩埚中，小火加热炭化至无烟后转移到马弗炉中，于550℃灰化3～4h。对于灰化不彻底的试样，加数滴硝酸，小火加热，小心蒸干后再转入550℃马弗炉中继续灰化1～2h，至试样呈白灰状后冷却取出，用适量硝酸溶液溶解并用水定容至25mL或50mL。同时做试剂空白试验。

（3）仪器参考条件　波长213.9nm，狭缝0.2nm，灯电流3～5mA，燃烧头高度3mm，空气流量 9L/min，乙炔流量 2L/min。

（4）标准曲线的制作　将锌标准系列溶液（0mg/L、0.100mg/L、0.200mg/L、0.400mg/L、0.800mg/L 和 1.00mg/L）按浓度由低到高的顺序分别导入火焰原子化器，测定吸光度值，以标准系列溶液中锌的质量浓度为横坐标，相应的吸光度值为纵坐标，制作标准曲线。可根据仪器的灵敏度及样品中锌的实际含量确定标准系列溶液中锌元素的质量浓度。

（5）试样溶液的测定　在与测定标准溶液相同的实验条件下，将空白溶液和试样待测液分别导入原子化器，测定相应的吸光度值，与标准系列比较定量。

（6）计算　食品中锌的含量按式(5-9)计算：

$$X=\frac{(\rho-\rho_0)V}{m} \tag{5-9}$$

式中　X——试样中锌的含量，mg/kg 或 mg/L；

ρ——试样溶液中锌的质量浓度，mg/L；

ρ_0——空白溶液中锌的质量浓度，mg/L；

V——试样消化液的定容体积，mL；

m——试样称样量或移取体积，g 或 mL。

5. 说明与注意事项

① 当称样量为 0.5g（或 0.5mL），定容体积为 25mL 时，方法检出限为 1mg/kg（或 1mg/L），定量限为 3mg/kg（或 3mg/L）。

② 当锌含量≥10.0mg/kg 或 10.0mg/L 时，计算结果保留三位有效数字；当锌含量＜10.0mg/kg 或 10.0mg/L 时，计算结果保留两位有效数字。在重复性条件下获得的两次独立测定结果的绝对差值不得超过算术平均值的 10%。

③ 可根据仪器的灵敏度及样品中锌的实际含量确定标准系列溶液中锌元素的质量浓度。

④ 所有玻璃器皿及聚四氟乙烯消解内罐均需用硝酸（1+5，体积比）浸泡过夜，用自来水反复冲洗，最后用水冲洗干净。

（二）二硫腙比色法

依据 GB 5009.14—2017《食品安全国家标准　食品中锌的测定》(第四法)。

1. 原理

试样经消化后，在 pH 4.0～5.5 时，锌离子与二硫腙形成紫红色配合物，溶于四氯化碳，加入硫代硫酸钠，防止铜、汞、铅、铋、银和镉等离子干扰。于 530nm 处测定吸光度，与标准系列比较定量。

2. 主要试剂

除非另有规定，本方法所用试剂均为优级纯，水为 GB/T 6682 规定的二级水，硝酸，高氯酸，三水合乙酸钠，冰乙酸，氨水，盐酸，二硫腙，盐酸羟胺，硫代硫酸钠，酚红，乙醇，氧化锌标准品。

3. 主要仪器

分光光度计，分析天平（感量为 0.1mg 和 1mg），可调式电热炉，可调式电热板，马弗炉。

4. 分析步骤

（1）试样制备　同火焰原子吸收光谱法中的试样制备。

（2）试样前处理　同火焰原子吸收光谱法中的湿法消解和干法灰化。

（3）标准曲线的制作　准确吸取 0mL、1.00mL、2.00mL、3.00mL、4.00mL 和 5.00mL 锌标准使用液（相当于 0μg、1.00μg、2.00μg、3.00μg、4.00μg 和 5.00μg 锌），各加入盐酸溶液（0.02mol/L）至 20mL，再加入 10mL 乙酸-乙酸盐缓冲液、1mL 硫代硫酸钠溶液（250g/L），摇匀，然后加入 10mL 二硫腙使用液，剧烈振摇 2min。静置分层后，经脱脂棉将四氯化碳层滤入 1cm 比色杯中，以四氯化碳调节零点，于波长 530nm 处测定吸光度，以质量为横坐标，吸光度值为纵坐标，制作标准曲线。

（4）试样测定　准确吸取 5.00～10.0mL 试样消化液和相同体积的空白消化液，分别置于分液漏斗中，加 5mL 水、0.5mL 盐酸羟胺溶液（200g/L），摇匀，再加 2 滴酚红指示液（1g/L），用氨水溶液调节至红色之后再多加 2 滴。再加 5mL 二硫腙-四氯化碳溶液（0.1g/L），剧烈振摇 2min，静置分层。将四氯化碳层移入另一分液漏斗中，水层再用少量二硫腙-四氯化碳溶液（0.1g/L）振摇提取，每次 2～3mL，直至二硫腙-四氯化碳溶液（0.1g/L）绿色不变为止。合并提取液，用 5mL 水洗涤，四氯化碳层用盐酸溶液（0.02mol/L）提取 2 次，每次 10mL，提取时剧烈振摇 2min，合并盐酸溶液（0.02mol/L）提取液，并用少量四氯化碳洗去残留的二硫腙。

将上述试样提取液和空白提取液移入 125mL 分液漏斗中，各加 10mL 乙酸-乙酸盐缓冲液、1mL 硫代硫酸钠溶液（250g/L），摇匀，再各加入 10mL 二硫腙使用液，剧烈振摇 2min。静置分层后，经脱脂棉将四氯化碳层滤入 1cm 比色杯中，以四氯化碳调节零点，于波长 530nm 处测定吸光度，与标准曲线比较定量。

（5）计算　试样中锌的含量按式(5-10）计算：

$$X=\frac{(m_1-m_0)V_1}{m_2V_2} \tag{5-10}$$

式中　X——试品中锌的含量，mg/kg 或 mg/L；

m_1——测定用试样溶液中锌的质量，μg；

m_0——空白溶液中锌的质量，μg；

m_2——试样称样量或移取体积，g 或 mL；

V_1——试样消化液的定容体积，mL；

V_2——测定用试样消化液的体积，mL。

5. 说明与注意事项

① 当称样量为 1g（或 1mL），定容体积为 25mL 时，方法的检出限为 7mg/kg（或 7mg/L），定量限为 21mg/kg（或 21mg/L）。

② 计算结果保留三位有效数字，在重复性条件下获得的两次独立测定结果的绝对差不得超过算术平均值的 10%。

③ 所有玻璃器皿均需用硝酸（1+5，体积比）浸泡过夜，用自来水反复冲洗，最后用水冲洗干净。

四、食品中碘含量的测定

食品中碘含量的测定方法有氧化还原滴定法、砷铈催化分光光度法、气相色谱法等，其中最常用的是氧化还原滴定法和砷铈催化分光光度法。氧化还原滴定法适用于海带、紫菜、裙带菜等藻类及其制品中碘的测定；砷铈催化分光光度法适用于粮食、蔬菜、水果、豆类及其制品、乳及其制品、肉类、鱼类、蛋类等食品中碘的测定。

（一）氧化还原滴定法

依据 GB 5009.267—2020《食品安全国家标准 食品中碘的测定》（第二法）。

1. 原理

样品经炭化、灰化后，将有机碘转化为无机碘离子，在酸性介质中，用液溴将碘离子氧化成碘酸根离子，生成的碘酸根离子在碘化钾的酸性溶液中被还原析出碘，用硫代硫酸钠溶液滴定反应中析出的碘。

$$I^- + 3Br_2 + 3H_2O \longrightarrow IO_3^- + 6H^+ + 6Br^-$$

$$IO_3^- + 5I^- + 6H^+ \longrightarrow 3I_2 + 3H_2O$$

$$I_2 + 2S_2O_3^{2-} \longrightarrow 2I^- + S_4O_6^{2-}$$

2. 试剂

除非另有规定，本方法所用试剂均为分析纯，水为 GB/T 6682 规定的三级水，无水碳酸钠，液溴，硫酸，甲酸钠，硫代硫酸钠，碘化钾（基准物质），甲基橙，可溶性淀粉。

3. 主要仪器

组织捣碎机，高速粉碎机，分析天平（感量为 0.01g），恒温干燥箱，马弗炉，瓷坩埚（50mL），可调电炉（1000W），碘量瓶（250mL），棕色酸式滴定管，微量酸式滴定管。

4. 分析步骤

（1）试样制备　干样：豆类、谷物、菌类、茶叶、干制水果、焙烤食品等样品，取可食部分，经高速粉碎机粉碎，搅拌至均匀；对于固体乳制品、蛋白粉、面粉等呈均匀状的粉状样品，摇匀。

鲜样：蔬菜、水果、水产品等样品必要时洗净、沥干，取可食部分匀浆至均质；对于肉类、蛋类等样品，取可食部分匀浆至均质。

速冻及罐头食品：经解冻的速冻食品及罐头样品，取可食部分匀浆至均质。

液态样品：软饮料、调味品等样品摇匀。

（2）试样分析　称取试样 2～5g（精确至 0.01g），置于 50mL 瓷坩埚中，加入 5～10mL 碳酸钠溶液，使充分浸润试样，静置 5min，置于 101～105℃ 恒温干燥箱中将样品烘干，取出。

在通风橱内用电炉加热，使试样充分炭化至无烟，置于 550℃±25℃ 马弗炉中灼烧 40min，冷却至室温后取出。在坩埚中加入少量水研磨，将溶液及残渣全部转入 250mL 烧杯中，并用水冲洗坩埚数次合并至烧杯中，烧杯中溶液总量为 150～200mL，煮沸 5min。

对于碘含量较高的样品（海带及其制品等），将上述步骤得到的溶液及残渣趁热用滤纸过滤至 250mL 容量瓶中，烧杯及漏斗内残渣用热水反复冲洗，冷却，定容。然后准确移取适量滤液于 250mL 碘量瓶中，备用。对于其他样品，将得到的溶液及残渣趁热用滤纸过滤至 250mL 碘量瓶中，备用。

在碘量瓶中加入 2～3 滴甲基橙溶液，用 1mol/L 硫酸溶液调至红色，在通风橱内加入 5mL 饱和溴水，加热煮沸至黄色消失。稍冷后加入 5mL 甲酸钠（200g/L）溶液，在电炉上加热煮沸 2min 取下，用水浴冷却至 30℃ 以下，再加入 5mL 3mol/L 硫酸溶液，5mL 碘化钾（150g/L）溶液，盖上瓶盖，放置 10min，用 0.01mol/L 硫代硫酸钠标准溶液滴定至溶液呈浅黄色，加入 1mL 淀粉溶液（5g/L），继续滴定至蓝色恰好消失。同时做空白试验，分别记录消耗的硫代硫酸钠标准溶液体积 V、V_0。

（3）计算　食品中碘的含量按公式(5-11) 计算：

$$X_1=\frac{(V-V_0)c\times 21.15\times f}{V_2 m_1}\times 1000 \tag{5-11}$$

式中　X_1——试样中碘的含量，mg/kg；

V——滴定样液消耗硫代硫酸钠标准溶液的体积，mL；

V_0——滴定试剂空白消耗硫代硫酸钠标准溶液的体积，mL；

c——硫代硫酸钠标准溶液的浓度，mol/L；

21.15——与 1.00mL 硫代硫酸钠标准滴定溶液［$c(Na_2S_2O_3)$ =0.100mol/L］相当的碘的质量，g/mol；

f——试样稀释倍数；

V_2——移取滤液的体积，mL；

m_1——样品的质量，g；

1000——单位换算系数。

5. 说明与注意事项

① 结果保留 3 位有效数字，在重复性条件下获得的两次独立测定结果的绝对差值不得超过算术平均值的 10%。

② 饱和溴水配制时溶液底部应留有少量溴液，操作应在通风橱内进行。

（二）砷铈催化分光光度法

依据 GB 5009.267—2020《食品安全国家标准　食品中碘的测定》（第三法）。

1. 原理

采用碱灰化处理试样，使用碘催化砷铈反应，反应速度与碘含量呈定量关系。

$$H_3AsO_3+2Ce^{4+}+H_2O \longrightarrow H_3AsO_4+2Ce^{3+}+2H^+$$

反应体系中，Ce^{4+} 为黄色，Ce^{3+} 为无色，用分光光度计测定剩余 Ce^{4+} 的吸光度值，碘含量与吸光度值的对数呈线性关系，计算试样中碘的含量。

2. 试剂

除非另有规定，本方法所用试剂均为分析纯，水为 GB/T 6682 规定的二级水。

无水碳酸钾，硫酸锌，氯酸钾，硫酸，氢氧化钠，三氧化二砷，氯化钠，硫酸铈铵，碘化钾（基准物质）。

3. 主要仪器

马弗炉，恒温水浴箱，数显分光光度计，瓷坩埚（30mL），恒温干燥箱，可调电炉（1000W），涡旋混合器，分析天平（感量为 1mg 和 0.1mg），秒表计时器。

4. 分析步骤

（1）试样制备　同氧化还原滴定法中的试样制备。

（2）试样前处理　分别移取 0.5mL 碘标准系列工作液（含碘量分别为 0ng、25ng、50ng、100ng、150ng、200ng 和 250ng）和称取 0.3～1.0g（精确至 0.001g）试样于瓷坩埚中，固体试样加 1～2mL 水（液体样、匀浆样和标准溶液不需加水），各加入 1mL 碳酸钾-氯化钠混合溶液，1mL 硫酸锌-氯酸钾混合溶液，充分搅拌均匀。将碘标准系列和试样置于恒温干燥箱中 103℃±2℃干燥 3h。在通风橱中将干燥后的试样在可调电炉上炭化约 30min，炭化时瓷坩埚加盖留缝，直到试样不再冒烟为止。碘标准系列不需炭化。将碘标准系列和炭化后的试样加盖置于马弗炉中，600℃灰化 4h，待炉温降至室温后取出。灰化好的试样应呈现均匀的白色或浅灰白色。

（3）标准曲线的制作及试样溶液的测定　向灰化后的坩埚中各加入 8mL 水，静置 1h，使烧结在坩埚上的灰分充分浸润，搅拌溶解盐类物质，再静置至少 1h 使灰分沉淀完全（静置时间不得超过 4h）。小心吸取上清液 2.0mL 于试管中（注意不要吸入沉淀物）。碘标准系列溶液按照从高浓度到低浓度的顺序排列，向各管加入 1.5mL 亚砷酸溶液（0.054mol/L），用涡旋混合器充分混匀，使气体放出，然后置于 30℃±0.2℃恒温水浴箱中温浴 15min。

使用秒表计时，每管间隔时间相同（一般为 30s 或 20s），依顺序向各管准确加入 0.5mL 硫酸铈铵溶液，立即用涡旋混合器混匀，放回水浴中。自第一管加入硫酸铈铵溶液后准确反应 30min 时，依顺序每管间隔相同时间（一般为 30s 或 20s），用 1cm 比色杯于 405nm 波长处，用水作参比，测定各管的吸光度值。以吸光度值的对数值为横坐标，以碘质量为纵坐标，绘制标准曲线。根据标准曲线计算试样中碘的质量 m_2。

（4）计算　试样中碘的含量按照式(5-12）计算：

$$X_2=\frac{m_2}{m_3} \tag{5-12}$$

式中　X_2——试样中碘的含量，μg/kg；

m_2——从标准曲线中查得试样中碘的质量，ng；

m_3——称取的试样质量，g。

5. 说明与注意事项

① 结果保留至 3 位有效数字。样品中碘元素含量大于 1mg/kg 时，在重复性条件下获得的两次独立测定结果的绝对差值不得超过算术平均值的 10%；小于等于 1mg/kg 且大于 0.1mg/kg 时，在重复性条件下获得的两次独立测定结果的绝对差值不得超过算术平均值的 15%；小于等于 0.1mg/kg 时，在重复性条件下获得的两次独立测定结果的绝对差值不得超过算术平均值的 20%。

② 三氧化二砷以及配制的亚砷酸溶液均为剧毒品，应遵守有关剧毒品的操作规程。

③ 如需将湿样的碘含量换算成干样的碘含量，应按照 GB 5009.3—2016 的规定测定水分含量。

第四节　食品中有害矿物元素的测定

食品中有毒有害物质主要包括有毒元素、农药、兽药，以及亚硝基化合物、苯并芘、黄曲霉毒素、甲醇等。其中食品中的有害元素主要包括汞（Hg）、镉（Cd）、铬（Cr）、铅（Pb）、砷（As）等。根据这些有害元素对人体危害程度的不同，可将它们分为中等毒性元素（Cu 等）和强毒性元素（Hg、As、Cd、Pb、Cr 等）。食品中存在的有毒元素，一部分来自农作物对有害元素的富集，另一部分则来自食品生产、加工、贮藏、运输过程中出现的污染。有害元素可通过食物链的浓缩不断富集，浓度可提高成千上万倍，最终进入人体后产生巨大危害。进入人体的有害元素有的会出现急性毒性作用，而有的则需要经过一定程度的积累才能显示出毒性作用，这种情况往往更不易被人们察觉，其危害性一般也更大。

一、食品中铅含量的测定

食品中铅含量测定的方法主要有石墨炉原子吸收光谱法、电感耦合等离子体质谱法和火焰原子吸收光谱法，本节主要对GB 5009.12—2023《食品安全国家标准　食品中铅的测定》（第一法）石墨炉原子吸收光谱法进行介绍。

1. 原理

试样消解处理后，经石墨炉原子化，在283.3nm处测定吸光度。在一定浓度范围内，铅的吸光度值与铅含量成正比，与标准系列比较定量。

2. 试剂

除非另有规定，本方法所用试剂均为优级纯，水为GB/T 6682规定的二级水，硝酸，高氯酸，乙酸铵，乙酸钠，磷酸二氢铵，硝酸钯，硝酸铅（纯度>99.99%）。

3. 主要仪器

原子吸收光谱仪（配石墨炉原子化器，附铅空心阴极灯），分析天平（感量为0.1mg和1mg），微波消解系统（配聚四氟乙烯消解内罐），可调式电热炉，可调式电热板，压力消解罐（配聚四氟乙烯消解内罐），恒温干燥箱，固相萃取柱。

4. 分析步骤

（1）试样制备

① 固体样品：豆类、谷物、菌类、茶叶、干制水果、坚果、焙烤食品等低含水量样品，取可食部分，必要时经高速粉碎机粉碎均匀；对于固体乳制品、蛋白粉、面粉等呈均匀状的粉状样品，混匀；蔬菜、水果、水产品等高含水量样品必要时洗净，晾干，取可食部分匀浆均匀；对于肉类、蛋类等样品，取可食部分匀浆均匀；经解冻的速冻食品及罐头样品，取可食部分浆均匀。

② 液体样品：软饮料、酒类、调味品等样品摇匀。

③ 半固体样品：搅拌均匀。

（2）试样消解（可根据实验室条件选用以下方法消解）

① 湿法消解：称取固体试样0.2～3g（精确至0.001g）或准确移取液体试样0.50～5.00mL于带刻度消化管中，加入10mL硝酸和0.5mL高氯酸，在可调式电热炉上消解。若消化液呈棕褐色，再加少量硝酸，消解至冒白烟，消化液呈无色透明或略带黄色，赶酸至近干，停止消解，冷却后用水定容至10mL或25mL，混匀备用。同时做试剂空白试验。

② 微波消解：称取固体试样0.2～2g（精确至0.001g）或准确移取液体试样0.50～3.00mL于微波消解罐中，加入5～10mL硝酸，按照微波消解的操作步骤消解试样。冷却后取出消解罐，在电热板上于140～160℃赶酸至近干。消解罐冷却后，将消化液转移至10mL或25mL容量瓶中，用少量水洗涤消解罐2～3次，合并洗涤液于容量瓶中并用水定容至刻度，混匀备用。同时做试剂空白试验。

③ 压力罐消解：称取固体试样0.2～2g（精确至0.001g）或准确移取液体试样0.50～5.00mL于消解内罐中，加入5～10mL硝酸。盖好内盖，旋紧不锈钢外套，放入恒温干燥箱，于140～160℃下保持4～5h。冷却后，操作同微波消解罐冷却后的步骤。

(3) 测定

① 仪器参考条件：根据各自仪器性能调至最佳状态。参考条件为波长 283.3nm，狭缝 0.5nm，灯电流 8～12mA，干燥温度 80～120℃，持续 40～50s，灰化温度 750℃，持续 20～30s，原子化温度 2300℃，持续 4～5s，背景校正为氘灯或塞曼效应。

② 标准曲线绘制：按质量浓度（0μg/L、2.0μg/L、5.0μg/L、10.0μg/L、20.0μg/L 和 40.0μg/L）由低到高的顺序分别将 10μL 铅标准系列溶液和 5μL 磷酸二氢铵-硝酸钯溶液（可根据所使用的仪器确定最佳进样量）同时注入石墨炉，测得其吸光度值，以质量浓度为横坐标，吸光度值为纵坐标，制作标准曲线。可根据仪器的灵敏度及样品中铅的实际含量确定标准系列溶液中铅的质量浓度。

③ 试样测定：在与测定标准溶液相同的实验条件下，将 10μL 空白溶液或试样溶液与 5μL 磷酸二氢铵-硝酸钯溶液同时注入石墨炉，原子化后测其吸光度值，与标准系列比较定量。

(4) 计算　试样中铅的含量按式(5-13) 计算：

$$X=\frac{(\rho-\rho_0)V}{m\times 1000} \tag{5-13}$$

式中　X——试样中铅的含量，mg/kg 或 mg/L；

ρ——试样溶液中铅的质量浓度，μg/L；

ρ_0——空白溶液中铅的质量浓度，μg/L；

V——试样消化液的定容体积，mL；

m——试样称样量或移取体积，g 或 mL；

1000——换算系数。

5. 说明与注意事项

① 当称样量为 0.5g（或 0.5mL），定容体积为 10mL 时，方法的检出限为 0.02mg/kg（或 0.02mg/L），定量限为 0.04mg/kg（或 0.04mg/L）。

② 当铅含量≥1.00mg/kg（或 mg/L）时，计算结果保留三位有效数字；当铅含量＜1.00mg/kg（或 mg/L）时，计算结果保留两位有效数字。

③ 所用玻璃仪器及聚四氟乙烯消解内罐均需用硝酸溶液浸泡过夜，用水反复冲洗，最后用去离子水冲洗干净。

二、食品中砷含量的测定

食品中的砷元素主要来源于环境污染、含砷农药或兽药的使用、被污染的食品原料等。下面介绍氢化物发生原子荧光光谱法测定食品中的总砷含量和液相色谱-原子荧光光谱联用法测定食品中的无机砷含量。

（一）氢化物发生原子荧光光谱法测定食品中的总砷

依据 GB 5009.11—2024《食品安全国家标准　食品中总砷及无机砷的测定》（第一篇）第一法。

1. 原理

试样经消解处理后，加入硫脲使五价砷预还原为三价砷，再加入硼氢化钠或硼氢化钾使三价砷还原生成砷化氢，由氩气载入石英原子化器中分解为原子态砷，在砷空心阴极灯的发射光激发下产生原子荧光，其荧光强度在固定条件下与被测液中的砷浓度成正比，外标法定量。

2. 试剂

氢氧化钠；氢氧化钾；硼氢化钾；硫脲；盐酸；硝酸；硫酸；高氯酸；过氧化氢；硝酸镁；氧化镁；抗坏血酸。

3. 主要仪器

原子荧光光谱仪；电子天平；匀浆机；高速粉碎机；电热消解装置；马弗炉；恒温干燥箱；微波消解系统；压力消解罐。

4. 分析步骤

（1）试样制备　固体样品：谷物、干食用菌、水产动物干制品等干样品，取可食部分粉碎均匀；对于固体乳制品、面粉、婴幼儿谷类辅助食品等呈均匀状的粉末样品，摇匀。蔬菜、水果、水产动物、鲜食用菌、肉类及蛋类等鲜样品，洗净晾干，取可食部分匀浆至均质。经解冻的速冻食品，取可食部分粉碎至均匀；罐装食品粉碎或匀浆至均匀。

液体样品：饮料、调味品、乳及其制品、油脂及其制品等样品匀浆或均质。

半固体样品：搅拌均匀。

（2）试样消解　湿法消解：固体试样称取 0.5～2.5g（精确至 0.001g），液体试样称取 5.0～10.0g（精确至 0.001g）于消解瓶或消解管中，加 20mL 硝酸，4mL 高氯酸，1.25mL 硫酸，放置过夜。次日，于 120～200℃逐级升温加热消解，若消解液处理至 5mL 左右时仍有未分解物质或色泽变深，补加硝酸 5～10mL，再消解至 2mL 左右，如此反复 2～3 次，注意避免炭化，继续加热消解至消解液 1mL 左右，呈无色澄清，且消解瓶或消解管中充满白烟（对于有机砷含量较高的水产动物及其制品、食用菌及其制品、鱼油及其制品、磷虾油及其制品、藻类及其制品等样品，将消解温度升至 280～300℃ 继续加热消解至消解液为 0.5mL 左右，呈无色澄清，且消解瓶或消解管中充满白烟）。冷却后，沿消解容器壁缓慢加水约 10mL，再蒸发至消解瓶或消解管充满白烟。冷却，用水将消解液转入 25mL 容量瓶或比色管中，加入 2mL 硫脲＋抗坏血酸溶液，用水定容至刻度，混匀，放置 30min，待测。同时做空白试验。

干灰化法：固体试样称取 1.0～2.5g（精确至 0.001g），液体试样（油脂样品除外）称取 4.0g（精确至 0.001g），置于 50～100mL 坩埚中。加 10mL 硝酸镁溶液（150g/L）混匀，低热蒸干，将 1g 氧化镁覆盖在干渣上（对于油脂样品称取 1.00g 于 50～100mL 坩埚中，直接加入 0.2g 氧化镁覆盖在油脂上），于电炉上炭化至无黑烟，移入 550℃马弗炉灰化 4h。取出放冷，小心加入 5～10mL 盐酸溶液（1＋1）以中和氧化镁并溶解灰分，转入 25mL 容量瓶或比色管，向容量瓶或比色管中加入 2mL 硫脲＋抗坏血酸溶液，另用硫酸溶液（1＋9）分次洗涤坩埚后，合并洗涤液并定容至刻度，混匀，放置 30min，待测。同时做空白试验。

微波消解法：固体试样和油脂及其制品试样称取 0.2～0.8g（精确至 0.001g），含水分较多的试样或液体试样称取 1.0～3.0g（精确至 0.001g）于消解罐中，加入 5～8mL 硝酸，放置 30min 以上。对于肉类、油脂等难消解的样品再加入 0.5～1mL 过氧化氢，盖好安全阀，将消解罐放入微波消解系统中。根据不同类型的样品，设置适宜的微波消解程序，按相关步骤进行消解，消解结束后，于 135～145℃赶酸至 1～2mL。将消化液转移至 25mL 容量瓶或比色管，用少量硫酸溶液（1＋9）洗涤消解罐 3 次，合并洗涤液于容量瓶或比色管中并加入 2mL 硫脲＋抗坏血酸溶液，用硫酸溶液（1＋9）定容至刻度，混匀，放置 30min，待测。同时做空白试验。

压力罐消解法：固体试样和油脂及其制品试样称取 0.2～1.0g（精确至 0.001g），鲜样或液体试样称取 1.0～5.0g（精确至 0.001g）于消解内罐中，加入 5mL 硝酸浸泡过夜。盖好内盖，旋紧不锈钢外套，放入恒温干燥箱，140～160℃保持 3～4h，自然冷却至室温，然后缓慢旋松不锈钢外套，将消解内罐取出，放在控温电热板上 135～145℃赶酸至 1～2mL。将消化液转移至 25mL 容量瓶或比色管，用少量硫酸溶液（1＋9）洗涤消解罐 3 次，合并洗涤液于容量瓶或比色管中并加入 2mL 硫脲＋抗坏血酸溶液，用硫酸溶液（1＋9）定容至刻度，混匀，放置 30min，待测。同时做空白试验。

（3）仪器参考条件　负高压：260V。砷空心阴极灯电流：50～80mA。载气：氩气。载气流速：500mL/min。屏蔽气流速：800mL/min。测量方式：荧光强度。读数方式：峰面积。

（4）标准曲线的制作　仪器预热稳定后，将试剂空白、标准系列溶液依次引入仪器进行原子荧光强度的测定。以原子荧光强度为纵坐标，砷质量浓度为横坐标，制作标准曲线，得到回归方程。

（5）试样溶液的测定　相同条件下，将空白溶液和样品溶液分别引入仪器进行测定。根据回归方程计算出样品中砷元素的质量浓度。

（6）计算　试样中总砷含量按照式(5-14）计算：

$$X=\frac{(\rho-\rho_0)V\times 1000}{m\times 1000\times 1000} \tag{5-14}$$

式中　X——试样中砷的含量，mg/kg；

ρ——试样溶液中砷的含量，μg/L；

ρ_0——空白液中砷的含量，μg/L；

V——试样消化液的定容体积，mL；

1000——换算系数；

m——试样的称样量，g。

当砷含量≥1.00mg/kg 时，计算结果保留 3 位有效数字；当砷含量＜1.00mg/kg 时，计算结果保留 2 位有效数字。

（二）液相色谱-原子荧光光谱联用法测定食品中的无机砷

依据 GB 5009.11—2024《食品安全国家标准　食品中总砷及无机砷的测定》（第二篇）第一法。

1. 原理

试样中无机砷经稀硝酸提取后，以液相色谱进行分离，分离后的目标化合物在酸性环境下与硼氢化钾或硼氢化钠反应，生成气态砷化合物，以原子荧光光谱仪进行测定。保留时间定性，外标法定量。

2. 试剂

除非另有规定，本方法所用试剂均为优级纯，水为 GB/T 6682 规定的一级水；磷酸二氢铵；磷酸氢二铵；硝酸铵；磷酸氢二钾；硼氢化钾；氢氧化钾；硝酸；过氧化氢；盐酸；氨水；正己烷。

3. 主要仪器

液相色谱-原子荧光光谱联用仪；组织匀浆器；高速粉碎机；微波消解系统；离心机；

pH 计；电子天平；恒温干燥箱；超声波清洗器；滤膜；筛网。

4. 分析步骤

（1）试样制备　固体样品：谷物、干食用菌、婴幼儿谷类辅助食品、水产动物干制品、藻类等干样品，取可食部分粉碎均匀，粒径达 425μm 以下（相当于 40 目以上）；当采用热浸提法处理谷物试样时，试样需粉碎至粒径达 250μm 以下（相当于 60 目以上）。鲜食用菌、水产动物等鲜样品，洗净晾干，取可食部分匀浆至均质。经解冻的速冻食品，取可食部分粉碎至均匀；罐装食品粉碎或匀浆至均匀。

液体样品：调味品、油脂及其制品等匀浆或均质。

半固体样品：搅拌均匀。

（2）试样提取　谷物及其制品：热浸提法，称取试样 0.5～1.0g（准确至 0.001g）于 50mL 聚丙烯离心管中，加入 20mL 0.15mol/L 硝酸溶液。于 90℃恒温箱中热浸提 2.5h，每 0.5h 振摇 1min。提取完毕，取出冷却至室温，8000r/min 离心 15min，取上层清液，经 0.45μm 滤膜过滤，待测。同时做空白试验。微波辅助提取法，称取试样 0.5～0.8g（准确至 0.001g）于微波萃取罐中，加入 15mL 0.15mol/L 硝酸溶液，盖好内盖，旋紧外盖，置于微波消解仪中，采用梯度升温方式进行提取。提取完毕，冷却后取出，8000r/min 离心 15min，取上层清液，经 0.45μm 滤膜过滤，待测。同时做空白试验。

水产动物及其制品：称取试样 0.5～1.0g（准确至 0.001g）于 50mL 聚丙烯离心管中，加入 20mL 0.15mol/L 硝酸＋0.45％过氧化氢溶液。于 90℃恒温箱中热浸提 2.5h，每 0.5h 振摇 1min。提取完毕，取出冷却至室温，8000r/min 离心 15 min。取 5 mL 上清液置于离心管中，加入 5 mL 正己烷，振摇 1min 后，8000r/min 离心 15min，弃去上层正己烷。按此过程重复一次。吸取下层清液，经 0.45μm 滤膜过滤，待测。同时做空白试验。

婴幼儿谷类辅助食品（添加藻类的产品除外）：称取试样 1.0g（准确至 0.001g）于 50mL 聚丙烯离心管中，加入 20mL 0.15mol/L 硝酸溶液，于 90℃恒温箱中热浸提 2.5h，每 0.5h 振摇 1min。提取完毕，取出冷却至室温。8000r/min 离心 15min。吸取上层清液，经 0.45μm 滤膜过滤，待测。同时做空白试验。

婴幼儿谷类辅助食品（添加藻类的产品）：称取试样约 0.5～1.0g（准确至 0.001g）于 50mL 聚丙烯离心管中，加入 20mL 0.15mol/L 硝酸＋0.45％过氧化氢溶液。于 90℃恒温箱中热浸提 2.5h，每 0.5h 振摇 1min。提取完毕，取出冷却至室温，8000r/min 离心 15min。吸取上层清液，经 0.45μm 滤膜过滤，待测。同时做空白试验。

食用菌及其制品：称取干试样 0.2～0.5g 或鲜试样 1.0～2.0g（准确至 0.001g）于 15mL 聚丙烯离心管中，加入 10mL 0.15mol/L 硝酸溶液，置于 60℃超声水浴中提取 1h，每 20min 振摇 1 次。提取完毕，取出冷却至室温，8000r/min 离心 10min，吸取上层清液，经 0.45μm 滤膜过滤，待测。同时做空白试验。

（3）仪器参考条件　液相色谱参考条件：色谱柱，填料为季铵化的苯乙烯和二乙烯基苯共聚物的阴离子交换色谱柱（250mm×4.1mm，10μm）或等效柱，阴离子交换色谱保护柱（20mm×2.1mm，10μm）或等效柱。等度洗脱：流动相 A，15 mmol/L 磷酸二氢铵溶液，pH＝6.0；流速，1.0 mL/min；进样量，100μL。等度洗脱适用于谷类及其制品和婴幼儿谷类辅助食品（添加藻类的产品除外）。梯度洗脱：流动相 B，1mmol/L 磷酸氢二铵溶液，pH＝9.0；流动相 C，30mmol/L 磷酸氢二铵溶液，pH＝8.5；流速，1.0mL/min；进样量，100μL。梯度洗脱程序适用于所有试样。

原子荧光检测参考条件：负高压，280～300V；砷灯总电流，90mA；主电流/辅助电流，50/40mA；原子化方式，火焰原子化；原子化器温度，200℃；载液，5%～7%盐酸溶液；还原剂，20g/L硼氢化钾溶液；载气（氩气）流速，400mL/min；辅助气（氩气）流速，600mL/min。

（4）标准曲线的制作　设定仪器最佳条件，待基线稳定后，测定砷形态混合标准溶液（10μg/L或50μg/L），确定各砷形态完全分离后，将As(Ⅲ)和As(Ⅴ)混合标准系列溶液按质量浓度由低到高分别注入液相色谱-原子荧光光谱联用仪中进行测定，以标准系列溶液中目标化合物的浓度为横坐标，以色谱峰面积为纵坐标，制作标准曲线。

（5）试样溶液的测定　吸取试样溶液100μL注入液相色谱-原子荧光光谱联用仪中，得到色谱图，以保留时间定性。根据标准曲线得到试样溶液中As(Ⅲ)与As(Ⅴ)含量。

（6）计算　试样中As(Ⅲ)或As(Ⅴ)含量按式(5-15)计算：

$$X=\frac{(\rho-\rho_0)\times V\times 1000}{m\times 1000\times 1000} \tag{5-15}$$

式中　X——试样中As(Ⅲ)或As(Ⅴ)的含量（以As计），mg/kg；

ρ——测定溶液中As(Ⅲ)或As(Ⅴ)的质量浓度，μg/L；

ρ_0——空白溶液中As(Ⅲ)或As(Ⅴ)的质量浓度，μg/L；

V——试样提取液的体积，mL；

1000——换算系数；

m——试样的称样量，g。

无机砷含量等于As(Ⅲ)含量与As(Ⅴ)含量之和。当无机砷含量≥1.00mg/kg时，计算结果保留3位有效数字，当无机砷含量<1.00mg/kg时，计算结果保留2位有效数字。

三、食品中汞含量的测定

本节主要对GB 5009.17—2021《食品安全国家标准　食品中总汞及有机汞的测定》（第一篇）第一法原子荧光光谱法进行介绍。

1. 原理

试样经酸加热消解后，在酸性介质中，试样中的汞被硼氢化钾（KBH_4）或硼氢化钠（$NaBH_4$）还原成原子态汞，由载气（氩气）带入原子化器中，在特制汞空心阴极灯照射下，基态汞原子被激发至高能态，在去活化回到基态时，发射出特征波长的荧光，其荧光强度与汞含量成正比，可与标准系列比较定量。

2. 试剂

除非另有规定，本方法所用试剂均为优级纯，水为GB/T 6682规定的一级水，硝酸，过氧化氢，硫酸，氢氧化钾，硼氢化钾（分析纯），重铬酸钾，氯化汞（纯度≥99%）。

3. 主要仪器

原子荧光光谱仪（配汞空心阴极灯），天平（感量为0.01mg、0.1mg和1mg），微波消解系统，压力消解器，恒温干燥箱，控温电热板，超声水浴箱，匀浆机，高速粉碎机。

4. 分析步骤

（1）试样预处理　在采样和试样制备过程，应避免污染。粮食、豆类等样品取可食部分粉碎均匀，装入洁净聚乙烯瓶中，密封保存备用；蔬菜、水果、鱼类、肉类及蛋类等新鲜样品，洗净晾干，取可食部分匀浆，装入洁净聚乙烯瓶中，密封，于2～8℃冰箱冷藏备用。

(2) 试样消解　压力罐消解法：称取固体样品0.2～1.0g（精确至0.001g含水分较多的样品可适当增加取样量至2g）或液体试样1.0～5.0g（精确到0.001g），置于消解罐中，加入5mL硝酸，放置1h或，盖好内盖，旋紧不锈钢外套过夜，放入恒温干燥箱中，140～160℃干燥4～5h，在箱内冷却至室温，缓慢旋松不锈钢外套，将消解为罐取出，用少量水冲洗内盖，将消解罐放在控温电热板上或超声水浴箱中，80℃下加热或超声脱气3～6min赶去棕色气体。取出消解内罐，将消化液转移至25mL容量瓶中，用少量水分3次洗涤内罐，洗涤液合并于容量瓶中并定容至刻度，混匀备用。同时做空白试验。

微波消解法：称取固体样品0.2～0.5g（精确至0.001g，含水分较多的样品可适当增加取样量至0.8g）或液体试样1.0～3.0g（精确到0.001g），对于植物油等难消解的样品称取0.2～0.5g（精确到0.001g）置于消解罐中，加入5～8mL硝酸，加盖放置1h，对于难消解的样品再加入0.5～1mL过氧化氢，旋紧罐盖，按照微波消解仪的标准程序消解。冷却后取出，缓慢打开罐盖排气，用少量水冲洗内盖，将消解罐放在控温电热板上或超声水浴箱中，于80℃加热或超声脱气3～6min赶去棕色气体。取出消解内罐，将消化液转移至25mL容量瓶中，用少量水分3次洗涤内罐，洗涤液合并于容量瓶中并定容至刻度，混匀备用。同时做空白试验。

回流消化法：对于粮食样品，称取1.0～4.0g（精确至0.001g）试样，置于消化装置锥形瓶中，添加玻璃珠数粒，加入45mL硝酸、10mL硫酸，转动锥形瓶防止局部炭化。装上冷凝管后，低温加热，待开始发泡即停止加热，发泡停止后，加热回流2h。如加热过程溶液变成棕色，再加入5mL硝酸，继续回流2h，消解到样品完全溶解，一般呈淡黄色或无色，待冷却后从冷凝管上端小心加入20mL水，继续加热回流10min，放冷，用适量水冲洗冷凝管，冲洗液并入消化液中，将消化液经玻璃棉过滤于100mL容量瓶内，用少量水清洗锥形瓶、滤器，洗涤液并入容量瓶中，加水至刻度，混匀备用。同时做空白试验。

对于植物油及动物油脂样品，称取1.0～3.0g（精确至0.001g）试样，置于消化装置锥形瓶中，加入数粒玻璃珠，加入7mL硫酸，小心混匀至溶液颜色变为棕色，然后加入40mL硝酸。后续步骤同粮食样品的消解方法“装上冷凝管后……”。

对于薯类、豆制品，称取1.0～4.0g（精确至0.001g）试样，置于消化装置锥形瓶中，加入数粒玻璃珠，加入30mL硝酸、5mL硫酸，转动锥形瓶防止局部炭化，后续步骤同粮食样品的消解方法“装上冷凝管后……”。

对于肉、蛋类样品，称取0.5～2.0g（精确到0.001g）试样，置于消化装置锥形瓶中，加玻璃珠数粒及30mL硝酸、5mL硫酸，转动锥形瓶防止局部炭化。后续步骤同粮食样品的消解方法“装上冷凝管后……”。

对于乳及乳制品，称取1.0～4.0g（精确至0.001g）试样，置于消化装置锥形瓶中，加入数粒玻璃珠及30mL硝酸，乳加入10mL硫酸，乳制品加入5mL硫酸，转动锥形瓶防止局部炭化，后续步骤同粮食样品的消解方法“装上冷凝管后……”。

(3) 测定　分别吸取0.00mL、0.20mL、0.50mL、1.00mL、1.50mL、2.00mL、2.50mL汞标准使用液配制成0.00ng/mL、0.20ng/mL、0.50ng/mL、1.00ng/mL、1.50ng/mL、2.00ng/mL、2.50ng/mL不同浓度的汞标准系列溶液，设定好仪器最佳条件（参考条件为光电倍增管负高压240V，汞空心阴极灯电流30mA，原子化器温度200℃，载气流速

500mL/min，屏蔽气流速1000mL/min），连续用硝酸溶液进样，待读数稳定后，转入标准系列溶液测量，绘制标准曲线。转入试样测量，先用硝酸溶液进样，待读数基本回零，再分别测定试样空白和试样溶液，每次测不同的试样前都应清洗进样器。

（4）计算　试样中总汞含量按照公式(5-16）计算：

$$X=\frac{(c-c_0)V\times 1000}{m\times 1000\times 1000} \tag{5-16}$$

式中　X——试样中总汞的含量，mg/kg；

c——测定样液中总汞含量，ng/mL；

c_0——试样空白溶液中总汞的含量，ng/mL；

V——试样消化液的总体积，mL；

m——试样质量，g；

1000——换算系数。

5. 说明与注意事项

① 当汞含量≥1.00mg/kg时，计算结果保留三位有效数字；当汞含量<1.00mg/kg时，计算结果保留两位有效数字。

② 当样品称样量为0.5g，定容体积为25mL时，方法检出限为0.003mg/kg，方法定量限为0.01mg/kg。

③ 汞标准储备液需避光2～8℃保存，保存期为2年，或购买经国家认证并授予标准物质证书的标准溶液。

四、食品中镉含量的测定

食品中镉含量的测定方法有石墨炉原子吸收光谱法和电感耦合等离子体质谱法，以下对GB 5009.15—2023《食品安全国家标准　食品中镉的测定》石墨炉原子吸收光谱法予以介绍。

1. 原理

试样消解处理后，经石墨炉原子化，在228.8nm处测定吸光度。在一定浓度范围内镉的吸光度值与镉含量成正比，与标准系列溶液比较定量。

2. 试剂

除非另有规定，本方法所用试剂均为优级纯，水为GB/T 6682规定的二级水，硝酸，高氯酸，磷酸二氢铵，硝酸钯。

3. 主要仪器

原子吸收光谱仪，电子天平，可调式电热板或可调式电炉，微波消解系统，压力消解罐，恒温干燥箱，样品粉碎设备。

4. 分析步骤

（1）试样制备　固态样品：干样，豆类、谷物、菌类、茶叶、干制水果、焙烤食品等低含水量样品，取可食部分，必要时经高速粉碎机粉碎均匀；固体乳制品、蛋白粉、面粉等呈均匀状的粉状样品，摇匀。鲜样，蔬菜、水果、水产品等高含水量样品，必要时洗净，晾干，取可食部分匀浆均匀；肉类、蛋类等样品，取可食部分匀浆均匀。经解冻的速冻食品及罐头样品，取可食部分匀浆均匀。

液态样品：软饮料、调味品等样品摇匀。

半固态样品：搅拌均匀。

（2）样品消解　湿式消解法：固体试样称取 0.2～3g（精确至 0.001g），液体试样准确移取或称取 0.500～5.00mL（g）（精确至 0.001g）于带刻度消化管中，含乙醇或二氧化碳的样品先低温加热除去乙醇或二氧化碳，加入 10mL 硝酸和 0.5mL 高氯酸，在可调式电炉上消解（参考条件：120℃保持 0.5～1h，升至 180℃保持 2～4h，升至 200～220℃）。若消化液呈棕褐色，冷却后，再加少量硝酸，消解至冒白烟，消化液呈无色透明或略带黄色，赶酸至 1mL 左右后取出消化管，冷却后用水定容至 10mL 或 25mL，混匀备用。同时做空白试验。亦可采用锥形瓶，于可调式电热板上，按上述操作方法进行湿法消解。

微波消解法：固体试样称取 0.2～0.5g（精确至 0.001g，含水分较多的样品可适当增加取样量至 1g），液体试样准确移取或称取 0.500～3.00mL（g）（精确至 0.001g）于微波消解罐中，含乙醇或二氧化碳的样品先低温加热除去乙醇或二氧化碳，加入 5～10mL 硝酸，按照微波消解的操作步骤消解试样。必要时，在加酸后加盖放置 1h 或过夜后再按照微波消解的操作步骤消解试样。冷却后取出消解罐，于 140～160℃赶酸至 1mL 左右。消解罐放冷后，将消化液转移至 10mL 或 25mL 容量瓶中，用少量水洗涤消解罐 2～3 次，合并洗涤液于容量瓶中并用水定容至刻度，混匀备用。同时做空白试验。

压力罐消解法：固体试样称取 0.2～1g（精确至 0.001g，含水分较多的样品可适当增加取样量至 2g），液体试样准确移取或称取 0.500～5.00mL（g）（精确至 0.001g）于消解内罐中，含乙醇或二氧化碳的样品先低温加热除去乙醇或二氧化碳，加入 5～10mL 硝酸。盖好内盖，旋紧不锈钢外套，放入恒温干燥箱，于 140～160℃下保持 4～5h。必要时，在加酸后加盖放置 1h 或过夜后再旋紧不锈钢外套，放入恒温干燥箱消解试样。冷却后缓慢旋松不锈钢外套，取出消解内罐，于 140～160℃赶酸至 1mL 左右。冷却后将消化液转移至 10mL 或 25mL 容量瓶中，用少量水洗涤内罐和内盖 2～3 次，合并洗涤液于容量瓶中并用水定容至刻度，混匀备用。同时做空白试验。

（3）测定

① 仪器参考条件：波长 228.8nm，狭缝 0.8nm，灯电流 5～7mA，干燥温度 85～120℃，干燥时间 30～50s，灰化温度 450～650℃，灰化时间 15～30s，原子化温度 1500～2000℃，原子化时间 4～5s。

② 标准曲线绘制：按质量浓度由低到高的顺序分别取 10μL 标准系列溶液、5μL 磷酸二氢铵-硝酸钯混合溶液（可根据使用仪器选择最佳进样量），同时注入石墨管，原子化后测其吸光度值，以质量浓度为横坐标，吸光度值为纵坐标，绘制标准曲线。

③ 样品测定：在测定标准曲线相同的试验条件下，吸取 10μL 空白溶液或试样消化液、5μL 磷酸二氢铵-硝酸钯混合溶液（可根据使用仪器选择最佳进样量），同时注入石墨管，原子化后测其吸光度值。根据标准曲线得到待测液中镉的质量浓度。若测定结果超出标准曲线范围，用硝酸溶液（5＋95）稀释后测定。

（4）计算　试样中镉含量按照式(5-17) 计算：

$$X=\frac{(\rho-\rho_0)fV}{m\times 1000} \tag{5-17}$$

式中　X——试样中镉的含量，mg/kg 或 mg/L；

　　ρ——试样消化液中镉的质量浓度，μg/L；

ρ_0——空白溶液中镉的质量浓度，μg/L；

f——稀释倍数；

V——试样消化液定容体积，mL；

m——试样质量或体积，g 或 mL；

1000——换算系数。

当镉含量≥0.1mg/kg（mg/L）时，计算结果保留 3 位有效数字，当镉含量<0.1mg/kg（mg/L）时，计算结果保留 2 位有效数字。

案例：硒的生理作用

思考题

1. 食品经烘干、炭化、灼烧后，所得的灰分为什么称为粗灰分？

2. 测定食品总灰分时为什么要在高温灼烧前进行炭化处理？

3. 加速食品灰化的方法有哪些？

4. 在干法灰化某些样品时可能出现下列问题，请指出相应的解决方法。

（1）在一般干法灰化过程中，高糖产品产生不完全燃烧（如出现黑色灰分而不是白色或灰白色灰分）。

（2）灰化操作时间太长，需要加快速度，但又不想使用标准的湿法氧化。

（3）要测定一些食品中铁的含量，但干法灰化不能获得可溶性铁。

5. 食品中测定钙含量的方法有哪些？用滴定法测定钙含量的注意事项有哪些？

6. 原子吸收法测定金属元素含量的基本原理是什么？

第六章

酸度分析

第一节　酸度概念

一、酸度的定义

1. 总酸度

总酸度是指食品中所有酸性成分的总量，用主要酸的质量分数来表示。它包括未解离的酸和已解离的酸，其浓度大小可用滴定消耗标准碱溶液的量来表示，故总酸度又称“可滴定酸度”。

2. 有效酸度

有效酸度是指被测液中 H^+ 浓度，准确地说应是溶液中 H^+ 活度，所反映的是已解离的那部分酸的浓度，常用 pH 表示。其大小可采用酸度计（即 pH 计）来测定。

3. 挥发酸

挥发酸是指食品中易挥发的有机酸，主要指乙酸和微量的甲酸、丁酸等低碳链的直链脂肪酸。其酸度大小可通过蒸馏挥发分离，再借标准碱溶液滴定来测定。

4. 牛乳酸度

牛乳酸度是外表酸度和真实酸度的总和。

（1）外表酸度　外表酸度又称固有酸度，是指新鲜牛乳本身具有的酸度。主要来源于鲜牛乳中的酪蛋白、白蛋白、柠檬酸盐及磷酸盐等酸性成分。外表酸度在鲜牛乳中占0.15%～0.18%（以乳酸计）。

（2）真实酸度　真实酸度又称发酵酸度，是指牛乳放置过程中在乳酸菌作用下乳糖发酵产生了乳酸而升高的那部分酸度。若牛乳的含酸量>0.20%，即认为有乳酸存在。习惯上把含酸量在0.20%以上的牛乳不列为鲜牛乳。外表酸度和真实酸度之和即为牛乳的总酸度（而鲜牛乳的总酸度即为外表酸度），其大小可通过标准碱溶液滴定来测定。

部分常见食品的酸度见表 6-1。

表 6-1 部分常见食品的酸度（pH）

名称	pH	名称	pH
桃	3.2～5.0	猪肉	5.3～6.9
梨	3.2～4.8	牛肉	5.1～6.2
杏	3.2～4.9	羊肉	5.4～6.7
李	2.8～4.1	鱼肉	6.6～6.8
苹果	2.5～5.0	蟹肉	7.0
草莓	3.0～4.5	蛤肉	6.5
西瓜	6.0～6.4	菠菜	5.7
甜橙	3.5～4.9	番茄	4.1～4.3
葡萄	2.5～4.5	豌豆	6.1
柠檬	2.2～3.5	辣椒	5.4
甜樱桃	3.5～4.1	胡萝卜	5.0
鲜蛋	8.2～8.4	甘蓝	5.2
牛乳	6.5～7.0	南瓜	5.0

二、食品中常见的有机酸

（1）柠檬酸　柠檬酸为三元酸，是食品加工中使用最多的酸味剂（通常使用量为0.1%～1.0%），也是果蔬中分布最为广泛的有机酸，在柑橘类果实与浆果类果实中含量最高，尤其是在柠檬干重中其含量高达6%～8%、在石榴干重中高达9%，蔬菜中番茄的柠檬酸含量最高。

（2）苹果酸　苹果酸为二元酸，几乎存在于所有果实中，尤其是仁果类（如苹果、梨等）、核果类（如桃、樱桃、杏等）、蔬菜（如莴苣、番茄等）中含量较多。一般情况下苹果酸与柠檬酸共存。

（3）乙二酸　乙二酸是在果蔬中普遍存在的一种有机酸，一般以钾盐、钠盐的形式存在，在竹笋、菠菜等蔬菜中含量较多，在果实中含量很少。

（4）酒石酸　酒石酸为二元酸，其酸味比苹果酸、柠檬酸强，但口感稍涩，在食品加工中的用量一般为0.1%～0.2%。酒石酸存在于许多水果中，其中葡萄中的含量最多，葡萄中的酒石酸大部分以酒石酸钾（酒石）的形式存在，少量以游离态存在。

（5）水杨酸　水杨酸常以酯态或葡萄糖苷的形式存在于草莓等浆果中。

（6）苯甲酸　苯甲酸以游离态存在于蔓越莓、李等水果中。

（7）琥珀酸与延胡索酸　在未成熟的水果（如樱桃）、低等植物（如蘑菇）中存在琥珀酸与延胡索酸。

同一样品中往往存在多种有机酸，在分析有机酸含量时以主要酸为计算标准。一般核果类、仁果类及大部分浆果类以苹果酸计算，柑橘以柠檬酸计算，葡萄以酒石酸计算，饮料以柠檬酸计算，鱼、肉、乳、酱油等以乳酸计算，酒类及调味品以乙酸计算，山中的野果以乙二酸计算。常见果蔬中的有机酸及含量分别见表6-2和表6-3。

表 6-2　常见果蔬中的主要有机酸

名称	有机酸种类	名称	有机酸种类
杏	苹果酸、柠檬酸	番茄	柠檬酸、苹果酸
樱桃	苹果酸	菠菜	柠檬酸、苹果酸、酒石酸
葡萄	酒石酸、苹果酸	甘蓝	苹果酸
梨	苹果酸、果心部分有柠檬酸	笋	乙二酸、酒石酸、乳酸、柠檬酸
洋梨	苹果酸、柠檬酸	芦笋	柠檬酸、苹果酸
苹果	苹果酸、少量柠檬酸	甜菜叶	乙二酸、柠檬酸、苹果酸
桃	苹果酸、柠檬酸、奎宁酸	莴笋	苹果酸、柠檬酸、乙二酸
梅	苹果酸、柠檬酸、乙二酸	甘薯	乙二酸
蜜橘	苹果酸、柠檬酸	柠檬	苹果酸

表 6-3　常见果蔬中主要有机酸的含量　　单位：%

果蔬名称	柠檬酸	苹果酸	果蔬名称	柠檬酸	苹果酸
柠檬	3.84	+	芦笋	0.11	0.10
菠萝	0.84	0.12	黄瓜	0.01	0.24
桃	0.37	0.37	番茄	0.47	0.05
橙	0.98	+	花椰菜	0.21	0.39
草莓	0.91	0.10	菠菜	0.08	0.09
苹果	0.03	1.02	南瓜	—	0.15
葡萄	0.43	0.65	甘薯	0.07	—
梨	0.24	0.12	马铃薯	0.51	—
杏	0.35	0.81	洋葱	0.02	0.17
李	0.03	0.92	胡萝卜	0.09	0.24
樱桃	0.10	0.50	甘蓝	0.14	0.10

注：“+”指含量极少，未达到能测定出具体数值的程度。

三、食品酸度测定的意义

食品中的酸不仅作为酸味成分，而且在食品的加工储运及品质管理等方面被认为是重要的成分，测定食品中的酸度具有十分重要的意义。

1. 反映食品的质量指标

食品中有机酸含量的多少，直接影响食品的色、香、味及稳定性。酸度的测定对微生物发酵过程具有一定的指导意义。例如，酒和酒精生产中，对麦芽汁、发酵液、酒曲等的酸度都有一定的要求。发酵制品中的酒、酱油、食醋等的酸度也是一个重要的质量指标。

2. 判断食品的新鲜度

食品中有机酸的种类和含量是判断其质量好坏的一个重要指标。例如，新鲜牛乳中的乳酸含量过高，说明牛乳已腐败变质；水果制品中有游离的半乳糖醛酸，说明受到霉烂水果的污染。

3. 判断食品的成熟程度

利用有机酸的含量与糖的含量之比，可判断某些果蔬的成熟度。有机酸在果蔬中的含量因果蔬成熟度及其生长条件不同而异。一般随成熟度的提高，有机酸含量降低，而糖含量增加，糖酸比增大，故测定酸度可判断果蔬的成熟度，这对于确定果蔬收获期及加工工艺条件很有意义。例如：如果测定出葡萄所含的有机酸中苹果酸高于酒石酸，说明葡萄还未成熟，因为成熟的葡萄含有大量的酒石酸。

第二节　酸度测定方法

一、总酸的测定

总酸度是指食品中所有酸性成分的总量。本书重点介绍 GB 12456—2021《食品安全国家标准　食品中总酸的测定》中的酸碱指示剂滴定法和 pH 计电位滴定法测定食品中的总酸。

（一）酸碱指示剂滴定法

1. 适用范围

适用于果蔬制品、饮料（澄清透明类）、白酒、米酒、白葡萄酒、啤酒和白醋中总酸的测定。

2. 原理

根据酸碱中和原理，用碱液滴定试液中的酸，以酚酞为指示剂确定滴定终点。按碱液的消耗量计算食品中的总酸含量。

3. 试剂

乙醇（95%），酚酞，氢氧化钠。

4. 仪器和设备

分析天平（感量 0.01g 和 0.1mg），碱式滴定管（容量 10mL，最小刻度 0.05mL），碱式滴定管（容量 25mL，最小刻度 0.1mL），水浴锅，锥形瓶（100mL、150mL、250mL），移液管（25mL、50mL、100mL），均质器，超声波发生器，研钵，组织捣碎机。

5. 分析步骤

（1）样品制备　液体样品：若样品不含二氧化碳，充分混匀，置于密闭玻璃容器内。若样品含二氧化碳，至少称取 200g 样品（精确到 0.01g）于 500mL 烧杯中，在减压下振摇 3～4min，以除去液体样品中的二氧化碳。

固体样品：取有代表性的样品至少 200g（精确到 0.01g），置于研钵或组织捣碎机中，加入与试样等量的无二氧化碳的水，研碎或捣碎，混匀，置于密闭玻璃容器内。

固液混合样品：按样品的固、液体比例至少取 200g（精确到 0.01g），用研钵或组织捣碎机研碎或捣碎，混匀，置于密闭玻璃容器内。

（2）试液的制备　液体样品：称取 25g（精确至 0.01g）或移取 25.0mL 液体试样，用无二氧化碳的水定容至 250mL 容量瓶，摇匀，用快速滤纸过滤，收集滤液，用于测定。

其他样品：称取 25g（精确至 0.01g）试样，置于 150mL 带冷凝管的锥形瓶中，加入约

50mL80℃无二氧化碳的水，混匀，置于沸水浴中煮沸30min（摇动2～3次，使试样中的有机酸全部溶解于溶液中），取出，冷却至室温，用无二氧化碳的水定容至250mL，用快速滤纸过滤，收集滤液，用于测定。

（3）测定　根据试样总酸的可能含量，使用移液管吸取25mL、50mL或100mL试液，置于250mL锥形瓶中，加入2～4滴（10g/L）酚酞指示液，用0.1mol/L氢氧化钠标准滴定溶液（若为白酒样品，总酸≤4g/kg，可用0.01mol/L或0.05mol/L氢氧化钠滴定溶液）滴定至微红色30s不褪色。记录消耗0.1mol/L氢氧化钠标准滴定溶液的体积数值。

（4）空白试验　按（3）的操作，用同体积无二氧化碳的水代替试液做空白试验，记录消耗氢氧化钠标准滴定溶液的体积数值。

6. 分析结果计算

总酸的含量按式(6-1）计算：

$$X=\frac{[c\times(V_1-V_2)]\times k\times F\times 1000}{m} \tag{6-1}$$

式中　X——试样中总酸的含量，g/kg或g/L；

c——氢氧化钠标准滴定溶液的浓度，mol/L；

V_1——滴定试液时消耗氢氧化钠标准滴定溶液的体积，mL；

V_2——空白试验时消耗氢氧化钠标准滴定溶液的体积，mL；

F——试液的稀释倍数；

m——试样的取样量，g或mL；

1000——换算系数；

k——酸的换算系数：苹果酸0.067；乙酸0.060；酒石酸0.075；柠檬酸0.064；柠檬酸（含一分子结晶水）0.070；乳酸0.090；盐酸0.036；硫酸0.049；磷酸0.049。

（二）pH计电位滴定法

1. 适用范围

适用于果蔬制品、饮料、酒类和调味品中总酸的测定。

2. 原理

根据酸碱中和原理，用氢氧化钠标准滴定溶液滴定试液中的酸，中和试样溶液至pH为8.2（若酸为磷酸，则终点为8.7～8.8）时，确定为滴定终点。按碱液的消耗量计算食品中的总酸含量。

3. 试剂和材料

氢氧化钠，磷酸氢二钾，磷酸二氢钾。

4. 仪器和设备

分析天平（感量分别为0.01g和0.1mg），pH计［精度±0.1(pH）］，磁力搅拌器，水浴锅，烧杯（100mL、150mL、250mL），移液管（25mL、50mL、100mL）。

5. 分析步骤

（1）试样的制备　按酸碱指示剂滴定法分析步骤（1）制备。

（2）待测溶液的制备　按酸碱指示剂滴定法分析步骤（2）制备。

（3）分析步骤　根据试样总酸的可能含量，使用移液管吸取25mL、50mL或100mL试液，置于150mL烧杯中。将酸度计电源接通，待读数稳定后，根据使用的pH计校正规程或用pH 8.0的缓冲溶液校正pH计。将盛有试液的烧杯放到电磁搅拌器上，浸入酸度计电极。按下pH读数开关，开动搅拌器，迅速用0.1mol/L氢氧化钠标准滴定溶液（若为白酒样品，总酸≤4g/kg，可用0.01mol/L或0.05mol/L氢氧化钠滴定溶液）滴定，随时观察溶液pH变化。接近滴定终点时，应放慢滴定速度。一次滴加半滴（最多一滴），直至溶液的pH达到终点。记录消耗氢氧化钠标准滴定溶液的体积数值（滴定终点pH：磷酸8.7～8.8；其他酸8.2）。

（4）空白试验　按步骤（3）的操作，用同体积无二氧化碳的水代替试液，记录消耗氢氧化钠标准滴定溶液的体积数值。

6. 分析结果计算

同酸碱指示剂滴定法分析结果计算。

（三）生乳及其制品中酸度的测定

本书以巴氏杀菌乳、灭菌乳、生乳、发酵乳等试样为例，重点介绍GB 5009.239—2016《食品安全国家标准　食品酸度的测定》中的酚酞指示剂法。

1. 适用范围

适用于生乳及乳制品、淀粉及其衍生物、粮食及其制品酸度的测定。

2. 原理

试样经过处理后，以酚酞作为指示剂，用0.1000mol/L氢氧化钠标准溶液滴定至中性，记录消耗氢氧化钠溶液的体积，经计算确定试样的酸度。

3. 试剂和材料

氢氧化钠，七水硫酸钴，酚酞，95%乙醇，乙醚，氮气（纯度为98%），三氯甲烷。

4. 仪器和设备

分析天平（感量为0.001g），水浴锅，粉碎机，振荡器等。

5. 分析步骤

（1）制备参比溶液　向装有96mL约20℃水（不含二氧化碳）的锥形瓶中加入2.0mL参比溶液，轻轻转动，使之混合，得到标准参比颜色。如果要测定多个相似的产品，则此参比溶液可用于整个测定过程，但时间不得超过2h。

（2）样品溶液滴定　称取10g（精确至0.001g）已混匀的巴氏杀菌乳、灭菌乳、生乳、发酵乳试样，置于150mL锥形瓶中，加20mL新煮沸冷却至室温的水，混匀，加入2.0mL酚酞指示液，混匀后用氢氧化钠标准溶液滴定，边滴加边转动锥形瓶，直到颜色与参比溶液的颜色相似，且5s内不消退，整个滴定过程应在45s内完成。滴定过程中，向锥形瓶中吹氮气，防止溶液吸收空气中的二氧化碳。记录消耗的氢氧化钠标准滴定溶液体积。

（3）空白滴定　用等体积的无二氧化碳的水做空白实验，读取耗用氢氧化钠标准溶液的体积。空白所消耗的氢氧化钠体积应≥0，否则应重新制备和使用符合要求的蒸馏水或中性乙醇-乙醚混合液。

6. 分析结果计算

按式(6-2)计算：

$$X=\frac{c(V_1-V_0)\times 100}{m_1\times 0.1} \tag{6-2}$$

式中 X——试样的酸度,°T（以100g样品所消耗的0.1mol/L氢氧化钠体积计，mL/100g）；

c——氢氧化钠标准溶液的浓度，mol/L；

V_1——滴定时所消耗氢氧化钠标准溶液的体积，mL；

V_0——空白实验所消耗氢氧化钠标准溶液的体积，mL；

100——100g试样；

m_1——试样的质量，g；

0.1——酸度理论定义氢氧化钠的物质的量浓度，mol/L。

二、挥发酸的测定

食品中的挥发酸是指甲酸、乙酸、丁酸等，不包括可用水蒸气蒸出的乳酸、山梨酸、琥珀酸等。一般由蒸汽分离测定的是总挥发酸。食品中的挥发酸含量可以用直接法或间接法测得。直接法是通过水蒸气蒸馏把样品中的挥发酸分离出来，然后用标准碱溶液滴定；间接法是通过蒸发除去挥发酸后，用标准碱溶液滴定不挥发酸，再从总酸度中减去不挥发酸即为挥发酸的含量。直接法不受样品成分的影响，适合挥发酸含量高的样品。内容如下。

1. 原理

待测样品经适当处理后，加适量磷酸使结合的挥发酸游离出来，用水蒸气蒸馏分离出总挥发酸，经冷凝、收集后，以酚酞为指示剂，用标准NaOH溶液滴定至微红色（30s不褪色）为终点，再根据标准NaOH溶液消耗量计算出样品中总挥发酸的含量。

反应式如下：

$$H_nA + nNaOH = Na_nA + nH_2O$$

2. 仪器与试剂

① 水蒸气蒸馏装置；电磁搅拌器。

② 物质的量浓度为0.1mol/L的NaOH标准溶液；体积分数为1%的酚酞乙醇溶液；质量分数为10%的磷酸溶液。

3. 操作方法

样品处理：一般果蔬与饮料经搅打均匀后直接取样测定；含有CO_2的发酵酒或饮料，须将称取样品中的CO_2除去后再测定（CO_2的去除方法：取80～100g样品于烧瓶中，在真空条件下搅拌2～4min）。对固体样品可加入适量水后用组织捣碎机捣成糊状，加水定容后取样测定。

滴定：准确称取均匀样品2～3g（待测挥发酸的量较少时称取量适当增加）于250mL烧瓶中。加入50mL无CO_2的蒸馏水，加入10%磷酸1mL，连接水蒸气蒸馏装置，加热蒸馏至馏出液为300mL为止。在严格、相同条件下做一空白试验，蒸汽发生器内的水必须预先煮沸10min以除去CO_2。馏出液加热至60～65℃，加入酚酞指示剂3滴或4滴，用0.1mol/L NaOH标准溶液滴定至微红色（30s不褪色即为终点）。根据标准NaOH的消耗量计算出样品中总挥发酸的含量。

4. 计算

总挥发酸含量按式(6-3)计算：

$$X = \frac{Mc(V_1 - V_2)}{1000m} \times 100\% \tag{6-3}$$

式中 X——样品中挥发酸的含量（以乙酸计），%；

c——NaOH 标准溶液的浓度，mol/L；

V_1——滴定样品时消耗标准 NaOH 溶液的体积，mL；

V_2——滴定空白时消耗标准 NaOH 溶液的体积，mL；

m——样品质量或体积，g 或 mL；

M——乙酸的摩尔质量，60.05g/mol。

5. 注意事项

① 蒸汽发生器内的水在蒸馏前必须预先煮沸。

② 整个蒸馏过程中要维持烧瓶内液面一定。

③ 该方法适用于各类饮料、果蔬及其制品（酒类、发酵制品等），一般果蔬及饮料可以直接取样；含有 CO_2 的饮料、发酵酒类，须排除 CO_2［方法：取 80～100mL（g）样品于锥形瓶中，在用电磁搅拌器连续搅拌的同时，于低真空下抽气 2～4min 以除去其中的 CO_2］。

三、有机酸的测定

依据 GB 5009.157—2016《食品安全国家标准　食品中有机酸的测定》，采用固相萃取-液相色谱法同时测定食品中酒石酸、乳酸、苹果酸、柠檬酸、丁二酸、富马酸和己二酸七种有机酸。

1. 适用范围

适用于果汁及果汁饮料、碳酸饮料、固体饮料、胶基糖果、饼干、糕点、果冻、水果罐头、生湿面制品和烘焙食品馅料中七种有机酸的测定。

2. 原理

试样直接用水稀释或用水提取后，经强阴离子交换固相萃取柱净化，经反相色谱柱分离，以保留时间定性，外标法定量。

3. 试剂和材料

甲醇（色谱纯），无水乙醇（色谱纯），磷酸。强阴离子固相萃取柱（SAX）（1000mg，6mL），使用前依次用 5mL 甲醇、5mL 水活化。

4. 仪器

高效液相色谱仪（带二极管阵列检测器或紫外检测器），天平（感量分别为 0.01g 和 0.01mg），高速均质器，高速粉碎机，固相萃取装置，水相型微孔滤膜（孔径 0.45μm）。

5. 分析步骤

（1）试样制备及保存

① 液体样品：将果汁及果汁饮料、果味碳酸饮料等样品摇匀分装，密闭常温或冷藏保存。

② 半固态样品：对果冻、水果罐头等样品取可食部分匀浆后，搅拌均匀，分装，密闭冷藏或冷冻保存。

③ 固体样品：饼干、糕点和生湿面制品等低含水量样品，经高速粉碎机粉碎、分装，于室温下避光密闭保存；对于固体饮料等呈均匀状的粉状样品，可直接分装，于室温下避光

密闭保存。

④ 特殊样品：对于胶基糖果类黏度较大的特殊样品，现将样品用剪刀铰成 2mm×2mm 大小的碎块放入陶瓷研钵中，再缓慢倒入液氮，样品迅速冷冻后采用研磨的方式获取均匀的样品，分装后密闭冷冻保存。

(2) 试样处理

① 果汁饮料及果汁、果味碳酸饮料：称取 5g（精确至 0.01g）均匀试样（若试样中含二氧化碳应先加热除去），放入 25mL 容量瓶中，加水至刻度，经 0.45μm 水相滤膜过滤，注入高效液相色谱仪分析。

② 果冻、水果罐头：称取 10g（精确至 0.01g）均匀试样，放入 50mL 塑料离心管中，向其中加入 20mL 水后在 15000r/min 的转速下均质提取 2min，4000r/min 离心 5min，取上层提取液至 50mL 容量瓶中，残留物再用 20mL 水重复提取一次，合并提取液于同一容量瓶中，并用水定容至刻度，经 0.45μm 水相滤膜过滤，注入高效液相色谱仪分析。

③ 胶基糖果：称取 1g（精确至 0.01g）均匀试样，放入 50mL 具塞塑料离心管中，加入 20mL 水后在旋混仪上振荡提取 5min，在 4000r/min 下离心 3min 后，将上清液转移至 100mL 容量瓶中，向残渣中加入 20mL 水重复提取 1 次，合并提取液于同一容量瓶中，用无水乙醇定容，摇匀。

准确移取上清液 10mL 于 100mL 鸡心瓶中，向鸡心瓶中加入 10mL 乙醇，在 (80±2)℃下旋转浓缩至近干时，再加入 5mL 乙醇继续浓缩至彻底干燥后，分别用 1mL 水洗涤鸡心瓶 2 次。将待净化液全部转移至经过预活化的 SAX 固相萃取柱中，控制流速在 1～2mL/min，弃去流出液。用 5mL 水淋洗净化柱，再用 5mL 磷酸-甲醇溶液洗脱，控制流速在 1～2mL/min，收集洗脱液于 50mL 鸡心瓶中，洗脱液在 45℃下旋转蒸发近干后，再加入 5mL 无水乙醇继续浓缩至彻底干燥后，用 1.0mL 磷酸溶液振荡溶解残渣后，过 0.45μm 滤膜，注入高效液相色谱仪分析。

④ 固体饮料：称取 5g（精确至 0.01g）均匀试样，放入 50mL 烧杯中，加入 40mL 水溶解并转移至 100mL 容量瓶中，用乙醇定容至刻度，摇匀，静置 10min。准确移取上清液 20mL 于 100mL 鸡心瓶中，后续步骤同胶基糖果处理。

⑤ 面包、饼干、糕点、烘焙食品馅料和生湿面制品：称取 5g（精确至 0.01g）均匀试样，放入 50mL 塑料离心管中，向其中加入 20mL 水后以 15000r/min 均质提取 2min，在 4000r/min 离心 3min 后，将上清液转移至 100mL 容量瓶中，向残渣中加入 20mL 水重复提取 1 次，合并提取液于同一容量瓶中，用无水乙醇定容，摇匀。后续步骤同胶基糖果处理。

(3) 色谱条件

① 测定酒石酸、苹果酸、乳酸、柠檬酸、丁二酸和富马酸的色谱条件如下。

色谱柱：CAPECELL PAK MG S5 C_{18} 柱，4.6mm×250mm，5μm，或同等性能的色谱柱。柱温：40℃。进样量：20μL。检测波长：210nm。

流动相：用 1%磷酸溶液-甲醇［97.5∶2.5（体积比）］流动相等度洗脱 10min，然后用较短的时间梯度让甲醇相达到 100%并平衡 5min，再将流动相调整为 1%磷酸溶液-甲醇=97.5+2.5（体积比）的比例，平衡 5min。

② 测定己二酸的色谱条件如下。

色谱柱：CAPECELL PAK MG S5 C_{18} 柱，4.6mm×250mm，5μm，或同等性能的色谱柱。柱温：40℃。进样量：20μL。检测波长：210nm。

流动相：1%磷酸-甲醇=75+25（体积比）等度洗脱 10min。

（4）标准曲线的制作　将标准系列工作液分别注入高效液相色谱仪中，测定相应的峰高或峰面积。以标准工作液的浓度为横坐标，以色谱峰高或峰面积为纵坐标，绘制标准曲线。得到各有机酸溶液的标准色谱图如图 6-1 和图 6-2 所示。

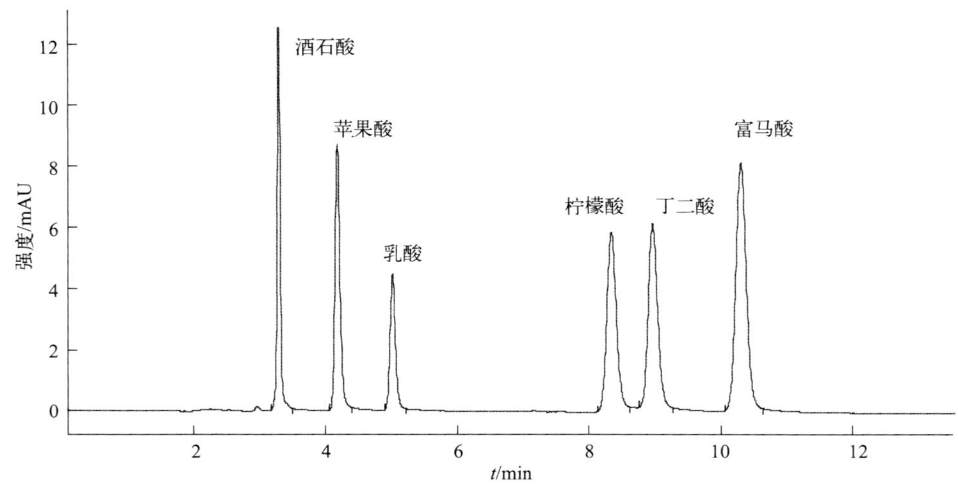

图 6-1　6 种有机酸的标准色谱图

酒石酸—50mg/L；苹果酸—100mg/L；乳酸—50mg/L；柠檬酸—50mg/L；丁二酸—50mg/L；富马酸—0.25mg/L

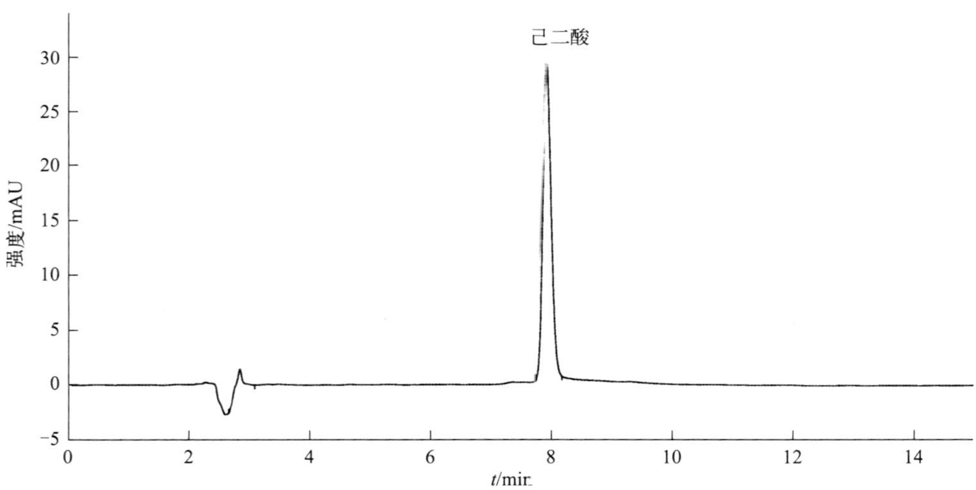

图 6-2　己二酸的标准色谱图（50mg/L）

（5）试样溶液的测定　将试样溶液注入高效液相色谱仪中，得到峰高或峰面积，根据标准曲线得到待测液中有机酸的浓度。

6. 分析结果计算

按式(6-4) 计算：

$$X=\frac{CV\times 1000}{m\times 1000\times 1000} \tag{6-4}$$

式中　X——试样中有机酸的含量，g/kg；

　　C——由标准曲线求得试样溶液中某有机酸的浓度，μg/mL；

　　V——样品溶液定容体积，mL；

　　m——最终样液代表的试样质量，g；

　1000——单位换算系数。

7. 检出限与定量限

① 果汁、果汁饮料、果冻和水果罐头的检出限和定量限均为酒石酸250mg/kg，苹果酸500mg/kg，乳酸250mg/kg，柠檬酸250mg/kg，丁二酸1250mg/kg，富马酸1.25mg/kg，己二酸25mg/kg。

② 胶基糖果、面包、糕点、饼干和烘焙食品馅料的检出限和定量限均为酒石酸500mg/kg，苹果酸1000mg/kg，乳酸500mg/kg，柠檬酸500mg/kg，丁二酸2500mg/kg，富马酸2.5mg/kg，己二酸50mg/kg。

③ 固体饮料的检出限和定量限均为酒石酸50mg/kg，苹果酸100mg/kg，乳酸50mg/kg，柠檬酸50mg/kg，丁二酸250mg/kg，富马酸0.25mg/kg，己二酸5mg/kg。

案例：酸味食品

思考题

1. 测定食品酸度有何意义？
2. 食品中的主要有机酸有哪些？
3. 挥发酸产生的主要原因是什么？总挥发酸包括哪两部分？
4. 什么是有效酸度？如何测定有效酸度？
5. 当样品的颜色较深时，测定样品总酸度的终点不易观察，应该如何处理？
6. 食品酸度测定时，如何消除 CO_2 对测定结果的影响？

第七章

脂类分析

第一节 概 述

一、脂类测定的意义

1. 脂肪的作用

脂肪最主要的生物学功能是作为体内能量储存物质，每克脂肪提供的热能比糖类或蛋白质提供的热能高 1 倍以上。在人与动物体内，脂肪还具有润滑、保温、保护的作用。所以脂肪含量高的食品具有较高的生理价值。类脂在细胞的生命功能上具有重要作用，但在食品营养重要性方面不及脂肪。

油脂是人们膳食组成中极为重要的成分，从营养学观点来看，膳食中脂肪供给量占总能量需要的 15%～25%为宜，所以食品中的脂肪含量是一项非常重要的卫生指标；同时，脂肪含量也是食品生产过程中的一项重要质量控制指标。例如，蔬菜中的脂肪含量较低，在生产蔬菜罐头时添加适量的脂肪可以改善产品的风味；面包等焙烤食品中的脂肪，尤其是卵磷脂等组分对面包的柔软度、结构与体积等都有直接影响。

2. 食品中脂肪的含量与分类

植物脂肪在常温下一般为液态，称为油；动物脂肪在常温下一般为固态，称为脂。二者均以其来源命名。按脂肪含量的高低，食品大致可以分为三类。

(1) 无脂食品　西瓜、南瓜、蜂蜜、蔗糖等样品中不含脂肪。

(2) 低脂食品　是指脂肪含量较低的食品（果蔬中脂肪的含量 1.1%、稻米为 0.4%～3.2%、小麦粉为 0.5%～1.5%、脱脂乳粉为 1%～1.5%、蛋糕为 2%～3%）。

(3) 高脂食品　脂肪含量较高的动物性食品或油脂等。例如，动物油（牛脂、猪脂等）和植物油（菜籽油、豆油、茶籽油等），此类脂肪的含量接近 100%。其中，核桃仁中脂肪的含量为 63%～69%、奶油为 80%～82%、芝麻为 50%～57%、花生仁为 30%～39%、全脂乳粉为 25%～32%。

3. 脂类测定的意义

（1）评估营养价值　脂类是人体必需的重要营养素之一，测定食品中的脂肪含量可以评估食品的营养价值，了解食品中是否含有人体所需的必需脂肪酸，如亚油酸和 α-亚麻酸。

（2）食品品质控制　在食品生产加工过程中，脂类的含量直接影响产品的外观、风味、口感和组织结构。因此，测定脂类含量对于实现生产过程的质量管理、实行工艺监督等方面具有重要的意义。

（3）研究和开发新食品　功能性油脂作为脂类的一部分，具有多种生理功能，如降血脂、降血压、抗血栓等。脂类物质的测定有助于研究和开发具有特定健康益处的新食品。

（4）了解食品成分　脂类物质包括甘油三酯、脂肪酸、磷脂、糖脂、甾醇、脂溶性维生素、蜡等。测定这些成分有助于了解食品的详细化学组成，对于食品的改良和创新有重要作用。

二、脂肪的存在形式与理化性质

1. 脂肪的存在形式

脂肪有两种存在形式：结合态和游离态。游离态脂肪可以用乙醚、石油醚等有机溶剂提取，而结合态脂肪则必须首先破坏脂类与其他非脂成分的结合，然后用有机溶剂提取。习惯上食品中的脂肪含量用乙醚提取物来表示，它包括脂类及类脂等一大类物质。

2. 脂肪的理化性质

① 一般脂类不溶于水，易溶于有机溶剂。因此，脂类物质的提取剂基本是低沸点的有机溶剂。脂肪酸的碳链长度越长其熔点也就越高，碳原子数小于 10 的脂肪酸在常温下呈液态，碳原子数大于 10 的则为固态。

② 脂肪水解：脂类在酸、碱、酶存在下或在加压条件下发生水解并产生相应的脂肪酸与甘油，脂肪的水解又称为皂化反应。

③ 氧化反应：含有不饱和脂肪酸的脂类易被氧化成低分子量的醛、酮或酸类物质。

④ 不饱和脂肪酸的双键易与卤素发生加成反应。

⑤ 高温下甘油结构的脂类易发生氧化，产生辛辣气味的丙烯醛，此反应也为油脂的鉴定反应。

三、脂类物质的分析类型

① 脂类测定：对脂类物质总含量的测定。

② 脂质分析：对油脂的过氧化值、酸价、碘价、皂化值等质量指标的测定。

③ 脂结构分析：确定脂肪酸的种类、不饱和键位置等结构性质，在常规分析中使用较少。

第二节　脂肪测定方法

食品的种类不同，其脂肪的含量及其存在形式也不同，常用的测定脂肪的方法根据脂肪的检测形式分为质量法和容量法，其中质量法包括索氏抽提法、酸水解法、氯仿-甲醇提取法、罗兹-哥特里法（碱性乙醚法），容量法包括巴布科克（Babcock）法、盖勃（Gerber）法。最新标准 GB 5009.6—2025《食品安全国家标准　食品中脂肪的测定》中有 4 种检测方法，分别为索氏抽提法、酸水解法、碱水解法、盖勃法。

一、索氏抽提法

1. 原理

脂肪易溶于有机溶剂。试样直接用无水乙醚或石油醚等溶剂抽提后，蒸发除去溶剂，干燥，得到游离态脂肪的含量。

2. 仪器和设备

索氏抽提器（图 7-1），恒温水浴锅，分析天平，电热鼓风干燥箱，干燥器，滤纸筒，蒸发皿。

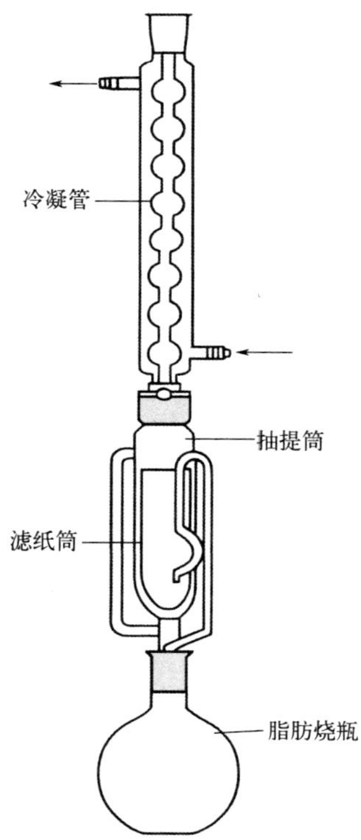

图 7-1　索氏抽提器

3. 试剂与材料

无水乙醚，石油醚，石英砂，脱脂棉。

4. 分析步骤

（1）试样处理　固体试样：称取充分混匀后的试样 2～5g，精确至 0.001g，全部移入滤纸筒内。

液体或半固体试样：称取混匀后的试样 5～10g，准确至 0.001g，置于蒸发皿中，加入约 20g 石英砂，于沸水浴上蒸干后，在电热鼓风干燥箱中于 100℃±5℃干燥 30min 后，取出，研细，全部移入滤纸筒内。蒸发皿及粘有试样的玻璃棒，均用蘸有乙醚的脱脂棉擦净，并将棉花放入滤纸筒内。

（2）抽提　将滤纸筒放入索氏抽提器的抽提筒内，连接已干燥至恒重的接收瓶，由抽提器冷凝管上端加入无水乙醚或石油醚至瓶内容积的三分之二处，于水浴上加热，使无水乙醚或石油醚不断回流抽提（6～8 次/h），一般抽提 6～10h。提取结束时，用磨砂玻璃棒接取 1 滴提取液，磨砂玻璃棒上无油斑表明提取完毕。

（3）称量　取下接收瓶，回收无水乙醚或石油醚，待接收瓶内溶剂剩余 1～2mL 时在水浴上蒸干，再于 100℃±5℃干燥 1h，放干燥器内冷却 0.5h 后称量。重复以上操作直至恒重（直至两次称量的差不超过 2mg）。

5. 分析结果的表述

试样中脂肪的含量，按式(7-1) 进行计算：

$$X=\frac{m_1-m_0}{m_2}\times 100 \tag{7-1}$$

式中　X——试样中脂肪的含量，g/100g；

m_1——恒重后接收瓶和脂肪的含量，g；

m_0——接收瓶的质量，g；

m_2——试样的质量，g；

100——换算系数。

计算结果表示到小数点后一位。

6. 适用范围

适用于水果、蔬菜及其制品、粮食及粮食制品、肉及肉制品、蛋及蛋制品、水产及其制品、焙烤食品、糖果等食品中游离态脂肪含量的测定。

7. 注意事项

① 索氏抽提法适用于脂类含量较高而结合态较少的样品。

② 在抽提时，冷凝管上端最好连接一个氯化钙干燥管，这样可以防止空气中的水分进入。

③ 测量过程中必须保证整个体系充分干燥，否则无水乙醚吸收 2%的水分后会抽去非脂成分。

④ 在蒸馏乙醚时，切忌使用明火加热；干燥残留物时不可将烘箱门关紧，以免因乙醚提取物浓度太高引发火灾。

⑤ 乙醚中不可含过氧化物，否则会导致部分脂肪氧化，在烘干时也易引起爆炸（检查方法：取 6mL 乙醚，加 2mL 浓度为 100g/L 的碘化钾溶液，摇晃 1min 后不出现黄色为合格）。

⑥ 样品滤纸包高度不可超过虹吸管，否则上部脂肪不能提取干净而造成误差。

⑦ 样品和醚类浸出物在烘箱中干燥时间不可太长，以免因极不饱和脂肪酸受热氧化而增加质量。一般在真空干燥箱中于 70～75℃干燥 1h；普通干燥箱中需在 90～105℃干燥 1～2h，冷却称重后，再在同样温度下干燥 0.5h，如此重复干燥至恒重。

⑧ 对于糖类含量较高的样品，可以先用冷水处理以除去糖分，干燥后再提取脂肪。

⑨ 脂肪烧瓶在烘箱中干燥时，瓶口侧放，以使空气流通，并且先不要关上烘箱门，于≤90℃下鼓风干燥 10～20min，驱尽残余的溶剂后再将烘箱门关紧，再升至所需温度。

二、酸水解法

1. 原理

食品中的结合态脂肪必须用强酸使其游离出来，游离出的脂肪易溶于有机溶剂。试样经盐酸水解后用无水乙醚或石油醚提取，除去溶剂即得游离态和结合态脂肪的总含量。

2. 仪器和设备

索氏抽提器，恒温水浴锅，分析天平，电热鼓风干燥箱，干燥器，滤纸筒，蒸发皿，电热板，锥形瓶。

3. 试剂与材料

盐酸，乙醇，无水乙醚，石油醚，碘，碘化钾，蓝色石蕊试纸，脱脂棉，滤纸。

4. 分析步骤

（1）试样酸水解　肉制品：称取混匀后的试样 3～5g，准确至 0.001g，置于锥形瓶（250mL）中，加入 50mL2mol/L 盐酸溶液和数粒玻璃细珠，盖上表面皿，于电热板上加热至微沸，保持 1h，每 10min 旋转摇动 1 次。取下锥形瓶，加入 150mL 热水，混匀，过滤。锥形瓶和表面皿用热水洗净，热水一并过滤。沉淀用热水洗至中性（用蓝色石蕊试纸检验，中性时试纸不变色）。将沉淀和滤纸置于大表面皿上，于 100℃±5℃ 干燥箱内干燥 1h，冷却。

淀粉：根据总脂肪含量的估计值，称取混匀后的试样 25～50g，准确至 0.1g，倒入烧杯并加入 100mL 水。将 100mL 盐酸缓慢加到 200mL 水中，并将该溶液在电热板上煮沸后加入样品液中，加热此混合液至沸腾并维持 5min，停止加热后，取几滴混合液于试管中，待冷却后加入 1 滴碘液，若无蓝色出现，可进行下一步操作。若出现蓝色，应继续煮沸混合液，并用上述方法不断地进行检查，直至确定混合液中不含淀粉为止，再进行下一步操作。将盛有混合液的烧杯置于水浴锅（70～80℃）中 30min，不停地搅拌，以确保温度均匀，使脂肪析出。用滤纸过滤冷却后的混合液，并用干滤纸片取出黏附于烧杯内壁的脂肪。为确保定量的准确性，应将冲洗烧杯的水进行过滤。在室温下用水冲洗沉淀和干滤纸片，直至滤液用蓝色石蕊试纸检验不变色。将含有沉淀的滤纸和干滤纸片折叠后，放置于大表面皿上，在 100℃±5℃的电热恒温干燥箱内干燥 1h。

其他食品：固体试样需称取 2～5g，准确至 0.001g，置于 50mL 试管内，加入 8mL 水，混匀后再加 10mL 盐酸。将试管放入 70～80℃水浴中，每隔 5～10min 以玻璃棒搅拌 1 次，至试样消化完全为止，总共 40～50min。液体试样需称取约 10g，准确至 0.001g，置于 50mL 试管内，加 10mL 盐酸。其余操作同固体试样。

（2）抽提　肉制品、淀粉：将干燥后的试样装入滤纸筒内，其余抽提步骤同索氏抽提法。

其他食品：取出试管，加入 10mL 乙醇，混合。冷却后将混合物移入 100mL 具塞量筒中，以 25mL 无水乙醚分数次洗试管，一并倒入量筒中。待无水乙醚全部倒入量筒后，加塞振摇 1min，小心开塞，放出气体，再塞好，静置 12min，小心开塞，并用乙醚冲洗塞及量筒口附着的脂肪。静置10～20min，待上部液体清澈，吸出上清液于已恒重的锥形瓶内，再加5mL无水乙醚于具塞量筒内，振摇，静置后，仍将上层乙醚吸出，放入原锥形瓶内。

（3）称量　同索氏抽提法。

5. 分析结果的表述

同索氏抽提法。

6. 适用范围

适用于水果、蔬菜及其制品、粮食及粮食制品、肉及肉制品、蛋及蛋制品、水产及其制品、焙烤食品、糖果等食品中游离态脂肪及结合态脂肪总量的测定。

7. 注意事项

① 在用强酸处理样品时，一些本已溶于乙醚的碱性有机物质与酸结合产生不溶于乙醚的盐类，同时在处理过程中产生的某些物质也会进入乙醚，所以最后需要用石油醚处理抽提物。

② 固体样品必须充分磨细，液体样品需充分混合均匀，以使样品完全消化。

③ 水解后加入的乙醇可以使蛋白质沉淀，促进脂肪球聚合，同时溶解一些有机酸、糖类等。后续用乙醚提取，因乙醇可溶于醚，所以加入石油醚可降低乙醇在乙醚中的溶解度，使乙醇溶解物残留在水层，并可使分层更清晰。

④ 因磷脂在酸水解条件下可以分解为碱性物质和脂肪酸，所以本方法不宜用于测定含有大量磷脂的食品，如贝类、鱼类和蛋类。另外，由于糖类遇强酸易炭化而影响测定结果，所以此方法也不适用于含糖量高的食品。

⑤ 挥干溶剂后，如果残留物中有黑色焦油状杂质，是因为分解物与水一同混入所致，这会使测定值增大而造成误差，可以用等量的乙醚和石油醚溶解后过滤，再次进行挥干溶剂的操作。

三、碱水解法

1. 原理

用无水乙醚和石油醚抽提样品的碱（氨水）水解液，通过蒸馏或蒸发去除溶剂，测定溶于溶剂中的抽提物的质量。

2. 仪器和设备

分析天平，离心机，电热鼓风干燥箱，恒温水浴锅，干燥器，抽脂瓶。

3. 试剂与材料

淀粉酶，氨水，乙醇，无水乙醚，石油醚，刚果红，盐酸，碘。

4. 分析步骤

（1）试样碱水解　巴氏杀菌乳、灭菌乳、生乳、发酵乳、调制乳：称取充分混匀试样10g（精确至0.0001g）于抽脂瓶中。加入2.0mL氨水，充分混合后立即将抽脂瓶放入65℃±5℃的水浴中，加热15～20min，不时取出振荡。取出后，冷却至室温。静置30s。

乳粉和婴幼儿食品：称取混匀后的试样，高脂乳粉、全脂乳粉、全脂加糖乳粉和婴幼儿食品约 1g（精确至 0.0001g），脱脂乳粉、乳清粉、酪乳粉约 1.5g（精确至 0.0001g），于抽脂瓶中。加入 2.0mL 氨水，充分混合后立即将抽脂瓶放入 65℃±5℃的水浴中，加热 15～20min，不时取出振荡。取出后，冷却至室温。静置 30s。①不含淀粉样品。加入 10mL 65℃±5℃的水，将试样洗入抽脂瓶的小球，充分混合，直到试样完全分散，放入流动水中冷却。②含淀粉样品。将试样放入抽脂瓶中，加入约 0.1g 的淀粉酶，混合均匀后，加入 8～10mL45℃的水，注意液面不要太高。盖上瓶塞于搅拌状态下，置 65℃±5℃水浴中 2h，每隔 10min 摇匀 1 次。为检验淀粉是否水解完全可加入 2 滴约 0.1mol/L 的碘溶液，如无蓝色出现说明水解完全，否则将抽脂瓶重新置于水浴中，直至无蓝色产生。抽脂瓶冷却至室温。加入 2.0mL 氨水，充分混合后立即将抽脂瓶放入 65℃±5℃的水浴中，加热 15～20min，不时取出振荡。取出后，冷却至室温。静置 30s。

炼乳、脱脂炼乳、全脂炼乳和部分脱脂炼乳称取 3～5g、高脂炼乳称取约 1.5g（精确至 0.0001g），用 10mL 水，分次洗入抽脂瓶小球中，充分混合均匀。加入 2.0mL 氨水，充分混合后立即将抽脂瓶放入 65℃±5℃的水浴中，加热 15～20min，不时取出振荡。取出后，冷却至室温。静置 30s。

奶油、稀奶油：先将奶油试样放入温水浴中溶解并混合均匀后，称取试样约 0.5g（精确至 0.0001g），稀奶油称取约 1g 于抽脂瓶中，加入 8～10mL 约 45℃的水。加入 2.0mL 氨水，充分混合后立即将抽脂瓶放入 65℃±5℃的水浴中，加热 15～20min，不时取出振荡。取出后，冷却至室温。静置 30s。

干酪：称取约 2g 研碎的试样（精确至 0.0001g）于抽脂瓶中，加 10mL 6mol/L 盐酸，混匀，盖上瓶塞，于沸水中加热 20～30min，取出冷却至室温，静置 30s。

（2）抽提

① 加入 10mL 乙醇，缓和但彻底地进行混合，避免液体太接近瓶颈。如果需要，可加入 2 滴刚果红溶液。

② 加入 25mL 乙醚，塞上瓶塞，将抽脂瓶保持在水平位置，小球的延伸部分朝上夹到摇混器上，按约 100 次/min 振荡 1min，也可采用手动振摇方式。但均应注意避免形成持久乳化液。抽脂瓶冷却后小心地打开塞子，用少量的混合溶剂冲洗塞子和瓶颈，使冲洗液流入抽脂瓶。

③ 加入 25mL 石油醚，塞上重新润湿的塞子，按②所述，轻轻振荡 30s。

④ 将加塞的抽脂瓶放入离心机中，在 500～600r/min 下离心 5min，否则将抽脂瓶静置至少 30min，直到上层液澄清，并明显与水相分离。

⑤ 小心地打开瓶塞，用少量的混合溶剂冲洗塞子和瓶颈内壁，使冲洗液流入抽脂瓶。如果两相界面低于小球与瓶身相接处，则沿瓶壁边缘慢慢地加入水，使液面高于小球和瓶身相接处，见图 7-2(a)，以便于倾倒。

⑥ 将上层液尽可能地倒入已准备好的加入沸石的脂肪收集瓶中，避免倒出水层，见图 7-2(b)。

⑦ 用少量混合溶剂冲洗瓶颈外部，冲洗液收集在脂肪收集瓶中。应防止溶剂溅到抽脂瓶的外面。

⑧ 向抽脂瓶中加入 5mL 乙醇，用乙醇冲洗瓶颈内壁，按①所述进行混合。重复②～⑦操作，用 15mL 无水乙醚和 15mL 石油醚，进行第 2 次抽提。

⑨ 重复②～⑦操作，用 15mL 无水乙醚和 15mL 石油醚，进行第 3 次抽提。

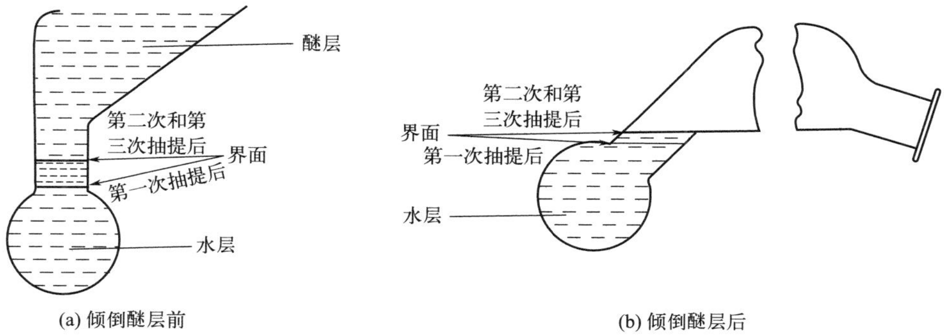

图 7-2　操作示意图

⑩ 空白试验与样品检验同时进行，采用 10mL 水代替试样，使用相同步骤和相同试剂。

（3）称量　合并所有提取液，既可采用蒸馏的方法除去脂肪收集瓶中的溶剂，也可于沸水浴上蒸发至干除掉溶剂。蒸馏前用少量混合溶剂冲洗瓶颈内部。将脂肪收集瓶放入 100℃±5℃的烘箱中干燥 1h，取出后置于干燥器内冷却 0.5h 后称量。重复以上操作直至恒重（直至两次称量的差不超过 2mg）。

5. 分析结果的表述

试样中脂肪的含量，按式(7-2) 进行计算：

$$X=\frac{(m_1-m_2)-(m_3-m_4)}{m}\times 100 \tag{7-2}$$

式中　X——试样中脂肪的含量，g/100g；

m_1——恒重后脂肪收集瓶和脂肪的质量，g；

m_2——脂肪收集瓶的质量，g；

m_3——空白试验中，恒重后脂肪收集瓶和抽提物的质量，g；

m_4——空白试验中脂肪收集瓶的质量，g；

m——样品的质量，g；

100——换算系数。

结果保留 3 位有效数字。

6. 适用范围

适用于乳及乳制品、婴幼儿配方食品中脂肪的测定。

四、盖勃法

1. 原理

在乳中加入硫酸破坏乳胶质性和覆盖在脂肪球上的蛋白质外膜，离心分离脂肪后测量其体积。

2. 仪器和设备

乳脂离心机，10.75mL 单标乳吸管，盖勃氏乳脂计（最小刻度值为 0.1%）见图 7-3。

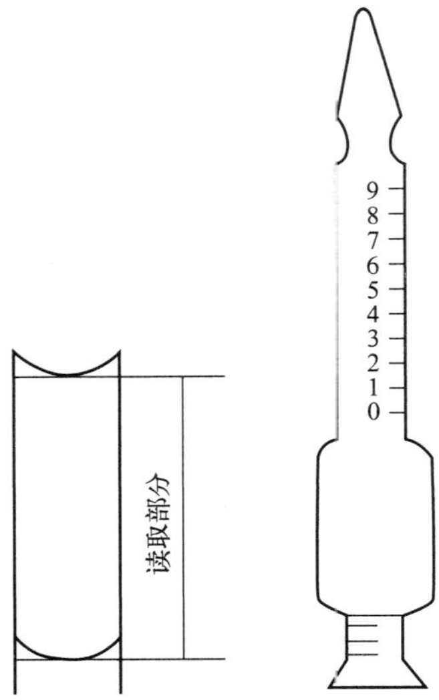

图 7-3　盖勃氏乳脂计

3. 试剂与材料

硫酸，异戊醇。

4. 分析步骤

于盖勃氏乳脂计中先加入 10mL 硫酸，再沿着管壁小心准确加入 10.75mL 试样，使试样与硫酸不要混合，然后加 1mL 异戊醇，塞上橡皮塞，使瓶口向下，同时用布包裹以防冲出，用力振摇使呈均匀棕色液体，静置数分钟（瓶口向下），置 65～70℃水浴中 5min，取出后置于乳脂离心机中以 1100r/min 的转速离心 5min，再置于 65～70℃水浴中保温 5min（注意水浴水面应高于乳脂计脂肪层）。取出，立即读数，即为脂肪的百分数。

5. 适用范围

适用于乳及乳制品、婴幼儿配方食品中脂肪的测定。

6. 注意事项

① 盖勃法均为湿法提取，样品不需要事先干燥，用容量法定量，操作较为方便，是乳及乳制品的常规分析方法。

② 硫酸可以破坏脂肪球膜，使脂肪游离，还可以增加非脂液体的相对密度，容易使脂肪浮出。硫酸的浓度要适当，如果过高会使乳液碳化变黑而影响读数，浓度过低则不能使酪蛋白完全溶解，脂肪层会出现浑浊而使测定结果偏低。

③ 测得的既是脂肪体积的读数，同时也是脂肪的质量分数。

④ 盖勃法中所用异戊醇的作用是促使脂肪析出，并能降低脂肪球的表面张力，以形成连续的脂肪层，1mL 异戊醇应该能完全溶于酸中，但由于质量不纯，会有部分析出，渗入油层进而使测定结果偏高，所以在使用未知规格的异戊醇之前须先做试验，其方法为：将水（代表牛乳）、硫酸及异戊醇按测定样品时的量注入乳脂计中，振摇后静置 24h 澄清，如果在乳脂计的上部没有油层析出，则认为异戊醇适用；反之则表明异戊醇质量较差，不可采用。

五、氯仿-甲醇提取法

1. 原理

将样品分散于氯仿-甲醇混合液中，在水浴中轻微沸腾，氯仿、甲醇与试样中的水分形成三元抽取体系，可有效地将样品中的脂类（包括结合态的脂类）全部提取出来。将非脂成分滤除后回收溶剂，残留的脂类用石油醚提取，然后蒸馏除去石油醚，在100℃左右的烘箱中干燥，即可得脂肪含量。

2. 仪器与试剂

① 具塞离心管、砂芯坩埚、离心机（3000r/min）。

② 氯仿，甲醇，氯仿-甲醇混合液，石油醚，无水硫酸钠。

3. 操作方法

准确称取5g样品，置于200mL具塞锥形瓶中（水分高的样品可以加适量硅藻土使其分散，干燥样品需要加2～3mL水使组织膨润），再加60mL氯仿-甲醇混合液，连接回流装置，在65℃水浴中加热，从微沸状态开始计时，提取1h后取下锥形瓶，用玻璃砂芯坩埚过滤，滤液收集于另一个具塞锥形瓶中，用40～50mL氯仿-甲醇混合液分数次洗涤原锥形瓶、试样残渣（边洗涤边用玻璃棒搅拌）及过滤器，洗液与滤液合并后再将锥形瓶置于65～70℃水浴中蒸馏回收溶剂，至瓶内物料呈现浓稠状（不可使其干涸）。冷却后加25mL石油醚溶解内容物，再加15g无水硫酸钠后立即振荡1min，将醚层移入具塞离心管中，以3000r/min速率离心5min。再用移液管迅速吸取10.0mL澄清的石油醚置于已恒重的称量瓶中，蒸发除去石油醚后于100～105℃烘箱中干燥30min，最后在干燥条件下放置45min后称量。

4. 计算

试样中脂肪的含量，按式(7-3)进行计算：

$$X=\frac{m_2-m_1}{m}\times\frac{25}{10}\times 100\% \tag{7-3}$$

式中 X——样品中脂肪的质量分数，%；

m_1——称量瓶的质量，g；

m_2——称量瓶与脂肪的质量，g；

25——样品的总提取液，mL；

m——样品的质量，g；

100——分取提取液，mL。

5. 适用范围

氯仿-甲醇提取法适用于各种类型的、需要进一步测定脂肪特性的食品，尤其是富含磷脂、蛋白质和脂蛋白等的植物样品，此类样品用氯仿-甲醇提取法提取率最高。

6. 注意事项

① 氯仿-甲醇提取法适用于结合态脂类，特别是磷脂含量较高的样品，如肉类、鱼类及其制品。

② 对高水分含量的试样本方法更适合。对于较干燥的试样，可以先加适量的水分后再用氯仿-甲醇混合液提取。

③ 为防止石油醚对脂肪的溶解，无水硫酸钠必须在石油醚之后加入。

④ 由于磷脂会被吸附到滤纸上，所以过滤时不要使用滤纸。

⑤ 由于脂类难以溶解在石油醚中进而使测试结果偏低，所以蒸馏回收溶剂时不可完全干涸。

六、罗兹-哥特里法

1. 原理

利用氨-乙醇溶液破坏乳品中的蛋白胶体及脂肪球膜，使其非脂肪成分溶解于氨-乙醇溶液中，从而将脂肪球游离出来，用乙醚-石油醚提取脂肪，再经蒸馏分离得到乳脂肪的含量。

2. 仪器与试剂

① 抽脂瓶。

② 石油醚（沸程为 30～60℃），乙醚，乙醇，25％氨水（相对密度为 0.91）。

3. 操作方法

准确称取 1～1.2g 样品，加入 10mL 蒸馏水溶解（液体样品直接吸取 10.00mL），置于抽脂瓶中，加入浓氨水 1.25mL，盖好盖后充分混匀，置于 60℃ 水浴中加热 5min，振摇 2min 再加入 10mL 乙醇后充分混合，于冷水中冷却后加乙醚 25mL，用塞子塞好后振摇 0.5min。最后加 25mL 石油醚振摇 0.5min，小心开塞放出气体。

静置 30min 使上层液体澄清后读取醚层的总体积。等上层液澄清后，将装废液的小烧杯置于分液漏斗下，并将瓶盖打开，旋开活塞，让下部的水层缓缓流出，水层完全放出后，关上活塞，从瓶口将澄清、透明的脂肪层倒至已恒重的干燥瓶中。用 5～10mL 的乙醚洗涤分液漏斗 2 次或 3 次，洗液一并倒入烧瓶中，按上述方法回收乙醚并干燥。放出醚层至已恒重的烧瓶中，记录放出的体积。蒸馏回收乙醚后，烧瓶放在水浴上赶尽残留的溶剂，置于(102±2)℃的干燥箱中干燥 2h，取出后再于干燥器内冷却 0.5h 后称重，反复干燥至恒重(前后两次质量差≤1mg)。

4. 计算

试样中脂肪的含量，按式(7-4) 进行计算：

$$X=\frac{m_1-m_0}{m(V_1/V_0)}\times 100\% \tag{7-4}$$

式中 X——样品中脂肪的质量分数（或质量浓度），％；

m_1——烧瓶与脂肪的质量，g；

m_0——烧瓶的质量，g；

m——样品的质量或体积，g 或 mL；

V_1——乙醚层的总体积，mL；

V_0——放出乙醚层的体积，mL。

5. 适用范围

罗兹-哥特里法（又称为碱性乙醚法）适用于乳、乳制品及冰激凌中脂肪含量的测定，也是乳与乳制品中脂类测定的国际标准方法。

6. 注意事项

① 罗兹-哥特里法适用于各种乳及乳制品的脂肪分析，也是FAO/WHO采用的乳及乳制品脂类定量分析的国际方法。

② 由于乳中的脂肪球被其中的酪蛋白钙盐包裹，并处于高度分散的胶体溶液中，所以乳类中的脂肪球不能直接被溶剂提取。

③ 操作时加入石油醚可以减少抽出液中的水分，使乙醚不与水分混溶，大大减少了可溶性非脂肪成分的抽出，石油醚还可以使分层更清晰。

④ 如果使用具塞量筒，澄清液可以从管口倒出，或装上吹管吹出上清液，但不要搅动下层液体。

⑤ 此方法除了可以用于各种液态乳及乳制品中脂肪的测定外，还可以用于豆乳或加水呈乳状食品中脂肪的测定。

⑥ 加入氨水后要充分混匀，否则会影响下一步中醚对脂肪的提取。

⑦ 加入乙醇与石油醚的作用与前文酸水解法相同。

七、伊尼霍夫氏碱法

伊尼霍夫氏碱法是在碱性溶液中将牛乳中的酪蛋白钙盐转变为可溶性的钠盐，再以混合液使脂肪球游离并密集成层，测出其容积，即表示脂肪含量，此方法适用于鲜乳中脂肪含量的测定，所使用的仪器为盖勃乳脂瓶。

八、折射率法

具有高折射率的溶剂溶解油脂后，混合液的折射率与纯溶剂的相比将会明显降低，降低的数值与油脂的含量成正比，并且溶剂的折射率与被测样品的折射率相差越大，测定的误差就越小。25℃下α-溴代萘的折射率较高（1.6571），所以经常选用α-溴代萘作为溶剂。折射率法可以用来测定油料中的含油量，也可以用来测定蔬菜制品、罐头肉制品、鱼与鱼制品、面食制品、巧克力中的脂肪含量。利用此方法测定食品中的脂肪含量，简便快捷，可在生产中广泛应用，但此方法的准确性较差。

第三节　脂质分析

脂质分析是指对脂类物质的品质进行的测定，包括对脂类的酰基结构、氧化变质程度及不饱和度进行的分析，在食品加工中因原料油脂的理化性质不同会在应用方面有所筛选；而在加工或储存过程中，某些脂类物质会发生化学反应，造成油脂的酸败、氧化与变质，而使最终产品的质量受到影响。所以脂质的分析指标反映了脂类的特性与质量，其测定结果可以作为成品与原料的品质判断、等级划分的依据。

一、食品中酸价的测定

油脂的酸价是指中和1g油脂中游离脂肪酸所需要氢氧化钾的质量（mg）。新鲜、成熟的油脂所榨取的油脂几乎均为甘油三酯，用碱液检查时呈中性。但由于油脂中存在解脂酶，以及细菌、霉菌和环境条件的影响，油脂会发生水解产生一定量的游离脂肪酸，从而使油脂品质劣变，甚至因严重酸败而不能食用。所以酸价是反映油脂品质的重要技术指标之一。GB 5009.229—2025《食品安全国家标准　食品中酸价的测定》中有4种方法：冷溶剂指示剂滴定法、冷溶剂自动电位滴定法、热乙醇指示剂滴定法和分光光度法。下面重点介绍冷溶剂指示剂滴定法。

（一）冷溶剂指示剂滴定法

1. 原理

根据酸碱中和反应的原理，用氢氧化钾或氢氧化钠标准滴定溶液中和试样溶液中的游离脂肪酸，以酸碱指示剂确定滴定终点，根据标准滴定溶液的消耗量计算试样的酸价。

2. 仪器与设备

滴定管：容量10mL，最小分度值0.05mL；滴定管：容量25mL或50mL，最小分度值0.1mL；天平：感量分别为0.01g、0.001g；食品粉碎机或捣碎机；实验室榨油机：螺旋压榨、非加热式；瓷研钵；恒温水浴锅；恒温鼓风干燥箱；离心机：转速≥8000r/min；旋转蒸发仪或等效的设备；索氏抽提装置。

3. 试剂与材料

异丙醇，乙醚，甲基叔丁基醚，95%乙醇，酚酞（指示剂），百里香酚酞（指示剂），碱性蓝6B（指示剂），无水硫酸钠，无水乙醚，石油醚。

4. 分析步骤

（1）试样制备　动植物油脂、食用氢化油、起酥油、代可可脂：常温下，液态样品充分混匀后直接取样检测；固态（或半固态）样品取具有代表性的样品置于温水浴或恒温鼓风干燥箱内加热熔化，混匀后取油脂检测；若油脂试样有明显浑浊、乳化、分层或沉淀现象，应按要求进行除杂和脱水处理。

植物油料、坚果与籽类食品：生干芝麻等易受脂肪酶影响的样品采用直接压榨法，取具有代表性的样品，使用实验室榨油机在常温下压榨，收集榨出物立即用滤纸过滤后取油脂进行测定。

其他样品采用索氏抽提法，带壳样品，先剥去外壳，保留可食部分。其中带绿色内膜的籽仁（如南瓜子等）还要去除籽仁表面黏附的绿色内膜（去除绿色内膜的方法：将去壳后的籽仁用实验室用水喷洒其表面，使其湿润后，搓去绿色内膜，再将去除干净绿色内膜的籽仁置于50℃恒温鼓风干燥箱内烘45min使其干燥）。将样品用食品粉碎机、捣碎机或瓷研钵充分粉碎，粉碎过程若试样明显发热，则应加入适量的液氮，在冷冻状态下进行粉碎处理。样品制备好后，应立即将粉碎后的样品用滤纸筒装好后放入索氏抽提装置中，由抽提装置冷凝管上端加入无水乙醚或石油醚至瓶内容积的三分之二处，于水浴上加热抽提4h。回收提取液于烧瓶中，置于水浴温度不高于40℃的旋转蒸发仪内，减压蒸干有机溶剂，残留物作为油脂试样进行酸价测定。若残留物有明显浑浊、乳化、分层或沉淀，应按要求进行除杂和脱水处理。

其他含油脂食品：取具有代表性样品的可食部分（含水分较多的样品可先用纱布将水沥干），用食品粉碎机、捣碎机或瓷研钵将样品充分粉碎（使样品中的游离脂肪能被石油醚充分提取），粉碎过程若试样明显发热，则应加入适量的液氮，在冷冻状态下进行粉碎处理。将粉碎后的试样置于广口瓶中（含水分较多的样品可先加入适量无水硫酸钠脱水），加入2～3倍样品体积的石油醚搅拌混合，密封后浸提12h以上。搅拌后静置片刻，经装有无水硫酸钠的漏斗过滤，取滤液，在不高于40℃的水浴中，用旋转蒸发仪减压蒸干石油醚，残留物作为油脂试样进行酸价测定。若残留物有明显浑浊、乳化、分层或沉淀，应按要求进行除杂和脱水处理。

（2）试样称量　根据试样估计的酸价，按照表7-1规定的称样量称取油脂试样，置于250mL锥形瓶中。

表7-1　油脂试样称样量及使用标准滴定溶液的浓度

估计的酸价/(mg/g)	试样的最小称样量/g	使用滴定液的浓度/(mol/L)	试样称重的精确度/g
0～1	20(动植物油脂) 5(动植物油脂除外)	0.05或0.1	0.001
1～4	10(动植物油脂) 5(动植物油脂除外)	0.05或0.1	0.001
4～15	2.5	0.1	0.01
15～75	0.5～3.0	0.1或0.5	0.001
＞75	0.2～1.0	0.5	0.001

（3）试样测定　在称取的油脂试样中加入50～100mL冷溶剂，轻轻振摇试样至完全溶解，加入3～4滴酚酞指示剂，立即用表7-1规定浓度的氢氧化钾或氢氧化钠标准滴定溶液进行滴定，直至溶液出现微红色，且15s不褪色为终点。同时进行空白试验（若试样测定前先用标准滴定溶液将冷溶剂调至中性，则$V_0=0$mL）。

5. 分析结果的表述

试样中酸价（以KOH计）按公式(7-5)计算：

$$X=\frac{(V-V_0)cM}{m} \tag{7-5}$$

式中　X——酸价，mg/g；

V——滴定试样溶液所消耗的标准滴定溶液的体积，mL；

V_0——空白试验所消耗的标准滴定溶液的体积，mL；

c——所用标准滴定溶液的浓度，mol/L；

M——氢氧化钾的摩尔质量，56.1g/mol；

m——油脂试样的质量，g。

酸价≤1mg/g时，计算结果保留2位小数；1mg/g＜酸价≤100mg/g时，计算结果保留1位小数；酸价＞100mg/g时，计算结果保留至整数位。

6. 适用范围

适用于食品［植脂奶油、粉末油脂、人造奶油、复合调味料（蛋黄酱、沙拉酱、油基辣椒酱、坚果与籽类的酱、火锅底料和其他半固体调味料）除外］中酸价的测定。

（二）冷溶剂自动电位滴定法

1. 原理

根据酸碱中和反应的原理，用氢氧化钾或氢氧化钠标准滴定溶液中和试样溶液中的游离脂肪酸，以中和反应所引起的“pH 突跃”确定滴定终点，根据标准滴定溶液的消耗量计算试样的酸价。

2. 适用范围

适用于食品［植脂奶油、粉末油脂、人造奶油、复合调味料（蛋黄酱、沙拉酱、油基辣椒酱、坚果与籽类的酱、火锅底料和其他半固体调味料）除外］中酸价的测定。

（三）热乙醇指示剂滴定法

1. 原理

根据酸碱中和反应的原理，用氢氧化钾或氢氧化钠标准滴定溶液中和试样溶液中的游离脂肪酸，以酸碱指示剂确定滴定终点，根据标准滴定溶液的消耗量计算试样的酸价。

2. 适用范围

适用于食品［植脂奶油、粉末油脂、人造奶油、复合调味料（蛋黄酱、沙拉酱、油基辣椒酱、坚果与籽类的酱、火锅底料和其他半固体调味料）除外］中酸价的测定。

（四）分光光度法

1. 原理

油脂试样用环己烷溶解，游离脂肪酸与铜离子形成蓝色的络合物，在 710nm 处有特征吸收峰，且在一定测量范围内，其吸光度与游离脂肪酸含量成正比，以油酸标准曲线对游离脂肪酸进行定量，换算为试样的酸价。

2. 适用范围

适用于植脂奶油、粉末油脂、人造奶油、复合调味料（蛋黄酱、沙拉酱、油基辣椒酱、坚果与籽类的酱、火锅底料和其他半固体调味料）中酸价的测定。

二、油脂碘值的测定

油脂的碘值是指 100g 油脂所吸收的氯化钾，换算成碘的质量（g）。碘值的高低表征油脂中脂肪酸的不饱和程度。

1. 原理

在溶剂中溶解试样，加入韦氏（Wijs）试剂反应一定时间后，加入碘化钾和水，用硫代硫酸钠溶液滴定析出的碘。

2. 仪器与试剂

硫代硫酸钠标准溶液；韦氏（Wijs）试剂（一氯化碘乙酸溶液）；碘化钾溶液；淀粉溶液；溶剂；玻璃称量皿；具塞锥形瓶；分析天平。

3. 操作步骤

(1) 称样及空白样品的制备　根据样品预估的碘值，称取适量的样品于玻璃称量皿中，精确到 0.001g。推荐的称样量见表 7-2。

表 7-2　试样称取质量

预估碘值/(g/100g)	试样质量/g	溶剂体积/mL
<1.5	15.00	25
1.5～2.5	10.00	25
2.5～5	3.00	20
5～20	1.00	20
20～50	0.40	20
50～100	0.20	20
100～150	0.13	20
150～200	0.10	20

注：试样的质量必须能保证所加入的韦氏（Wijs）试剂过量 50%～60%，即吸收量的 100%～150%。

（2）测定　将盛有试样的称量皿放入 500mL 锥形瓶中，根据称样量加入表 7-2 所示与之相对应的溶剂体积溶解试样，用移液管准确加入 25mL 韦氏（Wijs）试剂，盖好塞子，摇匀后将锥形瓶置于暗处。

除不加试样外，作空白溶液。

对碘值低于 150 的样品，锥形瓶应在暗处放置 1h；碘值高于 150 的、已聚合的、含有共轭脂肪酸的（如桐油、脱水蓖麻油）、含有任何一种酮类脂肪酸（如不同程度的氢化蓖麻油）的，以及氧化到相当程度的样品，应置于暗处 2h。

到达规定的反应时间后，加 20mL 碘化钾溶液和 150mL 水。用标定过的硫代硫酸钠标准溶液滴定至碘的黄色接近消失。加几滴淀粉溶液继续滴定，边滴定边用力摇动锥形瓶，直到蓝色刚好消失。也可以采用电位滴定法确定终点。同时做空白溶液的测定。

4. 计算

试样中的碘值，按式(7-6) 进行计算

$$W_1=\frac{c\times 12.69\times (V_1-V_2)}{m}\times 100 \tag{7-6}$$

式中　W_1——试样的碘值，用每 100 g 样品吸取碘的质量表示，g/100g；

c——硫代硫酸钠标准溶液的物质的量浓度，mol/L；

V_1——空白消耗的硫代硫酸钠标准溶液的体积，mL；

V_2——样品消耗的硫代硫酸钠标准溶液的体积，mL；

m——样品的质量，g；

12.69——换算系数。

测定结果的取值要求方法见表 7-3。

表 7-3　测定结果的取值要求

W_1/(g/100g)	结果取值到	W_1/(g/100g)	结果取值到
<20	0.1	>60	1
20～60	0.5		

三、油脂皂化值的测定

油脂的皂化值是指1g油脂完全皂化时所需要氢氧化钾的质量（mg），用以鉴定油脂中所含脂肪酸的性质，并估计油脂中杂质的含量。

1. 原理

皂化值是测定油和脂肪酸中游离脂肪酸和甘油酯的含量。在回流条件下将样品和氢氧化钾-乙醇溶液一起煮沸，然后用标定的盐酸溶液滴定过量的氢氧化钾。

2. 仪器与试剂

氢氧化钾乙醇溶液；盐酸标准溶液；酚酞溶液；碱性蓝6B溶液；助沸物；回流冷凝管；滴定管。

3. 操作步骤

（1）称样　于锥形瓶中称量2g试验样品精确至0.005g。以皂化值（以KOH计）170～200mg/g、称样量2g为基础，对于不同范围皂化值样品，以称样量约为一半氢氧化钾-乙醇溶液被中和为依据进行改变。推荐的取样量见表7-4。

表7-4　取样量

估计的皂化值(以KOH计)/(mg/g)	取样量/g	估计的皂化值(以KOH计)/(mg/g)	取样量/g
150～200	2.2～1.8	250～300	1.3～1.2
200～250	1.7～1.4	>300	1.1～1.0

（2）测定　用移液管将25.0mL氢氧化钾-乙醇溶液加到试样中，并加入一些助沸物，连接回流冷凝管与锥形瓶，并将锥形瓶放在加热装置上慢慢煮沸，不时摇动，油脂维持沸腾状态60min。对于高熔点油脂和难于皂化的样品需煮沸2h。

加0.5～1mL酚酞指示剂于热溶液中，并用盐酸标准溶液滴定到指示剂的粉色刚消失。如果皂化液是深色的，则用0.5～1mL的碱性蓝6B溶液作为指示剂。

（3）空白试验　按照要求，不加样品，用25.0mL的氢氧化钾-乙醇溶液进行空白试验。

4. 计算

试样中的皂化值，按式(7-7）进行计算：

$$I_s=\frac{cM(V_0-V_1)}{m} \tag{7-7}$$

式中　I_s——皂化值（以KOH计），mg/g；

c——盐酸标准溶液的浓度，mol/L；

V_0——空白滴定消耗盐酸标准溶液的体积，mL；

V_1——试样滴定消耗盐酸标准溶液的体积，mL；

m——样品的质量，g；

M——氢氧化钾的摩尔质量，56.1g/mol。

5. 注意事项

脂肪的皂化值反映的是组成油脂的各种脂肪酸混合物的平均分子量大小，皂化值越大，脂肪酸混合物的平均分子量就越小，反之平均分子量就越大。一般油脂的皂化值在 200 左右，皂化值较大的食用油脂熔点较低，消化率较高。常见油脂的皂化值为花生油 188～194、大豆油 190～195、棉籽油 189～198、菜籽油 170～180、葵花籽油 188～194、芝麻油 188～195、茶籽油 188～196、核桃油 189～198、猪油 190～202、牛脂 190～199、可可脂 190～200、棕榈油 195～205。

四、油脂过氧化物值的测定

油脂的过氧化值可以反映油脂自动氧化的进行程度，过氧化值有多种表示方法，一般采用碘的百分数表示，也可以采用每千克样品中含有的过氧化物的物质的量（mmol）表示。

《食品安全国家标准　食品中过氧化值的测定》GB 5009.227—2023，规定了食品中过氧化值的两种测定方法：指示剂滴定法和电位滴定法。下面重点介绍指示剂滴定法。

1. 原理

经制备的油脂试样在三氯甲烷-冰乙酸溶液中溶解，其中的过氧化物与碘化钾反应生成碘，用硫代硫酸钠标准滴定溶液滴定析出的碘。用过氧化物相当于碘的质量分数或 1kg 样品中活性氧的物质的量（mmol）表示过氧化值的量。

2. 试剂

冰乙酸；三氯甲烷；碘化钾；石油醚；无水硫酸钠；可溶性淀粉；丙酮；淀粉酶；木瓜蛋白酶；硫代硫酸钠。

3. 仪器

天平；电热恒温干燥箱；旋转蒸发仪；恒温水浴振荡器；高速冷冻离心机；顶置搅拌器；滴定管。

4. 分析步骤

（1）试样制备　样品制备过程应避免强光，制备后油脂密闭保存，尽快测定。

动植物油脂：对液态样品，振摇装有试样的密闭容器，充分混匀后直接取样；对固态样品，选取有代表性的试样置于密闭容器中混匀后取样。如有必要，将盛有固态试样的容器置于恒温水浴中，加温至开始融化，在该温度下待其全部融化后，振摇混匀，趁试样为液态时立即取样测定。

食用氢化油、起酥油、代可可脂：同动植物油脂。

人造奶油：将样品置于密闭容器中，于 60～70℃ 的电热恒温干燥箱中加热至融化，振摇混匀后，继续加热至破乳分层并将油层通过快速定性滤纸过滤到烧杯中，烧杯中滤液为待测试样，待测试样应澄清。趁待测试样为液态时立即取样测定。

植脂奶油：取有代表性样品于烧杯中，加入约 5 倍样品体积的石油醚，使用顶置搅拌器搅拌 2min 使混合均匀。边搅拌边加入约样品 1.6 倍质量的无水硫酸钠，继续搅拌混合 5min，取下静置 5min 使石油醚分层（如发生乳化现象，将烧杯顶部覆盖一层保鲜膜，置于不高于 40℃ 水浴保温 10min，使石油醚分层）。将上清液倒出，向烧杯中加入约 2 倍样品体积的石油醚，重复以上搅拌、静置操作，将石油醚合并，过滤，将滤液转入棕色旋蒸瓶中，在不高于 40℃ 的水浴中，用旋转蒸发仪减压蒸干石油醚，残留物即为待测试样，提取量不少于 5g。

粉末油脂制品：称取代表性样品于棕色碘量瓶中，每 1g 样品加入 0.02g 木瓜蛋白酶和 0.02g 淀粉酶。加入 2 倍样品体积的水混匀，盖塞。将碘量瓶置于 50℃ 恒温水浴振荡器，60～100 次/min 振荡 30min，取出冷却。加入与水等体积的丙酮，混匀。加入 3 倍样品体积的石油醚振摇提取 1min，将其转入分液漏斗静置 30min 分层，弃去下层。若出现乳化现象，可高速冷冻离心分层（5000r/min，15℃，3min），再将有机相转入分液漏斗。加入与石油醚等体积的水洗涤有机相，弃去下层，将上层有机相转入装有无水硫酸钠漏斗进行过滤。将滤液转入棕色旋蒸瓶中，在不高于 40℃ 的水浴中，用旋转蒸发仪减压蒸干石油醚，残留物即为待测试样，提取量不少于 5g。

植物性食品及其制品（经油炸、膨化、烘烤、调制、炒制、蒸煮等加工工艺制成）及动物性食品制品（经速冻、干制、腌制、油炸等加工工艺制成）：从所取全部样品中取出有代表性样品的可食部分，除去其中不含油脂部分，含水分较多的速冻调理肉样品可用纱布将水沥干再进行制备。破碎并充分混匀，置于广口瓶中，加入 2～3 倍样品体积的石油醚，摇匀，充分混合，封口后静置浸提 12h 以上，必要时超声 5～10min。经装有无水硫酸钠的漏斗过滤，取滤液，在不高于 40℃ 的水浴中，用旋转蒸发仪减压蒸干石油醚，残留物即为待测试样，提取量不少于 5g。

（2）试样的测定　应避免在阳光直射下进行试样测定。称取制备的试样 2～3g（精确至 0.001g），置于 250mL 碘量瓶中，加入 30mL 三氯甲烷-冰乙酸溶液，轻轻振摇试样至完全溶解。准确加入 1.00mL 碘化钾饱和溶液，塞紧瓶盖，并轻轻振摇 0.5min，在暗处放置 3min。取出加 100mL 水，摇匀后立即用硫代硫酸钠标准滴定溶液（过氧化值估计值在 0.15g/100g 及以下时，用 0.002mol/L 标准滴定溶液；过氧化值估计值大于 0.15g/100g 时，用 0.01mol/L 标准滴定溶液）滴定析出的碘，滴定至淡黄色时，加 1mL 淀粉指示剂，继续滴定并强烈振摇至溶液蓝色消失为终点。同时进行空白试验。空白试验所消耗硫代硫酸钠标准滴定溶液体积 V，不得超过 0.1mL。

5. 分析结构的表述

用过氧化物相当于碘的质量分数表示过氧化值时，按式(7-8) 计算：

$$X=\frac{Tc(V-V_0)}{m}\times 100 \tag{7-8}$$

式中　X——过氧化值，g/100g；

V——试样消耗的硫代硫酸钠标准滴定溶液体积，mL；

V_0——空白试验消耗的硫代硫酸钠标准滴定溶液体积，mL；

c——硫代硫酸钠标准滴定溶液的浓度，mol/L；

T——与 1.00mL 硫代硫酸钠标准滴定溶液［$c(Na_2S_2O_3)=1.000$mol/L］相当的碘的质量，0.1269g/mmol；

m——试样质量，g；

100——折算为 100g 试样的换算系数。

计算结果以重复性条件下获得的 2 次独立测定结果的算术平均值表示，结果保留 2 位有效数字。

6. 适用范围

适用于食品中过氧化值的测定。

五、油脂羰基价的测定

脂类被氧化所生成的过氧化物可以进一步分解为羰基的化合物，油脂的羰基价是指每千克油脂中含有醛类物质的物质的量（mmol），可以反映油脂的酸败程度。

目前使用的是《食品安全国家标准　食品中羰基价的测定》GB 5009.230—2016。

1. 原理

羰基化合物和 2,4-二硝基苯肼的反应产物，在碱性溶液中形成褐红色或酒红色，在 440nm 下，测定吸光度，计算羰基价。

2. 仪器与试剂

分光光度计；天平；涡旋混合器；旋转蒸发仪；鼓风式烘箱；乙醇；苯；2,4-二硝基苯肼；三氯乙酸；氢氧化钾；石油醚；铝粉。

3. 操作步骤

（1）取样方法　称取含油脂较多的试样 0.5kg，含脂肪少的试样取 1.0kg，在玻璃研钵中研碎，混合均匀后，按四分法对角取样，放置广口瓶内保存于 4℃以下冰箱中。

液态油脂类试样根据试样情况取有代表性试样后，放置广口瓶内保存于 4℃以下冰箱中。

（2）非油脂类试样处理　含油脂高的试样，如油炸花生、坚果等：称取混合均匀的试样 50g，置于 250mL 带盖广口瓶中，加入 50mL 石油醚，放置 14～18h，用快速滤纸过滤后，室温下，用旋转蒸发器旋蒸 15min，减压回收溶剂，得到油脂以供测定。用前保存于 4℃以下冰箱中。

含油脂中等的试样，如蛋糕、江米条等：称取混合均匀的试样 100g，置于 500mL 带盖广口瓶中，加入 100～200mL 石油醚，放置 14～18h，用快速滤纸过滤后，室温下，用旋转蒸发器旋蒸 15min，减压回收溶剂，在 50℃鼓风干燥箱中挥发石油醚 1h，得到油脂以供测定。用前保存于 4℃以下冰箱中。

含油脂少的试样，如面包、饼干等：称取混合均匀的试样 250～300g 于 500mL 带盖广口瓶，加入适量石油醚浸泡试样，放置 14～18h，用快速滤纸过滤后，室温下，用旋转蒸发器旋蒸 15min，减压回收溶剂，在 50℃鼓风干燥箱中挥发石油醚 1h，得到油脂以供测定。用前保存于 4℃以下冰箱中。

含水量较高的样品，可加入适量无水硫酸钠，使样品成粒状；易结块样品，可加入 4～6 倍量的海砂，混合均匀后再提取油脂。

（3）测定　称取 0.025～0.5g 油样（精确至 0.1mg）：羰基价低于 30meq/kg 的油样称取 0.1g，羰基价 30～60meq/kg 的油样称取 0.05g，羰基价高于 60meq/kg 的油样，称取 0.025g；置于 25mL 具塞试管中，加 5mL 苯溶解油样，加 3mL 三氯乙酸溶液及 5mL2,4-二硝基苯肼溶液，仔细振摇混匀。

在 60℃水浴中加热 30min，反应后取出用流水冷却至室温，沿试管壁缓慢加入 10mL 氢氧化钾-乙醇溶液，使成为二液层，涡旋振荡混匀后，放置 10min。

以 1cm 比色杯，用试剂空白调节零点，于波长 440nm 处测吸光度。

4. 计算

试样的羰基价按式(7-9) 进行计算：

$$X=\frac{A}{m \times 854} \times 1000 \tag{7-9}$$

式中 X——试样的羰基价（以油脂计），meq/kg；

A——测定时样液吸光度；

854——各种醛的毫克当量吸光系数的平均值；

m——油样质量，g；

1000——换算系数。

计算结果保留三位有效数字。

5. 适用范围

适用于油炸小食品、坚果制品、方便面、膨化食品以及食用植物油等食品中羰基价的测定。

6. 注意事项

① 三苯膦还原的过氧化物为非羰基化合物。

② 三氯乙酸是较强的有机酸，提供酸性环境，同时它对腙的生成有催化作用。

③ 油脂氧化过程中生成的羰基化合物是多种醛类的混合物，其组成较复杂，计算时采用各种醛类的毫摩尔吸光系数的平均值进行计算，以求得样品的羰基价。

④ 经反复煎炸过的油脂，羰基化合物增加，品质降低。

思考题

1. 简述食品中脂肪存在的主要形式。如何选择脂肪提取溶剂？使用乙醚时需要注意哪些事项？

2. 为何乙醚提取物只能称为粗脂肪，粗脂肪包括哪些组分？

3. 牛乳中脂肪的存在形式有哪些，用有机溶剂提取前应该如何处理？

4. 简述索氏抽提器的原理及应用范围。

5. 潮湿的样品可否用乙醚直接提取，为什么？

6. 油脂酸价、碘值、过氧化值、羰基价的定义分别是什么？油脂中游离脂肪酸与酸价的关系是什么？测定酸价时为何要加乙醇？

7. 简述过氧化值、羰基价的测定意义与测定原理。

第八章

糖类分析

第一节 概 述

糖类（又称碳水化合物，carbohydrate），是由 C、H、O 三元素组成的一类多羟基醛或多羟基酮化合物，其分子组成可用通式 $C_N(H_2O)_M$ 表示。但有些碳水化合物并不符合此通式（如鼠李糖 $C_6H_{12}O_5$），有些符合此通式的物质并不是糖类（如甲醛 CH_2O）。

糖类是自然界最丰富的有机物质，主要存在于植物界，如谷类食物和水果蔬菜等，是食品的重要组成成分，也是人和动物的重要能源。糖类包含单糖、寡糖和多糖三大类，一般糖泛指单糖、双糖和糖醇。单糖是糖类的最基本组成单位，有葡萄糖、果糖、半乳糖、核糖、阿拉伯糖和木糖。双糖包括蔗糖、麦芽糖、乳糖等。糖醇由 3～9 个单糖通过糖苷键连接而成，如低聚果糖、异麦芽低聚糖、低聚木糖、低聚半乳糖等。多糖则是由 10 个以上单糖缩合而成，包括淀粉、半纤维素、果胶、活性多糖等。其中，单糖、双糖、淀粉能为人体所消化吸收，提供热能；果胶、纤维素对维持人体健康具有重要作用。

一、糖类在食物中的含量

糖类在不同食物中的存在形式和含量不同。单糖（葡萄糖、果糖）主要存在于水果、蔬菜中；蔗糖主要存在于植物中，一般含量较低，但在甘蔗和甜菜中含量较高；乳糖主要存在于哺乳动物的乳汁中；寡糖在自然界中含量较少，一般作为功能性成分加入食品中。淀粉广泛存在于农作物的根、籽粒和块茎中，含量可达干物质的 80%。纤维素主要存在于谷类的麸糠和果蔬的表皮中，果胶物质在植物表皮中含量较高。部分食品中的总糖类含量和各种食物中主要的糖类种类如表 8-1 和表 8-2 所示。

表 8-1 部分食品中的糖类的质量分数

食品	总糖质量分数(湿重)/%	食品	总糖质量分数(湿重)/%
面包(白)	49	玉米粉、意大利面条	84
牛乳(全)	4.8	冰激凌、巧克力	23
普通低脂酸奶	7	蜂蜜	82

表 8-2 食品中主要的糖类

类型	糖类	来源	构成单位
单糖	D-葡萄糖	存在于蜂蜜、水果、果汁、转化糖中	
	D-果糖	存在于蜂蜜、水果、果汁、转化糖中	
糖醇	山梨糖醇	添加到食品中，主要作为保湿剂	
双糖	蔗糖	广泛存在于水果蔬菜的细胞和汁液中，添加到食品、饮料中	果糖＋D-葡萄糖
	乳糖	存在于乳及乳制品中	D-半乳糖＋D-葡萄糖
	麦芽糖	存在于麦芽和玉米糖浆中	D-葡萄糖
其他低聚糖	麦芽低聚糖	麦芽糊精，各种葡萄糖浆中的不同含量	D-葡萄糖
多糖	棉籽糖	少量存在于大豆中	D-葡萄糖＋D-果糖＋D-半乳糖
	水苏糖	少量存在于大豆中	D-葡萄糖＋D-果糖＋D-半乳糖
	淀粉	广泛存在于谷物粒和块茎中或添加到加工食品中	D-葡萄糖
细胞壁多糖	果胶 纤维素 半纤维素 β-葡聚糖	天然存在	
食品胶	羧甲基纤维素 瓜尔豆胶 鹿角藻胶（卡拉胶） 黄原胶 褐藻胶 阿拉伯胶 琼脂 魔芋葡甘聚糖	作为配料添加	

二、糖类分析的意义

在食品加工中，糖类对食品的组织结构、物化性质及食品的色、香、味等感官指标具有十分重要的作用。如在焙烤食品中，糖与蛋白质发生美拉德反应，使焙烤制品变为金黄色，这种颜色可增加人们的食欲，该反应同时也增加了食品的色、香、味。食品中糖类的种类和含量也在一定程度上标志着营养价值的高低，是某些食品的主要质量指标。如半乳糖是构成婴儿脑神经的重要物质。如果婴儿乳粉用蔗糖代替乳糖，婴儿大脑发育将受到影响。因此，糖类的测定历来是食品分析的主要项目之一。

三、糖类的测定方法

食品中糖类的测定方法一般可分为直接法和间接法两大类。本章将对各种糖类的测定分别进行介绍。其中，物理法、化学分析法、酶法、色谱法、电泳法、生物传感器及各种仪器分析法是利用糖的理化性质直接进行分析，称为直接法。而间接法则是根据测定的水分、粗脂肪、粗蛋白质、灰分等含量，利用差减法计算，常以总糖类或无氮提取物表示。

第二节 可溶性糖类的分析

一、可溶性糖类的提取与澄清

食品中的可溶性糖类通常是指游离态的单糖、双糖和低聚糖等，测定时一般须选择适当的溶剂先将样品中的糖类物质提取出来，并对提取液进行纯化，排除干扰物质，方可进行测定。

1. 可溶性糖类的提取

进行可溶性糖类的提取时，常用溶剂有水和乙醇，在提取糖类时，先将样品磨碎浸泡成溶液，有脂肪的样品用石油醚提取，除去其中的脂肪和叶绿素。

（1）水作提取剂　用水作提取剂，温度控制在40～50℃，因为温度过高，可溶性淀粉和糊精等成分也很可能随之提出。利用水作提取剂时，除可溶性糖外，还有蛋白质、氨基酸、多糖、色素、有机酸等物质干扰，可能拖延过滤时间或影响分析结果，所以用水作提取剂应注意三个问题：

① 温度过高时可溶性淀粉及糊精会被提取出来；

② 酸性样品的酸性使糖水解（转化），所以酸性样品要用碳酸钙中和，提取时应控制在中性；

③ 萃取的液体有酶活性时，同样可以使糖水解，加氯化汞可防止（氯化汞可抑制酶活性）水解发生。

（2）乙醇作提取剂　乙醇也是常见的糖类提取剂，其浓度70%～80%。若样品中含水量较高，混合液的终浓度应在上述范围内。乙醇作提取剂适用于含酶多的样品，这样可避免糖被水解。

可溶性糖类物质的提取应遵循以下原则：

① 根据所选用的方法，确定适宜的取样量和稀释倍数，一般提取液含糖量应控制在0.5～3.5mg/mL；

② 含脂肪的样本应先经脱脂处理，一般用石油醚进行处理后再用水提取；

③ 含有大量淀粉和糊精的食品，最好采用乙醇溶液提取；

④ 含酒精和二氧化碳等挥发组分的液体样品，应先水浴，去除挥发组分，且加热时应保持溶液中性，以免造成低聚糖水解和单糖分解。

2. 提取液的澄清

澄清剂可以沉淀一些干扰物质，使提取液清亮透明，达到准确测量糖类的目的。澄清剂应该完全去除干扰物质，且不吸附被测物质糖，也不改变糖类的比旋光度及理化性质，过量澄清剂还应不影响糖的测量。同时，形成的沉淀颗粒要小，操作简便。实验室常用的澄清剂有以下几种。

（1）中性乙酸铅　中性乙酸铅是食品分析中最常用的澄清剂，可除去蛋白质、单宁、有机酸、果胶，且不会沉淀样液中的还原糖，在室温下也不会形成铅糖化合物。但中性乙酸铅脱色力差，不能用于深色糖液的澄清，只适用于浅色的糖及糖浆制品、果蔬制品、焙烤制品等。若样品颜色较深，可加活性炭处理。同时应注意，铅盐有毒，使用时应注意安全。

（2）碱性乙酸铅　碱性乙酸铅适用于深色的蔗糖溶液，可除去色素、有机酸、蛋白质、单宁等杂质，也可以凝聚胶体。但它形成沉淀颗粒大，可带走糖，尤其是果糖。过量碱性乙酸铅可因其碱度及铅糖的形成而改变糖类的旋光度。

（3）乙酸锌和亚铁氰化钾　乙酸锌与亚铁氰化钾溶液反应生成的氰亚铁酸锌沉淀（白色沉淀）可以吸附干扰物质。因此，其去除蛋白质能力强，可用于颜色较浅、富含蛋白质的提取液，是乳制品、豆制品的理想澄清剂。

（4）氢氧化铝溶液　氢氧化铝能凝聚胶体，但对非胶态杂质的澄清效果不好。常用作浅色糖溶液的澄清剂，或作为辅助澄清剂使用。

（5）硫酸铜和氢氧化钠溶液　该澄清剂由 5 份硫酸铜溶液（69.29g $CuSO_4 \cdot 5H_2O$ 溶于 1L 水中）和 2 份氢氧化钠溶液（1mol/L）组成，在碱性条件下，铜离子可使蛋白质沉淀，适用于牛乳等富含蛋白质的样品。

（6）活性炭　活性炭能去除植物样品中的色素，适用于颜色较深的提取液。但活性炭能吸附糖类特别是蔗糖，导致检测结果偏低。

总而言之，澄清剂的种类较多，性能特点也各不相同，澄清效果也不一样。在一般操作时，应根据样液的性质、干扰物质的种类和含量及采用的分析方法选择合适的澄清剂。

二、还原糖的测定

某些单糖和仍保留有半缩醛羟基的低聚糖均能还原斐林试剂，因此被称为还原糖（reducing sugar）。它包括葡萄糖、果糖、麦芽糖等。在葡萄糖分子中含有醛基，在果糖分子中含有酮基，在乳糖中和麦芽糖中含有半缩醛羟基。另外，蔗糖和多糖虽无还原性，但当多糖或低聚糖水解成为单糖后，仍可参考还原糖的测定方法进行定量。

测定还原糖比较常见的方法有碱性铜盐法、铁氰化钾法、碘量法、比色法、酶法等。本节重点介绍 GB 5009.7—2016《食品安全国家标准　食品中还原糖的测定》中的直接滴定法。

1. 适用范围

适用于食品中还原糖含量的测定。

2. 原理

试样经除去蛋白质后，以亚甲基蓝作指示剂，在加热条件下滴定标定过的碱性酒石酸铜溶液（已用还原糖标准溶液标定），根据样品液消耗体积计算还原糖含量。

以葡萄糖为例，各步反应式如图 8-1 所示。

3. 试剂和材料

盐酸，硫酸铜，亚甲基蓝，酒石酸钾钠，氢氧化钠，乙酸锌，冰乙酸，亚铁氰化钾。

4. 仪器

天平（感量为 0.0001g），水浴锅，可调温电炉，酸式滴定管。

5. 分析步骤

（1）试样制备　含淀粉的食品：称取粉碎或混匀后的试样 10～20g（精确至 0.001g），

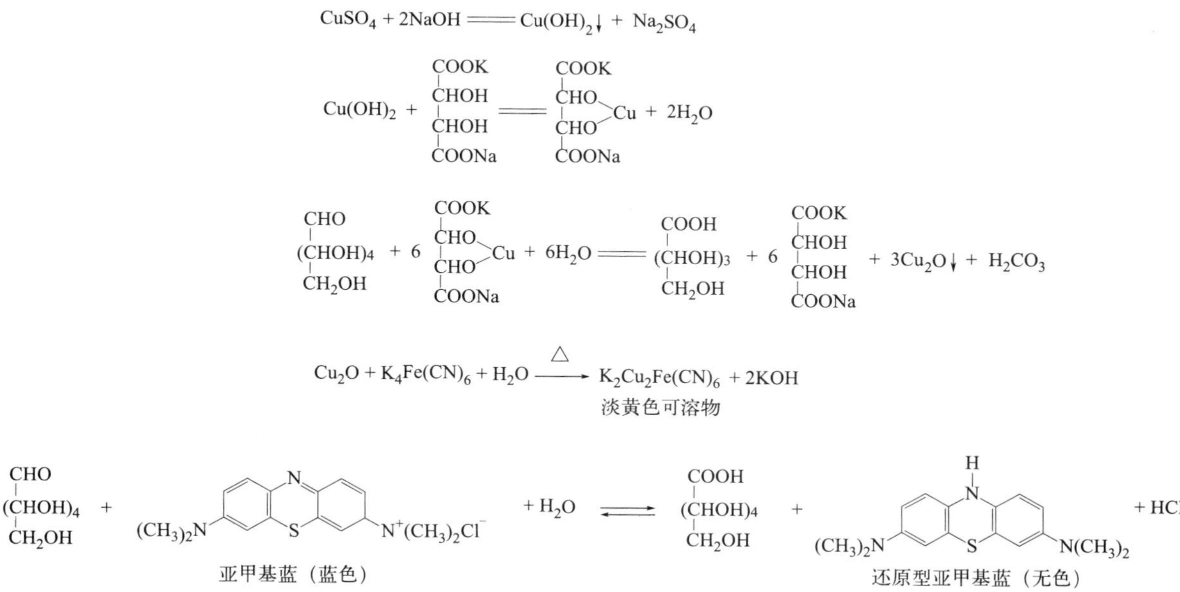

图 8-1　直接滴定法基本原理

置 250mL 容量瓶中，加水 200mL，在 45℃水浴中加热 1h，并时时振摇，冷却后加水至刻度，混匀，静置，沉淀。吸取 200.0mL 上清液置于另一 250mL 容量瓶中，缓慢加入乙酸锌溶液 5mL 和亚铁氰化钾溶液 5mL，加水至刻度，混匀，静置 30min，用干燥滤纸过滤，弃去初滤液，取后续滤液备用。

酒精饮料：称取混匀后的试样 100g（精确至 0.01g），置于蒸发皿中，用氢氧化钠溶液中和至中性，在水浴上蒸发至原体积的 1/4 后，移入 250mL 容量瓶中，缓慢加入乙酸锌溶液 5mL 和亚铁氰化钾溶液 5mL，加水至刻度，混匀，静置 30min，用干燥滤纸过滤，弃去初滤液，取后续滤液备用。

碳酸饮料：称取混匀后的试样 100g（精确至 0.01g）于蒸发皿中，在水浴上微热搅拌除去二氧化碳后，移入 250mL 容量瓶中，用水洗涤蒸发皿，洗液并入容量瓶，加水至刻度，混匀后备用。

其他食品：称取粉碎后的固体试样 2.5～5g（精确至 0.001g）或混匀后的液体试样 5～25g（精确至 0.001g），置 250mL 容量瓶中，加 50mL 水，缓慢加入乙酸锌溶液 5mL 和亚铁氰化钾溶液 5mL，加水至刻度，混匀，静置 30min，用干燥滤纸过滤，弃去初滤液，取后续滤液备用。

（2）碱性酒石酸铜溶液的标定　吸取碱性酒石酸铜甲液、乙液各 5.0mL，置于 150mL 锥形瓶中并加水 10mL，加玻璃珠 2～4 粒，从滴定管加入葡萄糖约 9mL，控制在 2min 内加热至沸，趁热以 1 滴/2s 的速度继续加葡萄糖，直至溶液蓝色刚好褪去为终点，记录消耗葡萄糖的总体积，同时平行操作三份，取其平均值，计算每 10mL（碱性酒石酸甲、乙液各 5mL）碱性酒石酸铜溶液相当于葡萄糖的质量（mg）。

（3）试样溶液的预测　吸取碱性酒石酸铜甲液 5.0mL 和碱性酒石酸铜乙液 5.0mL 于 150mL 锥形瓶中，加水 10mL，加入玻璃珠 2～4 粒，控制在 2min 内加热至沸，保持沸腾以先快后慢的速度，从滴定管中滴加试样溶液，并保持沸腾状态，待溶液颜色变浅时，以1滴/2s的速度滴定，直至溶液蓝色刚好褪去为终点，记录样品溶液消耗体积。

（4）试样溶液的测定　吸取碱性酒石酸铜甲液5.0mL和碱性酒石酸铜乙液5.0mL，置于150mL锥形瓶中，加水10mL，加入玻璃珠2～4粒，从滴定管滴加比预测体积少1mL的试样溶液至锥形瓶中，控制在2min内加热至沸，保持沸腾继续以1滴/2s的速度滴定，直至蓝色刚好褪去为终点，记录样液消耗体积，同法平行操作3份，得出平均消耗体积（V）。

6. 分析结果计算

按式(8-1)计算：

$$X=\frac{m_1}{mFV/250\times1000}\times100 \tag{8-1}$$

式中　X——试样中还原糖的含量（以某种还原糖计），g/100g；

m_1——碱性酒石酸铜溶液（甲、乙液各半）相当于某种还原糖的质量，mg；

m——试样质量，g；

F——系数，酒精饮料为0.8，其余为1；

V——测定时平均消耗试样溶液体积，mL；

250——定容体积，mL；

1000——单位换算系数。

当浓度过低时，试样中还原糖的含量（以某种还原糖计）按式(8-2)计算：

$$X=\frac{m_2}{mF\times10/250\times1000}\times100 \tag{8-2}$$

式中　X——试样中还原糖的含量（以某种还原糖计），g/100g；

m_2——标定时体积与加入样品后消耗的还原糖标准溶液体积之差相当于某种还原糖的质量，mg；

m——试样质量，g；

F——系数，含酒精饮料为0.8，其余为1；

10——样液体积，mL；

250——定容体积，mL；

1000——单位换算系数。

7. 注意事项

① 本方法测定的是一类具有还原性质的糖，包括葡萄糖、果糖、乳糖、麦芽糖等，只是结果用葡萄糖或其他转化糖的方式表示，所以不能误解为还原糖等于葡萄糖或其他糖。

② 分别用葡萄糖、果糖、乳糖、麦芽糖标准品配制标准溶液分别滴定等量已标定的碱性酒石酸铜溶液，所消耗标准溶液的体积有所不同。证明即便同是还原糖，在物化性质上仍有所差别，所以还原糖的结果只是反映样品整体情况，并不完全等于各还原糖含量之和。如果已知样品只含有某种还原糖，则应以该还原糖作标准品，结果为该还原糖的含量。如果样品中还原糖的成分未知，或为多种还原糖的混合物，则以某种还原糖作标准品，结果以该还原糖计，但不代表该糖的真实含量。

③ 加热沸腾后，要始终保持在微沸的状态下滴定，一是可以加快还原糖与Cu^{2+}的反应速度，二是亚甲基蓝变色反应是可逆的，还原型亚甲基蓝遇空气中氧气时又会氧化为氧化型。此外，氧化亚铜极不稳定，易被空气中氧所氧化。保持沸腾可防止空气进入，避免亚甲

基蓝和氧化亚铜被氧化而增加耗氧量。

④ 滴定时不能随意摇动锥形瓶，更不能把锥形瓶从热源上取下来滴定，以防止空气进入反应溶液中。

⑤ 样品液中还原糖浓度不宜过高或者过低，可先进行预实验预测实验结果，调节样品中还原糖的含量在 1mg/mL 左右为宜。

⑥ 滴定至终点蓝色褪去之后，溶液呈黄色，此后又重新变蓝，此时不应再进行滴定。这是因为亚甲基蓝被糖还原后，蓝色消失。接触空气后，又被氧化变成蓝色。

⑦ 影响测定结果的主要因素为反应液碱度、热源强度、煮沸时间和滴定速度。反应液碱度直接影响二价铜与还原糖反应的速度、反应进行的程度及测定结果。在一定范围内，溶液碱度越高，二价铜还原速率越快。因此应严格控制反应液体积，标定和测定时消耗的体积应接近，使反应体系碱度一致。热源强度应控制在使反应液在 2min 内沸腾，且应保持一致。否则加热至沸腾的时间不一致会导致蒸发量不同，使反应液碱度发生变化，从而导致误差。沸腾时间和滴定速度对结果影响也较大，一般沸腾时间短，消耗糖液多；反之，消耗糖液少。滴定速度快，消耗糖液多；反之，消耗糖液少。因此，测定时应严格控制实验条件一致，在平行试验时样液消耗量相差≤0.1mL。

三、总糖的测定

食品中的总糖主要指具有还原性的葡萄糖、果糖、戊糖、乳糖和在测定条件下能水解为还原性单糖的蔗糖（水解后为 1 分子葡萄糖和 1 分子果糖）、麦芽糖（水解后为 2 分子葡萄糖）以及可能部分水解的淀粉（水解后为 2 分子葡萄糖）。总糖的测定是食品工业中常规分析项目，是糕点、果蔬罐头、饮料等许多食品的重要质量指标。它反映的是食品中可溶性单糖和低聚糖的总量，其含量高低对产品的色、香、味、组织形态、营养价值等有一定影响。

测定总糖的经典化学方法都是以其能被各种试剂氧化为基础的。另外，非还原糖性糖类，如双糖、三糖、多糖等，本身不具有还原性，但可以通过水解形成具有还原性的单糖，再按照还原糖的测定方法进行测定，然后换算成样品中相应糖类的含量。目前不同食品中总糖的测定方法不完全一致，本节重点介绍 GB/T 9695.31—2008《肉制品　总糖含量测定》中总糖的测定方法——分光光度法。

1. 适用范围

适用于肉制品中总糖含量的测定。

2. 原理

糖类在浓硫酸作用下，非单糖水解为单糖，单糖再脱水，生成的糠醛或糠醛衍生物能与苯酚缩合生成一种黄色化合物，在一定浓度范围内其颜色深浅与糖的含量成正比，470nm 波长下可比色测定。

3. 试剂和材料

苯酚溶液：称取 5g 苯酚溶于 100mL 水中，避光储存；浓硫酸（$\rho_{20}\approx 1.84$g/mL）；1.0mg/mL 葡萄糖标准溶液：准确称取 1.000g 经过（96±2)℃ 干燥 2h 的纯葡萄糖，加水溶解后加入 5mL 盐酸，并以水定容至 1000mL；淀粉酶溶液：称取 0.5g 淀粉酶溶于 100mL 水中；碘-碘化钾溶液：称取碘化钾 3.6g、碘 1.3g 溶于水中并稀释至 100mL。

4. 仪器

分光光度计，水浴锅，绞肉机。

5. 分析步骤

（1）试样前处理　称取试样约 1g（精确至 0.001g）于烧杯中，加入 50mL 水，在沸水浴上加热 30min，冷却后用水定容到 500mL。含淀粉的试样，加热后冷却到 60℃左右，加入淀粉酶溶液 10mL 混匀，在 55～60℃水浴中保温 1h。用碘-碘化钾溶液检查酶解是否完全。若显蓝色，再加淀粉酶溶液 10mL 继续保温直到酶解完全。加热至沸冷却后移入 500mL 容量瓶中用水定容至刻度。混匀后过滤，滤液备用。

（2）测定　葡萄糖标准曲线的绘制：分别准确吸取葡萄糖标准溶液 0mL、1mL、2mL、3mL、4mL 和 5mL 分别置于 50mL 容量瓶中用水定容至刻度，摇匀。浓度分别为 0μg/mL、20μg/mL、40μg/mL、60μg/mL、80μg/mL 和 100μg/mL。准确吸取上述标准葡萄糖溶液 1mL（相当于葡萄糖 0μg、20μg、40μg、60μg、80μg 和 100μg），加入 20mL 比色管中，加入苯酚溶液 1mL 充分混合，加入浓硫酸 5mL 并立即摇匀。室温下放置 20min，在 470nm 波长，以零管为参比，测定吸光度值，以葡萄糖含量为横坐标、吸光度值为纵坐标，绘制标准曲线。

试样溶液的测定：准确吸取滤液 1mL，加入 20mL 比色管中，自“加入苯酚溶液……”起进行操作。

6. 分析结果计算

按式(8-3）计算：

$$X_1=\frac{m_1V_0\times 10^{-6}}{m_0V_1}\times 100 \tag{8-3}$$

式中　X_1——试样中总糖的含量（以葡萄糖计），g/100g；

m_1——从标准曲线上查得葡萄糖含量，μg；

V_0——试样经前处理后定容的体积，mL；

m_0——试样质量，g；

V_1——测定时吸取滤液的体积，mL；

100——单位换算系数。

7. 注意事项

① 本法简单，灵敏度高，基本不受蛋白质的影响，且颜色稳定时间在 160min 以上。虽然本法可测定几乎所有的糖类，但由于不同糖吸光度不同，若已知样品中不同糖的比例，最好用混合糖做标准溶液；若不知样品中不同糖的比例，则常用葡萄糖做标准溶液。

② 苯酚有毒，浓硫酸有腐蚀性，实验过程应注意安全，戴手套操作。

四、蔗糖的测定

食品中的蔗糖是葡萄糖和果糖组成的双糖，它是判断食品加工原料的成熟程度，鉴别白砂糖、蜂蜜等食品原料的品质，控制糖果、果脯、加糖乳制品等产品的重要质量指标。蔗糖没有还原性，但在一定条件下，蔗糖可水解为具有还原性的葡萄糖和果糖。因此，可先将蔗糖水解为还原糖，再通过还原糖的方法进行测量。本书重点介绍 GB 5009.8—2023《食品安

全国家标准　食品中果糖、葡萄糖、蔗糖、麦芽糖、乳糖的测定》中的酸水解-莱因-埃农氏法。

1. 适用范围

适用于各类食品中蔗糖的测定。

2. 原理

试样经除去蛋白质后，其中蔗糖经盐酸水解转化为还原糖，按还原糖测定。水解前后的差值乘以相应的系数即为蔗糖含量。棉籽糖、水苏糖、低聚半乳糖、果聚糖、聚葡萄糖和抗性糊精等会对蔗糖的测定产生干扰。

3. 试剂和材料

无水葡萄糖，乙酸锌，亚铁氰化钾，盐酸，氢氧化钠，甲基红，亚甲基蓝，硫酸铜，酒石酸钾钠，冰乙酸，乙醇。

4. 仪器

天平（感量为1mg），恒温振荡水浴锅，可调温电炉，酸式滴定管，高速粉碎机，恒温干燥箱。

5. 样品处理

① 含胶基糖果和巧克力等难溶解试样。称取试样 2.5～5g（精确到 0.001g）于 100mL 烧杯中，加约 50mL 50～60℃热水搅拌溶解，缓慢加入乙酸锌溶液 5mL 和亚铁氰化钾溶液 5mL，混匀，放冷，转移至 250mL 容量瓶中并定容至刻度，混匀，静置 30min，用干燥滤纸过滤，弃去初滤液，取后续滤液备用。

② 含淀粉试样。称取粉碎或混匀后的试样 10～20g（精确到 0.001g），置于烧杯中，加水 200mL，在 45℃水浴中振荡加热 1h，冷却后转移至 250mL 容量瓶加水至刻度，混匀，静置，沉淀。吸取 200mL 上清液于另一 250mL 容量瓶中，缓慢加入乙酸锌溶液 5mL 和亚铁氰化钾溶液 5mL，加水至刻度，混匀，静置 30min，用干燥滤纸过滤，弃去初滤液，取后续滤液备用。

③ 含气体和酒精试样。称取混匀后的试样 100g（精确至 0.01g），置于蒸发皿中，用氢氧化钠溶液（40g/L）中和至中性，在水浴上微热搅拌去除气体和酒精，待冷却后移至 250mL 容量瓶中，缓慢加入 5mL 乙酸锌溶液和 5mL 亚铁氰化钾溶液，用水定容至刻度，混匀，静置 30min，用滤纸过滤，弃去初滤液，取后续滤液备用。

④ 其他试样。称取粉碎或混匀后的固体试样 2.5～5g（精确到 0.001g）或液体试样 5～25g（精确到 0.001g），置 250mL 容量瓶中，加水 50mL，缓慢加入乙酸锌溶液 5mL 和亚铁氰化钾溶液 5mL，加水至刻度，混匀，静置 30min，用干燥滤纸过滤，弃去初滤液，取后续滤液备用。

6. 酸水解

吸取 2 份试样处理液各 50.0mL，分别置于 100mL 容量瓶中。

转化前：一份用水定容至刻度，混匀。

转化后：另一份加盐酸 5mL，在 68～70℃水浴中加热 15min，冷却后加甲基红指示液 2 滴，用 200g/L 氢氧化钠溶液中和至中性，用水定容至刻度，混匀。

7. 标定碱性酒石酸铜溶液

吸取 5.0mL 碱性酒石酸铜甲液和 5.0mL 碱性酒石酸铜乙液于 150mL 锥形瓶中，加入

10mL 水，放入 2～4 粒玻璃珠，从滴定管中加约 9mL 葡萄糖标准溶液，控制在 2min 中内加热至沸，趁热以 1 滴/2s 的速度滴加葡萄糖标准溶液，直至溶液蓝色刚好褪尽为终点，记录消耗葡萄糖标准溶液总体积，同时平行操作 3 份，取其平均值，计算每 10mL 碱性酒石酸铜溶液（碱性酒石酸甲、乙液各 5mL）相当于葡萄糖的质量 A（mg）。

8. 试样溶液的测定

预测滴定：吸取 5.0mL 碱性酒石酸铜甲液和 5.0mL 碱性酒石酸铜乙液于 150mL 锥形瓶中，加入 10mL 蒸馏水，放入 2～4 粒玻璃珠，置于电炉上加热，使其在 2min 内沸腾，保持沸腾状态 15s，滴入转化前样液或转化后样液至溶液蓝色刚好褪尽为终点，读取所用样液的体积。

精确滴定：吸取 5.0mL 碱性酒石酸铜甲液和 5.0mL 碱性酒石酸铜乙液于 150mL 锥形瓶中，加入 10mL 蒸馏水，放入 2～4 粒玻璃珠，从滴定管中放出比预测滴定体积少 1mL 的样液，置于电炉上，使其在 2min 内沸腾，维持沸腾状态 2min，以 1 滴/2s 的速度徐徐滴入样液，至溶液蓝色刚好褪尽为终点，记录样液消耗的体积（V）。

9. 分析结果的表述

试样中还原糖（以葡萄糖计）的含量按式(8-4）计算，蔗糖含量按式(8-5）计算：

$$R=\frac{A}{m\times\frac{50}{250}\times\frac{V}{100}\times 1000}\times F\times 100 \tag{8-4}$$

式中 R——试样中还原糖（以葡萄糖计）的质量分数，g/100g；

A——碱性酒石酸铜溶液（甲、乙液各半）相当于葡萄糖的质量，mg；

m——试样的称样量，g；

50——酸水解中吸取样液体积，mL；

250——试样处理中样品定容体积，mL；

V——滴定时消耗试液体积，mL；

100——酸水解中定容体积，mL；

1000——换算系数；

F——含淀粉试样 $F=1.25$，其他试样 $F=1$；

100——换算系数。

$$X=(R_2-R_1)\times 0.95 \tag{8-5}$$

式中 X——试样中蔗糖的质量分数，g/100g；

R_2——转化后还原糖（以葡萄糖计）的质量分数，g/100g；

R_1——转化前还原糖（以葡萄糖计）的质量分数，g/100g；

0.95——还原糖（以葡萄糖计）换算为蔗糖的系数。

蔗糖含量≥10g/100g 时，计算结果保留 3 位有效数字；蔗糖含量＜10g/100g 时，计算结果保留 2 位有效数字。

第三节 淀粉含量的分析

淀粉是食品中主要营养成分之一，广泛存在于植物的根、茎、叶、种子等组织中，是人类食物的重要组成部分，也是人体热能的主要来源。淀粉是可消化性多糖，主要包括直链淀粉和支链淀粉，二者性质不同。直链淀粉不溶于冷水，可溶于热水，支链淀粉常压下不溶于水，在加热加压时可溶于水。直链淀粉遇碘可生成深蓝色配合物，而支链淀粉遇碘不能形成稳定配合物，呈现较浅的蓝色。

淀粉不溶于30%以上的乙醇溶液，在酸或酶的作用下可以水解，最终产物是葡萄糖。同时，淀粉水溶液具有右旋性，比旋光度为+201.5°～+205°。淀粉的测定方法多是根据上述理化性质建立的。常用的测定方法包括酸水解法、酶水解法、旋光法、酸化酒精沉淀法等。本书重点介绍GB 5009.9—2023《食品安全国家标准　食品中淀粉的测定》中的第一法酶水解法和第三法皂化酸水解法。

一、酶水解法

1. 适用范围

适用于食品（肉制品除外）中淀粉测定。

2. 原理

试样经去除脂肪及可溶性糖后，淀粉依次经淀粉酶酶解和盐酸水解成葡萄糖，测定葡萄糖含量，并折算成样品中淀粉含量。

3. 试剂和材料

碘，碘化钾，α-淀粉酶，无水乙醇，石油醚（沸程60～90℃），乙醚，甲苯，三氯甲烷，盐酸，氢氧化钠，硫酸铜，酒石酸钾钠，亚铁氰化钾，亚甲基蓝，甲基红，α-萘酚，浓硫酸，D-无水葡萄糖标准品。

4. 仪器和设备

40目筛，天平（感量为1mg和0.1mg），恒温水浴锅，回流装置，并附250mL锥形瓶，组织捣碎机，电炉，滴定管。

5. 分析步骤

（1）试样制备　取样品可食部分磨碎，过40目筛，称取2～5g（精确到0.001g）；不易磨碎试样，可准确加入适量水并记录质量，匀浆后称取相当于原样质量2～5g。置于放有折叠慢速滤纸的漏斗内，先用50mL石油醚或乙醚分5次洗除脂肪，再用100mL乙醇（85%，体积分数）分次洗去可溶性糖类至微糖检验结果为阴性。滤干乙醇，将残留物移入250mL烧杯内，用50mL水洗净滤纸，洗液并入烧杯内，将烧杯置于沸水浴加热至糊化完全，一般需15min，放冷至60℃以下，加20mL淀粉酶溶液，在55～60℃保温1h，并时时搅拌。然后取1滴淀粉酶溶液加1滴碘溶液，应不显蓝色。若显蓝色，再加热糊化并加20mL淀粉酶溶液，继续保温，直至加碘溶液不显蓝色为止。加热至沸，冷后移入250mL容量瓶中，用适量体积的水洗涤烧杯，并转入容量瓶中，加水至刻度，混匀，过滤，并弃去初滤液。

取50.00mL滤液，置于250mL锥形瓶中，加5mL盐酸（1+1），装上回流冷凝器，

在沸水浴中回流1h，冷后加2滴甲基红指示液，用氢氧化钠溶液（200g/L）中和至中性，溶液转入100mL容量瓶中，洗涤锥形瓶，洗液并入100mL容量瓶中，加水至刻度，混匀备用。

（2）微糖检验方法　取洗涤液2mL在小试管中，加入α-萘酚乙醇溶液（10g/L）4滴，

沿管壁缓缓加入浓硫酸 1mL。在水与酸的界面出现紫色环，判定为阳性；在水与酸的界面出现黄绿色环，判定为阴性。

（3）测定

① 标定碱性酒石酸铜溶液。吸取 5.00mL 碱性酒石酸铜甲液及 5.00mL 碱性酒石酸铜乙液，置于 150mL 锥形瓶中，加水 10mL，加入玻璃珠两粒，从滴定管滴加约 9mL 葡萄糖标准溶液，控制在 2min 内加热至沸，保持溶液呈沸腾状态，以 1 滴/2s 的速度继续滴加葡萄糖，直至溶液蓝色刚好褪去为终点，记录消耗葡萄糖标准溶液的总体积，同时做三份平行，取其平均值，计算标定碱性酒石酸铜溶液（甲、乙液各半）相当于葡萄糖的质量 m_1（mg）。

② 试样溶液预测。吸取 5.00mL 碱性酒石酸铜甲液及 5.00mL 碱性酒石酸铜乙液，置于 150mL 锥形瓶中，加水 10mL，加入玻璃珠两粒，控制在 2min 内加热至沸，保持沸腾状态，以先快后慢的速度，从滴定管中滴加试样溶液，并保持溶液沸腾状态，待溶液颜色变浅时，以 1 滴/2s 的速度滴定，直至溶液蓝色刚好褪去为终点。记录试样溶液的消耗体积。当样液中葡萄糖浓度过高时，应适当稀释后再进行正式测定，使每次滴定消耗试样溶液的体积控制在与标定碱性酒石酸铜溶液时所消耗的葡萄糖标准溶液的体积相近，约 10mL。

③ 试样溶液测定。吸取 5.00mL 碱性酒石酸铜甲液及 5.00mL 碱性酒石酸铜乙液，置于 150mL 锥形瓶中，加水 10mL，加入玻璃珠两粒，从滴定管滴加比预测体积少 1mL 的试样溶液至锥形瓶中，使在 2min 内加热至沸，保持沸腾状态继续以 1 滴/2s 的速度继续滴定，直至蓝色刚好褪去为终点，记录样液消耗体积。同法平行操作三份，得出平均消耗体积。

当试样溶液浓度过低，25.00mL 无法滴定至终点时，则采取直接加入 10.00mL 试样溶液，免去加水 10mL，再用葡萄糖标准溶液滴定至终点，记录消耗的体积与标定时消耗的葡萄糖标准溶液体积之差相当于 10mL 样液中所含葡萄糖的量（mg）。

④ 试剂空白测定。同时量取 20.00mL 水及与试样溶液处理时相同量的淀粉酶溶液，按反滴法做试剂空白试验。即用葡萄糖标准溶液滴定试剂空白溶液至终点，记录消耗的体积与标定时消耗的葡萄糖标准溶液体积之差相当于 10mL 样液中所含葡萄糖的量（mg）。

6. 分析结果计算

① 试样中葡萄糖含量按式(8-6) 计算：

$$X_1=\frac{m_1}{\frac{50}{250}\times\frac{V_1}{100}} \tag{8-6}$$

式中 X_1——所称试样中葡萄糖的质量，mg；

m_1——标定用碱性酒石酸铜溶液（甲、乙液各半）相当于葡萄糖质量，mg；

V_1——测定时平均消耗试样溶液体积，mL；

50——测定用样品溶液体积，mL；

250——样品定容体积，mL；

100——测定用样品的定容体积，mL。

② 当试样中淀粉浓度过低时葡萄糖含量按式(8-7) 和式(8-8) 进行计算：

$$X_1=\frac{m_2}{\frac{50}{250}\times\frac{10}{100}} \tag{8-7}$$

$$m_2=m_1\left(1-\frac{V_2}{V_S}\right) \tag{8-8}$$

式中　X_1——所称试样中葡萄糖的质量，mg；

m_2——标定碱性酒石酸铜溶液（甲、乙液各半）时消耗的葡萄糖标准溶液的体积与加入试样后消耗的葡萄糖标准溶液体积之差相当于葡萄糖的质量，mg；

m_1——10mL 碱性酒石酸铜溶液（甲、乙液各半）相当于葡萄糖的质量，mg；

V_2——加入试样后消耗的葡萄糖标准溶液体积，mL；

V_S——标定碱性酒石酸铜溶液（甲、乙液各半）时消耗的葡萄糖标准溶液的体积，mL；

50——测定用样品溶液体积，mL；

250——样品定容体积，mL；

10——直接加入的试样体积，mL；

100——测定用样品的定容体积，mL。

③ 试剂空白值按式(8-9) 和式(8-10) 计算：

$$X_0=\frac{m_0}{\frac{50}{250}\times\frac{10}{100}} \tag{8-9}$$

$$m_0=m_1\left(1-\frac{V_0}{V_S}\right) \tag{8-10}$$

式中　X_0——试剂空白值，mg；

m_0——标定碱性酒石酸铜溶液（甲、乙液各半）时消耗的葡萄糖标准溶液的体积与加入空白后消耗的葡萄糖标准溶液体积之差相当于葡萄糖的质量，mg；

m_1——标定用碱性酒石酸酮溶液（甲、乙液各半）相当于葡萄糖的质量，mg；

V_0——加入空白试样后消耗的葡萄糖标准溶液体积，mL；

V_S——标定碱性酒石酸铜溶液（甲、乙液各半）时消耗的葡萄糖标准溶液的体积，mL；

50——测定用样品溶液体积，mL；

250——样品定容体积，mL；

10——直接加入的试样体积，mL；

100——测定用样品的定容体积，mL。

④ 试样中淀粉的含量按式(8-11) 或 (8-12) 计算：

$$X=\frac{(X_1-X_0)\times 0.9}{m\times 1000}\times 100 \tag{8-11}$$

或

$$X=\frac{(X_2-X_0)\times 0.9}{m\times 1000}\times 100 \tag{8-12}$$

式中　X——试样中淀粉的含量，g/100g；

X_1——所称试样中葡萄糖的质量，mg；

X_2——试样中淀粉过低时葡萄糖的含量，mg；

X_0——试剂空白值，mg；

m——试样质量，g；

0.9——葡萄糖折算成淀粉的换算系数；

100 和 1000——单位换算系数。

二、皂化酸水解法

1. 适用范围

适用于肉制品中淀粉的测定。

2. 原理

试样经氢氧化钾-乙醇皂化除去脂肪后，再去除可溶性糖，淀粉经盐酸水解成葡萄糖，测定葡萄糖含量，并折算成样品中淀粉含量。

3. 试剂和材料

氢氧化钾，无水或 95%乙醇，盐酸，氢氧化钠，铁氰化钾，乙酸锌，冰乙酸，硫酸铜，无水碳酸钠，柠檬酸，碘化钾，硫代硫酸钠，溴百里酚蓝，可溶性淀粉，α-萘酚，浓硫酸。

4. 仪器和设备

天平（感量为 10mg），恒温水浴锅，冷凝管，绞肉机（孔径≤4mm），电炉，滴定管。

5. 分析步骤

（1）试样制备　取有代表性的试样不少于 200g，用绞肉机绞两次并混匀。绞好的试样应尽快分析，若不立即分析，应密封冷藏贮存，防止变质和成分发生变化。贮存的试样启用时应重新混匀。

（2）淀粉分离　称取试样 25g（精确至 0.01g，淀粉含量约 1g）放入 500mL 烧杯中，加入热氢氧化钾-乙醇溶液 300mL，用玻璃棒搅匀，盖上表面皿，在沸水浴上加热 1h，不时搅拌。然后，将沉淀完全转移到漏斗上过滤，用 80%热乙醇溶液洗涤沉淀数次，至微糖检验结果为阴性。含有麦芽糊精的样品，先用 100mL80%热乙醇溶液洗涤，再用 40%乙醇溶液洗涤至微糖检验结果为阴性。

（3）微糖检验方法　同一。

（4）水解　将滤纸钻孔，用 1.0mol/L 盐酸溶液 100mL，将沉淀完全洗入 250mL 烧杯中，盖上表面皿，在沸水浴中水解 2.5h，不时搅拌。溶液冷却到室温，用氢氧化钠溶液中和至 pH 约为 6。将溶液移入 200mL 容量瓶中，加入蛋白质沉淀剂溶液 A 3mL，混合后再加入蛋白质沉淀剂溶液 B 3mL，用水定容到刻度。摇匀，经滤纸过滤。滤液中加入氢氧化钠溶液 1～2 滴，使之对溴百里酚蓝指示剂呈碱性。

（5）测定　准确取一定量滤液（V_4）稀释到一定体积（V_5），然后取 25.00mL（最好含葡萄糖 40～50mg）移入碘量瓶中，加入 25.00mL 碱性铜试剂，装上冷凝管，在电炉上 2min 内煮沸。随后改用文火继续煮沸 10min，迅速冷却至室温，取下冷凝管，加入碘化钾溶液 30mL，小心加入 7.5mol/L 盐酸溶液 25.0mL，盖好盖待滴定。用硫代硫酸钠标准溶液滴定上述溶液中释放出来的碘。当溶液变成浅黄色时，加入淀粉指示剂 1mL，继续滴定直到蓝色消失，记下消耗的硫代硫酸钠标准溶液体积（V_3）。

6. 分析结果计算

（1）葡萄糖量的计算　按式(8-13) 计算：

$$X_3=10\times(V_{空}-V_3)c \tag{8-13}$$

式中　X_3——消耗硫代硫酸钠的物质的量，mmol；

$V_{空}$——空白试验消耗硫代硫酸钠标准溶液的体积，mL；

V_3——试样液消耗硫代硫酸钠标准溶液的体积，mL；

c——硫代硫酸钠标准溶液的浓度，mol/L；

10——直接加入的试样体积，mL。

根据 X_3 从表 8-3 中查出相应的葡萄糖质量（m_3）。

表 8-3　硫代硫酸钠的物质的量（mmol）同葡萄糖质量（m_3）的换算关系

X_3	相应的葡萄糖质量		X_3	相应的葡萄糖质量	
	m_3/mg	Δm_3/mg		m_3/mg	Δm_3/mg
1	2.4		14	35.7	2.7
2	4.8	2.4	15	38.5	2.8
3	7.2	2.4	16	41.3	2.8
4	9.7	2.5	17	44.2	2.9
5	12.2	2.5	18	47.1	2.9
6	14.7	2.5	19	50.0	2.9
7	17.2	2.5	20	53.0	3.0
8	19.8	2.6	21	56.0	3.0
9	22.4	2.6	22	59.1	3.1
10	25.0	2.6	23	62.2	3.1
11	27.6	2.6	24	65.3	3.1
12	30.3	2.7	25	68.4	3.1
13	33.0	2.7			

（2）淀粉含量的计算　淀粉含量按式(8-14）计算：

$$X=\frac{m_3\times 0.9}{1000}\times\frac{V_5}{25}\times\frac{200}{V_4}\times\frac{100}{m}=0.72\times\frac{V_5}{V_4}\times\frac{m_3}{m} \tag{8-14}$$

式中　X——淀粉含量，g/100g；

m_3——葡萄糖质量，mg；

0.9——葡萄糖折算成淀粉的换算系数；

V_5——稀释后的体积，mL；

V_4——取原液的体积，mL；

m——试样质量，g。

第四节　膳食纤维的测定

食品中的纤维素在化学上不是单一组分的物质，而是纤维素、半纤维素、木质素等多种成分的混合物，是植物性食品的主要成分之一，其含量随食物种类不同而异。

粗纤维主要成分是纤维素、半纤维素、木质素及少量含氮物。集中存在于谷类的麸、糠、秸秆及果蔬的表皮等处。对稀酸、稀碱难溶，是人体不能消化利用的成分。纤维素是构成植物细胞壁的主要成分，是葡萄糖聚合物，由β-1,4-糖苷键连接，人类及大多数动物利用它的能力很低，它不溶于水，但能吸水。而半纤维素为一种混合多糖，不溶于水而溶于碱、稀酸，加热时比纤维素易水解，水解产物有木糖、阿拉伯糖、甘露糖、半乳糖等。木质素不是糖类，是一种复杂的芳香族聚合物，是纤维素的伴随物。难以用化学手段或酶法降解，在个别有机溶剂中缓慢溶解。膳食纤维（食物纤维）则是指食品中不能被人体消化酶所消化的多糖类和木质素的总和。它包括纤维素、半纤维素、戊聚糖、木质素、果胶、树胶等，至于是否应包括作为添加剂添加的某些多糖（羧甲基纤维素等）尚无定论。

本节重点介绍 GB 5009.88—2023《食品安全国家标准　食品中膳食纤维的测定》中的方法。

1. 适用范围

植物性食品及其制品以及添加了膳食纤维组分的食品中总膳食纤维、可溶性膳食纤维、不溶性膳食纤维的测定。

2. 原理

试样经均质化处理，酶解去除淀粉和蛋白质后，得到不可消化的酶解液。将酶解液用78%乙醇沉淀，收集沉淀部分经洗涤、干燥、称重后，测定残渣中部分膳食纤维（DF）（包括不溶性膳食纤维 IDF 和可沉淀的可溶性膳食纤维 SDFP）质量；收集滤液部分，经脱盐、浓缩后，采用液相色谱法（内标法）测定不可沉淀的可溶性膳食纤维 SDFS，二者之和为总膳食纤维（TDF）。将酶解液直接抽滤并用热水洗涤，收集滤渣部分经洗涤、干燥、称重后测定不溶性膳食纤维（IDF）残渣质量。收集滤液部分再用78%乙醇沉淀，沉淀经干燥、称重后测定 SDFP 残渣质量，滤液部分测定 SDFS，SDFP 和 SDFS 之和为 SDF。TDF、IDF和 SDFP 残渣质量需扣除残留的蛋白质、灰分和试剂空白质量，即可得到相应部分的膳食纤维含量。

3. 试剂和材料

标准品：二甘醇，D-葡萄糖，蔗果三糖，D-麦芽糖一水合物；其他试剂：95%乙醇，丙酮，石油醚，氢氧化钠，重铬酸钾，三羟甲基氨基甲烷，顺丁烯二酸，浓盐酸，冰乙酸，浓硫酸，二水合氯化钙，胰α-淀粉酶，热稳定α-淀粉酶液，蛋白酶，淀粉葡萄糖苷酶液，硅藻土，弱碱性丙烯酸系阴离子交换树脂，强酸性氢离子交换树脂。

4. 仪器

分析天平（感量 0.1mg 和 1mg），真空抽滤装置，恒温振荡水浴箱，坩埚，高型无导流口烧杯，高效液相色谱仪，马弗炉，烘箱，旋转蒸发仪，干燥器，pH 计，水相微孔滤膜，匀浆机或粉碎机。

5. 分析步骤

（1）试样制备　所有试样均需均质处理。必要时可根据水分、脂肪和糖的含量进行脱水、脱脂或脱糖处理。

① 均质处理：固体试样经碾磨、粉碎、混匀后备用，半固体、液体试样经匀浆混匀后备用。

② 脱水：水分含量≥70%且不易混匀的固体、半固体及含有沉浮物的液体试样，称取适量试样（m_C，不少于 50 g），置于 105℃±2℃烘箱干燥 4h。将试样转至干燥器中，待试样温度下降到室温后称量（m_D）。根据干燥前后试样质量，计算试样质量变化因子（f）。

干燥后试样均质化处理后，置于干燥器中待用。

③ 脱脂：脂肪含量≥10%的试样，称取适量试样（m_C，不少于 50g），置于 1000mL 锥形瓶中，加入 500mL 石油醚混匀、放气，振摇 2min，放置 10min 后，去除石油醚，连续 3 次。脱脂后试样混匀再按脱水步骤进行干燥，称量（m_D），计算处理后试样质量变化因子（f）。试样均质化处理后，置于干燥器中待用。

④ 脱糖：称适量试样（m_C，不少于 50 g），置于 1000mL 锥形瓶中，加入 500mL85% 乙醇溶液，混匀，振摇 2min，去除乙醇溶液部分，连续 3 次。脱糖后试样置于 40℃烘箱内干燥过夜，称量（m_D），计算处理后试样质量变化因子（f）。试样均质化处理后，置于干燥器中待用。

（2）称样　准确称取 2 份待测试样（m），精确至 0.1mg，2 份试样质量差≤0.005g。一般固体试样称取 0.25～3 g，液体试样称取 1.0～5.0 g。

（3）酶解　将试样转置于 400～600mL 高脚烧杯中，加入 50mmol/L 顺丁烯二酸缓冲液 35mL，用磁力搅拌直至试样完全分散在缓冲液中。同时制备 2 个空白样品同步操作。

① 淀粉酶酶解

酶解条件 1（适用于不含抗性淀粉的试样）：

热稳定 α-淀粉酶酶解：向高脚烧杯中加入 50μL 热稳定 α-淀粉酶液，缓慢搅拌，加盖铝箔，置于 95～100℃的恒温振荡水浴箱中，当温度升至 95℃开始计时，振摇反应 35min。将烧杯取出，冷却至 60℃，打开铝箔盖，用刮勺将烧杯内壁的糊状物以及烧杯底部的胶状物刮下，用 5mL 50mmol/L 顺丁烯二酸缓冲液冲洗烧杯壁和刮勺。

淀粉葡萄糖苷酶酶解：向高脚烧杯中边搅拌边加入 100μL 淀粉葡萄糖苷酶液，盖上铝箔，继续置于 60℃±1℃水浴中，振摇反应 30min。

酶解条件 2（适用于所有试样）：

向高脚烧杯中加入 5mL 胰 α-淀粉酶和淀粉葡萄糖苷酶混合酶溶液，缓慢搅拌，加盖铝箔，置于 37℃的恒温振荡水浴箱中持续振摇，当温度升至 37℃开始计时，酶解 16h。打开铝箔盖，向试样溶液中加入 3.0mL 0.75mol/L Tris 溶液，使试样溶液 pH 至 8.2±0.2。盖上铝箔，置于 95～100℃ 水浴箱中水浴加热约 20min，不时轻摇烧杯。取出烧杯冷却至 60℃±1℃。

② 蛋白酶酶解：向每个烧杯中加入 100μL 蛋白酶溶液（如为动物性食品加入 500μL 蛋白酶溶液），盖上铝箔，置于 60℃±1℃水浴中持续振荡 30min。打开铝箔盖，边搅拌边加入 4mL2mol/L 乙酸溶液，用 1mol/L 氢氧化钠溶液或 1mol/L 盐酸溶液调整 pH 至 4.3±0.2。

③ 加入内标溶液：如测定 SDFS，向酶解液中加入 2mL 100mg/mL 二甘醇内标溶液，混匀。

（4）总膳食纤维（TDF）测定

① 沉淀：向试样酶解液中，加入 4 倍体积已预热至 60℃±1℃的 95%乙醇。取出烧杯，盖上铝箔，室温条件下沉淀 1～2h。

② 抽滤：取已处理的坩埚，用 15mL 78%乙醇润湿硅藻土并展平，接上真空抽滤装置，抽去乙醇使坩埚中硅藻土平铺于滤板上。将试样乙醇沉淀液转入坩埚中抽滤，用刮勺和 78%乙醇将高脚烧杯中所有残渣转至坩埚中，用 15mL 78%乙醇洗涤残渣 2 次。收集滤液转移至 500mL 容量瓶中，使用 78%乙醇定容至刻度，用于 SDFS 的测定，残渣用于 IDF 和

SDFP 的测定。

③ 残渣测定：

残渣质量。残渣分别用 15mL 95%乙醇洗涤 2 次，15mL 丙酮洗涤 2 次，抽滤去除洗涤液。将坩埚连同残渣置于烘箱内于 105℃±2℃烘干过夜。将坩埚转移至干燥器内冷却 1h，称量包括坩埚质量及残渣质量（m_{GR}），精确至 0.1mg，减去坩埚质量，计算试样残渣质量（m_R）。

蛋白质和灰分测定。取 1 份试样残渣参照 GB 5009.5 测定蛋白质含量（m_p），折算系数为 6.25。取另一份试样参照 GB 5009.4 测定灰分含量，即在 550℃±25℃灰化 4h 后转至干燥器中，冷却后精确称量坩埚及残渣总质量（m_{GA}），精确至 0.1mg，减去坩埚质量，计算灰分质量（m_A）。

④ SDFS 测定：

a. 浓缩。取 200mL 滤液至旋转蒸发瓶中，于 50℃水浴减压蒸发至近干。

b. 复溶。量取 20mL 水加入旋转蒸发瓶中，溶解残留物形成复溶液。

c. 脱盐。取 15mL 带盖聚丙烯管，预先装填阴离子交换树脂和氢离子交换树脂各 2 g；取 5mL 复溶液加至聚丙烯管中，旋紧盖子反复颠倒混合 5min 以上进行脱盐，静置沉淀 10min，将上清液转移至 15mL 带盖聚丙烯管中；向沉淀物中加入 5mL 水，旋紧盖子反复颠倒混匀，静置 5min 以上，合并上清液，混合后经 0.45μm 滤膜过滤，上机待测。

（5）不溶性膳食纤维（IDF）的测定　按前面步骤称样和酶解。

抽滤：取已处理的坩埚，用 3mL 水润湿硅藻土并展平，抽去水分使坩埚中的硅藻土平铺于滤板上。将试样酶解液全部转移至坩埚中抽滤，残渣用 10mL 70℃热水洗涤 2 次，用于 IDF 的测定。

残渣测定：按前面步骤测定。

（6）可溶性膳食纤维（SDF）的测定　按前面步骤称样、酶解和抽滤。

收集滤液：收集滤液至另一已预先称量的 600mL 高脚烧杯中，称量“烧杯＋滤液”的总质量，扣除烧杯质量，估算滤液体积。

沉淀：按乙醇与滤液体积 4∶1 的比例加入预热至 60℃±1℃的 95%乙醇，盖上铝箔，室温下沉淀 1h 以上。

再抽滤：按前面步骤操作。滤液用于 SDFS 的测定，残渣用于 SDFP 的测定。

测定：残渣按前面步骤测定 SDFP；滤液按前面步骤测定 SDFS。SDFP 与 SDFS 之和为可溶性膳食纤维。

6. 分析结果计算

（1）试样制备中质量变化因子　按式(8-15) 计算：

$$f=\frac{m_C}{m_D} \tag{8-15}$$

式中　f——试样制备过程中质量变化因子；

m_C——试样制备前试样质量，g；

m_D——试样制备后试样质量，g。

（2）坩埚中残渣质量　按式(8-16) 计算：

$$m_R=m_{GR}-m_G \tag{8-16}$$

式中　m_R——坩埚中残渣质量，g；

m_{GR}——坩埚及残渣质量，g；

m_G——坩埚质量，g。

（3）试剂空白质量　按式(8-17）计算：

$$m_B=\frac{m_{BR1}+m_{BR2}}{2}-m_{BP}-m_{BA} \tag{8-17}$$

式中　m_B——试剂空白质量，g；

m_{BR1}，m_{BR2}——2 份试剂空白残渣质量，g；

m_{BP}——试剂空白残渣中蛋白质质量，g；

m_{BA}——试剂空白残渣中灰分质量，g。

（4）根据残渣测定获得的 IDF、SDFP 和不含 SDFS 的 TDF 含量　按式(8-18）计算：

$$X_{DF}=\frac{\frac{m_{R1}+m_{R2}}{2}-m_P-m_A-m_B}{\frac{m_1+m_2}{2}\times f}\times 100 \tag{8-18}$$

式中　X_{DF}——试样中膳食纤维的含量，g/100g；

m_{R1}，m_{R2}——2 份试样残渣质量，g；

m_P——试样残渣中蛋白质质量，g；

m_A——试样残渣中灰分质量，g；

m_1，m_2——2 份试样称样质量，g；

f——试样制备过程中质量变化因子；

100——换算为 g/100g 的系数。

（5）SDFS 的含量　按式(8-19）计算：

$$X_{SDFS}=\frac{PA_{SDFS}\times m_{IS}}{PA_{IS}\times\frac{m_1+m_2}{2}\times R_f\times f}\times\frac{100}{1000} \tag{8-19}$$

式中　X_{SDFS}——试样中 SDFS 含量，g/100g；

PA_{SDFS}——试样上机液中待测物质峰面积；

PA_{IS}——试样上机液中内标物峰面积；

m_{IS}——试样酶解液中加入内标物质量，mg；

m_1，m_2——2 份试样称量质量，g；

R_f——标准物质与内标物质响应因子；

f——试样制备过程中质量变化因子；

100——换算系数；

1000——换算系数。

（6）检测结果的表达及换算关系　未添加膳食纤维组分的食品，如植物性食品及其制品，TDF 和 SDF 的检测结果中可不包括 SDFS 部分，TDF 表示为 TDF（酶质量法），结果相当于 TDF=IDF+SDFP；SDF 表示为 SDF（酶质量法），结果相当于 SDFP。

TDF（酶质量法）、IDF 和 SDF（酶质量法）可分别独立检测，也可根据换算公式进行相加或相减。

$$TDF = IDF+SDF(酶质量法)$$

添加了可溶性膳食纤维组分的食品应测定 SDFS，TDF 和 SDF 测定结果分别表示为

TDF（酶质量-液相色谱法）和 SDF（酶质量-液相色谱法）。

$$\text{TDF(酶质量-液相色谱法)} = \text{TDF(酶质量法)} + \text{SDFS}$$

第五节　果胶物质的测定

果胶是一种植物胶，存在于果蔬类植物组织中，是构成植物细胞的主要成分之一。存在于相邻细胞壁间的中胶层，在浆果果实和茎中含量最丰富。在果蔬未成熟时，主要以原果胶形式存在于细胞壁中。在逐渐成熟过程中，原果胶在酶的作用下水解成可溶性果胶酯酸，与纤维素、半纤维素分离，渗入细胞汁液中。如果过熟，果胶酯酸在酶的作用下可水解为果胶酸。果胶在酸的作用下最终可水解为半乳糖醛酸。集胶物质的基本结构是 D-吡喃半乳糖醛酸以 α-1,4-糖苷键结合的长链，通常以部分甲酯化状态存在。果胶物质一般以原果胶、果胶、果胶酸三种不同的形态存在于植物体内，是影响果实质地软硬的重要因素。对不同形式的果胶物质定义如下。

（1）原果胶　果胶的天然存在形式，它是与纤维素和半纤维素结合在一起的甲酯化聚半乳糖醛酸苷链。原果胶不溶于水，但在酸或酶的作用下可逐渐转化为果胶，而呈溶解状态。原果胶多存在于未成熟果蔬细胞壁的中胶层中。

（2）果胶　果胶也称为果胶酯酸，是被甲基酯化至一定程度的多聚半乳糖醛酸，在成熟果蔬的细胞液内含量较多。可溶于水，溶解度与酯化程度有关，在果胶酶或酸、碱的作用下可水解为果胶酸。甲酯化反应如下：

$$R'—COOH + HOCH_3 \longrightarrow R'—COOCH_3 + H_2O$$

甲氧基（$—OCH_3$）含量越高，果胶的凝冻能力越强。根据甲氧基含量的不同，又可将果胶分为两类：高甲氧基果胶（甲氧基含量≥7%）和低甲氧基果胶（甲氧基含量＜7%）。当酯化程度达 100%时，甲氧基含量为 16.32%。

果胶为白色无定形物质，无味、能溶于水而成为胶体溶液。在乙醇和盐类（硫酸镁、硫酸铵等）溶液中凝结沉淀，通常利用这种性质来提取果胶。

（3）果胶酸　是未经酯化的多聚半乳糖醛酸。实际工作中很难得到无甲酯的果胶物质，通常把甲氧基含量在 1%以下的果胶物质称为果胶酸。它可溶于水，在细胞汁液中可与 Ca^{2+}、Mg^{2+}、K^+、Na^+ 等离子形成不溶于水或微溶于水的果胶酸盐。

测定果胶的方法有质量法（也称为称量法）、咔唑比色法、果胶酸钙滴定法、蒸馏滴定法等，其中，果胶酸钙滴定法主要用于纯果胶的测定，但当样液有色时，滴定终点不易确定。此外，由不同来源的试样得到的果胶酸钙中钙所占比例并不相同，从测得的钙量不能准确计算出果胶物质的含量，这使此法的应用受到了一定的限制。对于蒸馏滴定法，由于蒸馏时会有一部分糠醛分解，会使回收率降低，因而此法不常用。较常用的是质量法和咔唑比色法。质量法适用于各类食品，稳定可靠，但操作烦琐费时，选择性差。

一、质量法

1. 原理

样品经 70%乙醇处理，使果胶沉淀，再依次用乙醇、乙醚洗涤沉淀，以除去可溶性糖类、脂肪、色素等物质，残渣分别用酸或水提取总果胶或水溶性果胶。果胶经皂化生成果胶酸钠，再用乙酸酸化生成果胶酸，加入钙盐则生成果胶酸钙沉淀，烘干后称重。

2. 测定方法

(1) 样品处理　新鲜样品：称取试样 30～50g，用小刀切成薄片，置于预先放有 99%乙醇的 500mL 锥形瓶中，装上回流冷凝器，在水浴上沸腾回流 15min 后冷却，用布氏漏斗过滤，残渣于研钵中一边慢慢研磨，一边滴加 70%的热乙醇，冷却后再过滤。反复操作至滤液不呈糖的反应（用苯酚-硫酸法检测）为止。残渣用 99%乙醇洗涤，再用乙醚洗涤（除去脂类和色素），风干乙醚。

干燥样品：研细，过 60 目筛，称取 5～10g 样品于烧杯中，加入热的 70%乙醇，充分搅拌以提取糖类，过滤。反复操作至滤液不呈糖的反应。残渣用 99%乙醇洗涤，再用乙醚洗涤，风干乙醚。

(2) 提取果胶　水溶性果胶提取：用 150mL 水将上述漏斗中残渣移入 250mL 烧杯中，加热至沸，并保持沸腾 1h，随时补足蒸发的水分，冷却后移入 250mL 容量瓶中。加水定容，摇匀，过滤，弃去初滤液。收集滤液即得水溶性果胶提取液。

总果胶的提取：用 150mL 加热至沸的 0.05mol/L 盐酸溶液把漏斗中的残渣移入 250mL 锥形瓶中，装上冷凝器，于沸水浴中加热回流 1h，冷却后移入 250mL 容量瓶中，加入甲基红指示剂 2 滴，加入 0.1mol/L 氢氧化钠中和后，用水定容、摇匀，过滤，收集的滤液即得总果胶提取液。

测定：取 25mL 提取液（能生成果胶酸钙 25mg 左右）于 500mL 烧杯中，加入 0.1mol/L 氢氧化钠溶液 100mL。充分搅拌，静置 0.5h，加入 1mol/L 乙酸 50mL，静置 5min，边搅拌边缓缓加入 1mol/L 氯化钙溶液 25mL，静置 1h（陈化），加热煮沸 5min，趁热用烘干至恒重的滤纸（或 G_2 垂熔坩埚）过滤，用热水洗涤至无氯离子（用 10%硝酸溶液检测）为止。滤渣连同滤纸一同放入称量瓶中，置 105℃烘箱中（G_2 垂熔坩埚可直接放入）干燥至恒重。

3. 结果计算

按式(8-20) 计算：

$$\text{果胶物质(以果胶酸计)}=\frac{m_1-m_2}{m\times\frac{25}{250}\times0.9233}\times100\% \tag{8-20}$$

式中　m_1——果胶酸钙和滤纸或垂熔坩埚质量，g；

m_2——滤纸或垂熔坩埚质量，g；

m——样品质量，g；

0.9233——由果胶酸钙换算成果胶酸的系数。

4. 说明及注意事项

① 新鲜试样切片需浸入乙醇中。防止果胶迅速分解。

② 检验糖分的苯酚-硫酸法：取检液 1mL 置于试管中，加入 5%苯酚水溶液 1mL，再加入硫酸 5mL。混匀，如果溶液呈褐色，证明检液中含有糖分。

③ 加入氯化钙溶液时，应边搅拌边缓慢滴加，避免溶液局部过浓。

④ 采用热过滤及热水洗涤沉淀主要是为了降低溶液的黏度，加快过滤和洗涤速率，增大杂质的溶解度，使其易被洗去。

二、咔唑比色法

1. 原理

果胶经水解生成半乳糖醛酸，在强酸中与咔唑试剂发生缩合反应，生成紫红色化合物，其呈色强度与半乳糖醛酸含量成正比，可比色定量。

2. 适用范围及特点

此法适用于各类食品，具有操作简便快速、准确度高、重现性好等优点。

3. 测定方法

（1）样品处理　同“质量法”。

（2）果胶的提取　同“质量法”。

（3）标准工作曲线的制作　取 8 支 50mL 比色管，各加入 12mL 浓硫酸，置冰水浴中，边冷却边缓缓依次加入浓度为 0μg/mL、10μg/mL、20μg/mL、30μg/ml、40μg/mL、50μg/mL、60μg/mL、70μg/mL 的半乳糖醛酸标准溶液 2mL，充分混合后，再置冰水浴中冷却。然后在沸水浴中准确加热 10min，用流动水迅速冷却到室温，各加入 0.15%咔唑试剂 1mL，充分混合，于室温下放置 30min，以 0 号为空白在 530nm 波长下测定吸光值，绘制标准工作曲线。

（4）测定　取果胶提取液（水溶性果胶提取液或总果胶提取液），用水稀释到适当浓度（含半乳糖醛酸 10～70μg/mL）。取 2mL 稀释液于 50mL 比色管中，以下按制作标准曲线的方法操作，测定吸光值从标准曲线上查出半乳糖醛酸浓度（μg/mL）。

4. 结果计算

按式(8-21) 计算：

$$X=\frac{cVK}{m\times10^6}\times100\% \tag{8-21}$$

式中　X——果胶物质（以半乳糖醛酸计）的含量，g/100g；

c——从标准曲线上查得的半乳糖醛酸浓度，μg/mL；

V——果胶提取液总体积，mL；

K——提取液稀释倍数；

m——样品质量，g。

5. 说明及注意事项

① 应用咔唑比色法测定果胶含量时，其试样的提取液必须是不含糖的溶液。糖分的存在对呈色反应将产生较大的干扰，从而导致测定结果偏高。

② 比色法较果胶酸钙质量法操作简便、快速，每份样品仅需 6～8h。

第六节　糖类的分离与鉴定

前面介绍了几种糖类的测定方法，但是在科研和生产中常常是几种糖类的混合物，有时需要确定糖类的组成及每种组分的含量。现在一般都采用色谱分析法来完成这项工作。由于食品种类繁多，组成、性状各异，具体应用这些方法时，必须根据样品的组成、性状，选择适当的色谱分离条件和样品处理方法。

一、气相色谱法

糖类分子间引力一般较强，挥发性弱，故不能直接进行气相色谱分析。但把糖制成具有挥发性的衍生物，就可以用气相色谱法进行分离定量，分析中所用衍生物有三氯硅烷（TMS）衍生物、三氟乙酰（TEA）衍生物、乙酰衍生物和甲基衍生物等，其中常用的是前两种。

1. 原理

样品经处理后进行衍生，使之生成挥发性 TMS 衍生物，然后注入色谱仪器，在一定色谱条件下进行分离，用火焰电离检测器检测，得出色谱图，再与标准样品的色谱图比较，根据峰的保留时间定性，根据峰面积与内标物峰面积之比，查标准曲线得出试样中糖的含量。

2. 适用范围及特点

此法适用于果汁、果酱、饼干、糕点等加工食品，以及水果、蔬菜，不适用于含乳糖的乳制品。

3. 色谱条件——色谱柱

3%Silicone DCQF-1，Chromosorb W（AW，DMCS）60～80 目；温度：柱温 120～240℃，进样口，检测器温度 250℃，升温速率 6℃/min；流速：氮气流量 60mL/min；氢气流量 50mL/min，空气流量 1L/min。

4. 说明与注意事项

① 脂肪含量高的样品，应先用正己烷脱脂。含脂肪较低的样品不必脱脂。淀粉含量较高的样品应该用 80%乙醇提取，一般样品可用水提取。

② 糖类的异构体较多，进行气相色谱法分析时，各异构体被分离，得出各自的峰，定量时要把这些峰值加起来计算。

二、高效液相色谱法

1. 原理

样品经适当的前处理后，将糖类的水溶液注入反相化学键合相色谱体系，用乙腈和水作为流动相，糖类分子按其分子量由小到大的顺序流出，经示差折光检测器检测，与标准比较定量。

按式(8-22) 计算：

$$\text{糖含量}=\frac{\rho V}{m\times 1000}\times 100\% \tag{8-22}$$

式中 ρ——由标准工作曲线查得的样液中某种糖浓度，mg/mL；

V——样液总体积，mL；

m——样品质量，g。

2. 适用范围及特点

本法广泛应用于食品中糖的测定。由于萃取与提取步骤、色谱条件和检测类型有着宽广的范围，因此，几乎所有含游离糖的样品都可以使用这种分析技术。测定不同的食品时，应根据待测糖的种类，改变流动相乙腈溶液的浓度，采取适当的样品处理方法等，提高方法的选择性、灵敏度和准确度，扩大其适用范围。

3. 色谱条件——色谱柱

pBondapak Carbohydrate（4mm×300mm）；流动相：乙腈∶水（80∶20），流速2.5mL/min；进样量：20μL，室温。

4. 说明与讨论

① 本方法可以在15min内完成5种糖的分离，精密度和准确度都很好，变异系数小于2%。

② 也有用丙酮-乙酸乙酯-水代替毒性较大的乙腈作为流动相的。

案例：抗性淀粉

思考题

1. 什么是糖类？糖类的分类是什么？
2. 还原糖的测定中，直接滴定法和高锰酸钾法有什么区别？
3. 直接滴定法中，进行样品溶液预测的目的是什么？
4. 何为淀粉？淀粉测定的方法有哪些？
5. 还原糖测定的注意事项有哪些？
6. 现需要分析中药当归中的纤维素含量，可以采用什么方法？简述其原理和分析步骤。
7. 请阐述还原糖的测定在食品工业生产中的重要意义。
8. 膳食纤维测定方法有哪些？请分别阐述。

第九章

蛋白质和氨基酸分析

第一节 概 述

蛋白质是生命的物质基础，是构成机体细胞的重要成分，是人体的重要营养物质。人体的生长发育、酸碱平衡、水平衡的维持、遗传信息的传递、物质的代谢及转运以及各种生理活动等都需要蛋白质参与。因此，人体必须从食物中获得蛋白质及其分解产物，以合成自身所需蛋白质。所以蛋白质是人体重要的组成成分，也是食品中重要的营养成分。随着食品科学的发展和营养知识的普及，食物蛋白质中必需氨基酸含量的高低及氨基酸构成，越来越得到人们的重视。食品中蛋白质含量的变化范围很宽，动物来源和豆类食品一般被认为是人体优良的蛋白质资源。部分种类食品的蛋白质含量见表 9-1。

表 9-1 部分食品的蛋白质含量

食品种类	蛋白质的质量分数(以湿基计)/%	食品种类	蛋白质的质量分数(以湿基计)/%
谷类和面食		酸奶(普通)	2.5
大黄米(黍)	13.6	豆类	
稻米(大米)	7.4	黄豆(大豆)	35.1
小麦粉(标准粉)	11.2	黑豆(黑大豆)	36.1
玉米(黄)	8.7	豆腐(北)	12.2
糜子(带皮)	10.6	豆浆	1.8
荞麦	9.3	水果和蔬菜	
青稞	10.2	苹果(生、带皮)	0.2
馒头(蒸,标准粉)	7.8	梨(莱阳梨)	0.3
面条(标准粉)	8.5	葡萄(巨峰)	0.4
乳制品		桃(蜜桃)	0.9
牛乳(全脂、液体)	3.3	芦笋(生)	2.3
牛乳粉(全脂)	20.1	白菜(大白菜)	1.7
奶酪(干酪)	25.7	草莓(生)	0.6

续表

食品种类	蛋白质的质量分数(以湿基计)/%	食品种类	蛋白质的质量分数(以湿基计)/%
莴苣(冰、生)	1.0	鸡(土鸡,家养)	21.6
马铃薯(整粒、肉和皮)	2.1	酱牛肉	31.4
肉、家禽、鱼等		火腿(切片、普通)	17.6
牛肉(五花、肋条)	18.6	鸡蛋(生、全蛋)	12.5
猪肉(脊背、里脊)	20.2	鱼(太平洋鳕鱼、生)	17.9

蛋白质是由氨基酸通过酰胺键的形式组成的高分子化合物，摩尔质量大部分高达数万至数百万，分子的长轴则长达 1～100nm。构建人体蛋白质的氨基酸有 20 种，对成人而言，有 8 种必需氨基酸，包括异亮氨酸、亮氨酸、赖氨酸、苯丙氨酸、蛋氨酸、苏氨酸、色氨酸和缬氨酸，组氨酸为婴幼儿所必需。当必需氨基酸摄入不足时，会影响人体的生长发育以及正常的生理功能。几种常见食物和人体蛋白质氨基酸的模式如表 9-2 所示（以色氨酸含量为一份）。

表 9-2　几种常见食物和人体蛋白质氨基酸模式

氨基酸	人体	全鸡蛋	牛乳	牛肉	大豆	面粉	大米
异亮氨酸	4.0	3.2	3.4	4.4	4.3	3.8	4.0
亮氨酸	7.0	5.1	6.8	6.8	5.7	6.4	6.3
赖氨酸	5.5	4.1	5.6	7.2	4.9	1.8	2.3
蛋氨酸＋半胱氨酸	3.5	3.4	2.4	3.2	1.2	2.8	2.3
苯丙氨酸＋酪氨酸	6.0	5.5	7.3	6.2	3.2	7.2	3.8
苏氨酸	4.0	2.8	3.1	3.6	2.8	2.5	2.9
缬氨酸	5.0	3.9	4.6	4.6	3.2	3.8	4.8
色氨酸	1.0	1.0	1.0	1.0	1.0	1.0	1.0

因此，蛋白质、氨基酸含量是评价食物品质及营养价值的重要指标之一。测定食物中蛋白质、氨基酸含量具有以下意义。

1. 对食物的营养学价值进行评价

蛋白质是人体最重要的营养素之一，蛋白质的营养价值评价包括含量、消化率、利用率等指标。食物蛋白质中的氨基酸组成不同，其消化率、利用率的差异很大，对人体健康的影响也不同，以利用率中的氨基酸评分为例，氨基酸评分（amino acid score，AAS）是被测食物蛋白质的必需氨基酸组成与推荐的理想蛋白质或参考蛋白质氨基酸模式进行比较，并计算氨基酸分值的方法。它表明了当某种必需氨基酸缺乏的时候，会使人体对氨基酸的利用率降低，多余的蛋白质要经过肾脏代谢，如长期这样饮食，会给健康带来负面影响。再如，对肝脏病人，如摄入的氨基酸比例不对，多余的蛋白质就会经过肝脏代谢，而使病情加重。因此，了解蛋白质、氨基酸的组成，可指导正确选择食物，以利于健康。

2. 食品营养成分表中标明蛋白质含量

我国 GB 28050—2025《食品安全国家标准　预包装食品营养标签通则》中要求标示蛋白质含量。食品营养标签是指向消费者提供食品营养成分信息和特性的说明，包括营养成分表、营养声称和营养成分功能声称以及注意事项，如是否含有某些蛋白过敏原等，以满足消费者的知情权、帮助消费者科学选择食物，促进合理膳食。同时也能规范食品企业在营养标签上的正确标注，促进食品贸易。

3. 优化食物配方，改善食物蛋白质、氨基酸的数量与结构

人体对不同食物的蛋白质利用率不同，营养价值不同，因此，可以通过对食物蛋白质氨基酸的分析，进行食物配方的优化，使蛋白质氨基酸的组成满足人体需求。这项工作对于特殊人群如孕妇、婴幼儿、儿童、青少年、患病者、特殊工作岗位、老年人群等十分重要。

4. 对食品企业或食品研发有重要促进作用

在食品加工工业或食品研发工作中，蛋白质对食品的色、香、味以及形等感官品质有十分重要的影响与贡献。食品的加工、研发必须运用蛋白质的功能，如起泡、乳化、增稠等，使食品有更好的功能性。另外，蛋白质、氨基酸对食品风味的影响也十分显著。例如，在适度加热的情况下，亮氨酸、缬氨酸、赖氨酸、脯氨酸与葡萄糖一起产生诱人的香气；麦芽糖与苯丙氨酸产生令人愉快的焦糖香，果糖与苯丙氨酸则产生不愉快的焦糖味等。因此，了解食品原料蛋白质、氨基酸的组成对食品加工与研发十分重要。

第二节　蛋白质含量的测定

组成蛋白质的元素主要是碳、氢、氧、氮四种，除此之外还含有少量的硫、磷、铁、镁、碘等元素。其中，氮是构成蛋白质的特征元素，一般蛋白质中平均含氮量大约为16%，即1份氮相当于6.25份蛋白质，因此6.25通常作为蛋白质的换算系数。不同食物中蛋白质含氮量略有差别，故换算系数也略有不同，常见食物的换算系数列于表9-3中。由于食物中的总氮包括蛋白氮和部分非蛋白氮（如尿素氮、游离氨氮、生物碱氮和无机盐氮等），因此用总氮量来换算的结果被称为粗蛋白。因此，测定食物的总氮量并将其换算成蛋白质的含量，是一种间接测定食物中蛋白质含量的方法。

表9-3　部分食品的蛋白质换算系数

食品种类	蛋白质含量/%	换算系数	食品种类	蛋白质含量/%	换算系数
蛋或肉	16.00	6.25	燕麦	18.66	5.36
牛乳	15.70	6.38	大豆	18.12	5.52
小麦	18.76	5.33	大米	19.34	5.17
玉米	17.70	5.56	杏仁	19.31	5.18
芝麻	18.87	5.30	花生	18.31	5.46

测定食品中蛋白质的方法可分为两大类：一类是利用蛋白质的共性，即含氮量、肽键和折射率等原理测定；另一类是利用蛋白质中特定氨基酸残基、酸性和碱性基团及芳香基团等特征测定。蛋白质含量测定最常用的方法是凯氏定氮法，它是测定食品中总有机氮最准确和操作较简便的方法之一，在国内外应用普遍。该法是通过测出样品中的总含氮量再乘以相应的蛋白质系数而求出蛋白质含量的，由于样品中常含有少量非蛋白质含氮化合物，所以此法的测定结果称为粗蛋白质含量。此外，双缩脲法、染料结合法、酚试剂法等也常用于蛋白质含量测定，由于方法简便快速，所以多用于生产单位质量控制分析。

一、凯氏定氮法

凯氏定氮法由 Kieldahl 于 1883 年首先提出，经过长期改进，迄今已演变出常量凯氏定氮法、微量凯氏定氮法、自动定氮仪法、半微量法及改良凯氏法等多种，至今仍被作为标准检验方法。

新鲜食品中含氮化合物大都以蛋白质为主体，所以检验食品中的蛋白质时往往只限于测定总氮量，然后乘以蛋白质换算系数，即可得到蛋白质含量。凯氏定氮法可用于所有动物、植物食品的蛋白质含量测定，但因样品中常含有核酸、生物碱、含氮类脂及含氮色素等非蛋白质的含氮化合物，所以测定结果称为粗蛋白质含量。由于多数食物的蛋白质平均含氮量较稳定，且食物中的氮多来源于蛋白质，非蛋白氮含量很少，故可通过测定食物的总氮量来计算食物所含蛋白质的量。本书对 GB 5009.5—2025《食品安全国家标准　食物中蛋白质的测定》方法进行介绍。

1. 原理

食品中的蛋白质在催化加热条件下被分解，产生的氨与硫酸结合生成硫酸铵。碱化蒸馏使氨游离，用硼酸吸收后以硫酸或盐酸标准滴定溶液滴定，根据硫酸或盐酸的消耗量计算氮含量，再乘以换算系数，即为蛋白质的含量。

① 浓硫酸具有脱水性，使有机物脱水后被炭化为碳、氢、氮。浓硫酸又有氧化性，将有机物炭化后的碳氧化为二氧化碳，硫酸则被还原成二氧化硫：

$$2H_2SO_4 + C = 2SO_2 + 2H_2O + CO_2$$

二氧化硫使氮还原为氨，本身则被氧化为三氧化硫，氨随之与硫酸作用生成硫酸铵留在酸性溶液中：

$$H_2SO_4 + 2NH_3 = (NH_4)_2SO_4$$

② 碱化蒸馏反应方程式如下：

$$(NH_4)_2SO_4 + 2NaOH = 2NH_3 + 2H_2O + Na_2SO_4$$

在消化完全的样品溶液中加入浓氢氧化钠使溶液呈碱性，加热蒸馏，即可释放出氨气。

③ 加热蒸馏所放出的氨，可用硼酸溶液进行吸收，反应方程式如下：

$$2NH_3 + 4H_3BO_3 = (NH_4)_2B_4O_7 + 5H_2O$$

④ 待吸收完全后，再用盐酸标准溶液滴定，滴定反应方程如下：

$$(NH_4)_2B_4O_7 + 2HCl + 5H_2O = 2NH_4Cl + 4H_3BO_3$$

2. 试剂与材料

硫酸铜，硫酸钾，硫酸，硼酸，甲基红指示剂，溴甲酚绿指示剂，亚甲基蓝指示剂，氢氧化钠，95%乙醇。

3. 仪器和设备

分析天平（1mg），定氮蒸馏装置，移液管，定氮瓶，消化炉，半自动凯氏定氮仪或全自动凯氏定氮仪，匀浆机，粉碎机。

4. 分析步骤

（1）试样制备　液态样品摇匀；含有气体的蛋白饮料应采用超声波的方式脱气后再称量

测定；基质均匀的半固态样品和粉状样品直接称量；其他样品需匀浆或粉碎均匀。粮食类样品至少要研磨 200g 样品。颗粒、块状固体样品研磨后要充分混匀，使其完全通过 0.9mm（20 目）孔径的筛子。产品标准中对样品处理有特殊要求的，按产品标准执行。制备好的试样应尽快测定。如试样结果以干基计算，应按照 GB 5009.3 或相应产品标准中规定的方法测定水分。

（2）试样处理　称取固体试样 0.2～2g、半固体试样 2～5g，精确至 0.001g，液体试样 10～25mL（g）（相当于 30～40mg 氮），分别移入干燥的 100mL、250mL 或 500mL 定氮瓶中，加入 0.4g 硫酸铜、6g 硫酸钾及 20mL 硫酸，轻摇后于瓶口放一小漏斗，将瓶以 45°角斜放置于有小孔的石棉网上。缓慢加热，待内容物全部炭化，泡沫完全停止后，加大火力，并保持瓶内液体微沸，至液体呈蓝绿色并澄清透明后，再继续加热 0.5～1h。取下定氮瓶冷却至室温，小心加入 20 mL 水，将内容物全部转移至 100mL 容量瓶中，并用少量水洗定氮瓶内壁，洗液并入容量瓶中，再加水至刻度，混匀备用。同时进行空白试验。

（3）测定　按图 9-1 装好凯氏定氮蒸馏装置，向水蒸气发生瓶内装水至 2/3 处，加入甲基红乙醇溶液数滴及数毫升硫酸，以保持水呈酸性，并加入数粒玻璃珠以防暴沸。加热煮沸水蒸气发生瓶内的水并保持沸腾。

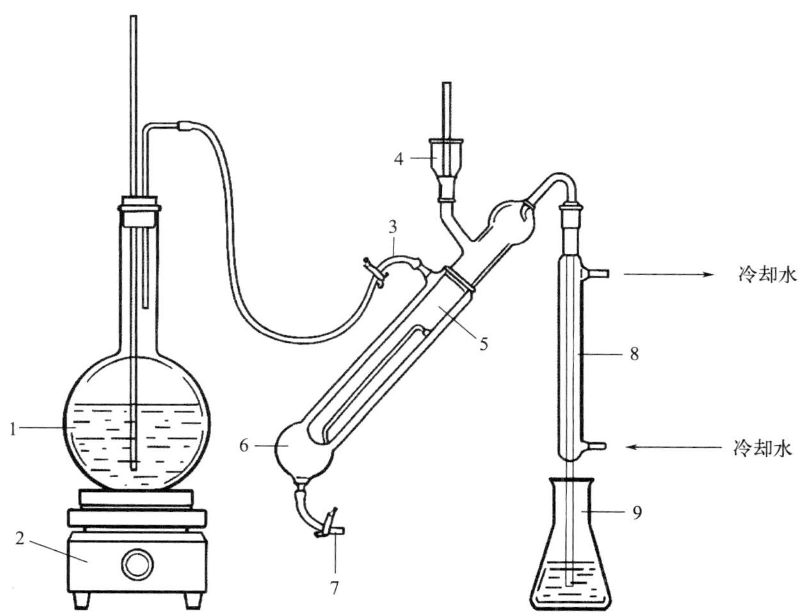

图 9-1　凯氏定氮蒸馏装置

1—水蒸气发生器（烧瓶）；2—电炉；3—水蒸气入口导管及螺旋夹；4—小玻璃杯及棒状玻塞；5—反应室；6—反应室外层；7—出水导管及螺旋夹；8—冷凝管；9—蒸馏液接收瓶

向接收瓶内加入 20g/L 硼酸溶液 10mL，以及 A 混合指示剂（2 份甲基红乙醇溶液与 1 份亚甲基蓝乙醇溶液临用时混合）或 B 混合指示剂（1 份甲基红乙醇溶液与 5 份溴甲酚绿乙醇溶液临用时混合）3～4 滴，并使冷凝管的下端插入液面下。根据试样中氮含量，准确吸取 2.0～10.0mL 试样处理液由小玻璃杯注入反应室，以 10mL 水洗涤小玻璃杯并使之缓缓流入反应室，随后塞紧棒状玻塞。将 10mL 氢氧化钠溶液（400g/L）倒入小玻璃杯，提起棒状玻塞使其缓慢流入反应室，立即塞紧棒状玻塞，并加入少量蒸馏水密封进样口。夹紧螺旋夹，开始蒸馏。蒸馏 15min 后移动蒸馏液接收瓶，液面离开冷凝管下端，再蒸馏约 1min，至用 pH 试纸检测馏出液为中性。用少量水冲洗冷凝雪下端外部，取下蒸馏液接收瓶。分别取样液和试剂空白溶液，立即用硫酸或盐酸标准溶液滴定吸收液至终点。如用 A 混合指示剂，终点为灰蓝色；如用 B 混合指示剂，终点为浅灰红色。

（4）全自动或半自动凯氏定氮仪法　称取固体试样 0.2～2g、半固体试样 2～5g，精确至 0.001g，液体试样 10～25g（mL）（相当于 30～40mg 氮），再加入 0.4g 硫酸铜、6g 硫酸钾及 20mL 硫酸于消化炉进行消化。当消化炉温度达到 420℃之后，继续消化至少 1h，此时消化管中的液体呈绿色透明状，于全自动或半自动凯氏定氮仪（使用前根据不同仪器优化分析参数，加入氢氧化钠溶液、盐酸或硫酸标准溶液以及含有混合指示剂 A 或 B 的硼酸溶液）进行试样检测。当蛋白质含量≤1g/100g 或 1g/100mL 时，建议使用 0.05mol/L 的标准滴定液滴定，当蛋白质含量＞1g/100g 或 1g/100mL 时，建议使用 0.10mol/L 的标准滴定液滴定。

5. 分析结果计算

试样中蛋白质的含量按式(9-1) 计算：

$$X=\frac{(V_1-V_2)cm_0}{mV_3/V_4}\times F\times 100 \tag{9-1}$$

式中　X——试样中蛋白质的含量，g/100g 或 g/100mL；

V_1——试液消耗硫酸或盐酸标准滴定液的体积，mL；

V_2——试剂空白消耗硫酸或盐酸标准滴定液的体积，mL；

c——硫酸或盐酸标准滴定液的浓度，mol/L；

m_0——1.0mL 硫酸或盐酸标准滴定溶液相当的氮的质量，0.014g；

m——样品的质量，g；

V_3——吸取消化液的体积，mL；

V_4——消解溶液的定容体积，mL；

F——蛋白质折算系数；

100——单位换算系数。

蛋白质含量≥1g/100g 或 1g/100mL 时，结果保留三位有效数字；蛋白质含量＜1g/100g 或 1g/100mL 时，结果保留两位有效数字。

分析结果以氮含量表述时，不需要乘蛋白质折算系数 F。分析结果以蛋白质含量表述时，应同时报告蛋白质折算系数。

当用半自动或全自动凯氏定氮仪全部转移消化液时，$V_3=V_4$。

以干基计算试样中蛋白质的含量需根据试样的水分含量折算。

6. 注意事项

① 消化应在通风橱进行，并使试样全部浸泡在消化液中。为缩短消化时间，硫酸铜或硫酸钾作催化剂。样品不易消化时，可将定氮瓶取下放冷却后，缓缓加入 30%过氧化氢 2～3mL，促进消化，但不能加入高氯酸，以免生成氮氧化物，使结果偏低。

② 消化时不要用强火，应保持和缓沸腾，以免黏附在凯氏定氮瓶内壁上的含氮化合物在无硫酸存在的情况下未消化完全而造成氮损失。消化过程中应不时转动凯氏定氮瓶，以便

利用冷凝酸液将附在瓶壁上的固体残渣洗下并促进其消化完全。

③ 样品中如果含脂肪或糖较多时，消化过程中易产生大量泡沫，为防止泡沫溢出瓶外，在开始消化时应用小火加热，并不停地摇动；或加入少量辛醇、液状石蜡或硅油消泡剂，并同时注意控制热源强度。

④ 如果取样量较大，如干试样超过5g，可按每克试样5mL的比例增加硫酸用量。

⑤ 一般消化至呈透明后，继续消化30min即可，但对于含有特别难以氨化的氮化合物的样品，如含赖氨酸、组氨酸、色氨酸、酪氨酸或脯氨酸等时，需适当延长消化时间。有机物如果分解完全，消化液呈蓝色或浅绿色，但含铁量多时，呈较深绿色。

⑥ 蒸馏装置不能漏气。加入的氢氧化钠是否足量，可根据硫酸铜在碱性情况下生成的褐色沉淀或深蓝色的铜氨络离子判断。若溶液的颜色不变，则说明所加的碱不足。

⑦ 蒸馏时，蒸汽发生应均匀、充足，蒸馏中途不得停火断气，否则会发生倒吸。加碱要足量，动作要快，防止生成的氨气逸散损失。还应防止碱液污染冷凝管及吸收瓶，如发现碱液污染，应立即停止蒸馏样品，待清洗干净后再重新蒸馏。冷凝管口一定要浸入吸收液中，防止氨挥发损失。蒸馏结束后应先将吸收液离开冷凝管口，以免发生倒吸。蒸馏是否完全，可以用精密pH试纸测试冷凝管口的冷凝液来确定。

⑧ 蒸馏完毕后，应先将冷凝管下端提离液面清洗管口，再蒸1min后关掉热源，否则可能造成吸收液倒吸。混合指示剂在碱性溶液中呈绿色，在中性溶液中呈灰色，在酸性溶液中呈红色。

⑨ 所用试剂溶液应用无氨蒸馏水配制。

⑩ 样品实际含氮量必须从测得的样品含量中减去空白样品中的含氮量。

⑪ 硼酸吸收液的温度不应超过40℃，否则对氨的吸收作用减弱而造成氨损失。

近年来，凯氏定氮法经不断地研究改进，使其在应用范围、分析结果的准确度、仪器装置及分析操作速度等方面均取得了新的进步。目前已实现经消化的样品溶液加入自动凯氏定氮仪即可自动加液、蒸馏、滴定和记录滴定数据的过程。

二、分光光度法

1. 原理

食品中的蛋白质在催化加热条件下被分解，分解产生的氨与硫酸结合生成硫酸铵，在pH4.8的乙酸钠-乙酸缓冲溶液中与乙酰丙酮和甲醛反应生成黄色的3,5-二乙酰-2,6-二甲基-1,4-二氢化吡啶化合物。在波长400nm下测定吸光度值，与标准系列比较定量，结果乘以换算系数，即为蛋白质含量。

2. 试剂与材料

硫酸铜，硫酸钾，硫酸（98%），氢氧化钠，对硝基苯酚，乙酸钠，无水乙酸钠，乙酸，甲醛（37%），乙酰丙酮，乙醇（95%），硫酸铵（优级纯）。

3. 仪器和设备

分光光度计，电热恒温水浴锅（100℃±0.5℃），具塞玻璃比色管（10mL），天平（1mg）。

4. 分析步骤

（1）试样消解　称取充分混匀的固体试样0.1～0.5g（精确至0.001g）、半固体试样 0.2～1g（精确至 0.001g）或液体试样 1～5g（精确至 0.001g），移入干燥的 100mL 或 250mL 定氮瓶中，加入 0.1g 硫酸铜、1g 硫酸钾及 5mL 硫酸，摇匀后于瓶口放一小漏斗，将定氮瓶以 45°角斜支于有小孔的石棉网上。缓慢加热，待内容物全部炭化，泡沫完全停止后，加强火力，并保持瓶内液体微沸，至液体呈蓝绿色澄清透明后，再继续加热 0.5h。取下放冷，慢慢加入 20mL 水，放冷后移入 50mL 或 100mL 容量瓶中，并用少量水洗定氮瓶，洗液并入容量瓶中，再加水至刻度，混匀备用。按同一方法做试剂空白试验。

（2）试样溶液的制备　吸取 2.00～5.00mL（精确至 0.1mL）试样或试剂空白消化液于 50mL 或 100mL 容量瓶内，加 1～2 滴对硝基苯酚指示剂溶液，摇匀后滴加氢氧化钠溶液中和至黄色，再滴加乙酸溶液至溶液无色，用水稀释至刻度，混匀。

（3）标准曲线的绘制　吸取 0.00mL、0.05mL、0.10mL、0.20mL、0.40mL、0.60mL、0.80mL 和 1.00mL 氨氮标准使用溶液（相当于 0.00μg、5.00μg、10.0μg、20.0μg、40.0μg、60.0μg、80.0μg 和 100.0μg 氮），分别置于 10mL 比色管中。加 4.0mL 乙酸钠-乙酸缓冲溶液及 4.0mL 显色剂，加水稀释至刻度，混匀。置于 100℃ 水浴中加热 15min。取出用水冷却至室温后，移入 1cm 比色杯内，以零管为参比，于波长 400nm 处测量吸光度值，根据标准各点吸光度值绘制标准曲线或计算线性回归方程。

（4）试样测定　吸取 0.50～2.00mL（约相当于氮＜100μg）试样溶液和同量的试剂空白溶液，分别于 10mL 比色管中。加 4.0mL 乙酸钠-乙酸缓冲溶液及 4.0mL 显色剂，加水稀释至刻度，混匀。置于 100℃ 水浴中加热 15min。取出用水冷却至室温后，移入 1cm 比色杯内，以零管为参比，于波长 400nm 处测量吸光度值，在标准曲线上查得待测液的浓度。

5. 分析结果计算

试样中蛋白质的含量按式(9-2) 计算：

$$X=\frac{(C-C_0)V_1V_3}{mV_2V_4\times1000\times1000}\times F\times100 \tag{9-2}$$

式中 X——试样中蛋白质的含量，g/100g 或 g/100mL；

C——试样测定液中氮的含量，μg；

C_0——试剂空白测定液中氮的含量，μg；

V_1——试样消化液定容体积，mL；

V_2——制备试样溶液的消化液体积，mL；

V_3——试样溶液总体积，mL；

V_4——测定用试样溶液体积，mL；

m——样品的质量，g；

100——单位换算系数；

1000——单位换算系数；

F——氮换算为蛋白质的系数。

蛋白质含量≥1g/100g 或 1g/100mL 时，结果保留三位有效数字；蛋白质含量＜1g/100g 或 1g/100mL 时，结果保留两位有效数字。

分析结果以氮含量表述时，不需要乘蛋白质折算系数 F。分析结果以蛋白质含量表述时，应同时报告蛋白质折算系数。

以干基计算试样中蛋白质的含量需根据试样的水分含量折算。

三、双缩脲法

1. 原理

加热至150～160℃时，2分子脲脱去1个氨分子生成双缩脲，可与铜离子形成有色复合物，称为双缩脲反应。蛋白质分子中含有两个以上的肽键，与双缩脲结构相似，也有双缩脲反应（氨基酸没有此结构），因此，在碱性溶液中蛋白质与二价铜离子（如硫酸铜）形成可溶性的紫红色复合物（在540～560nm波长有最大吸收），在一定范围内其颜色的深浅与蛋白质含量成正比，而与蛋白质的分子量及氨基酸成分无关。双缩脲与碱及少量硫酸铜溶液作用生成紫红色的配合物，此反应称为双缩脲反应。

2. 操作步骤

（1）绘制标准曲线　分别称取40mg、50mg、60mg、70mg、80mg、90mg、100mg、110mg标准牛血清蛋白样于8支50mL纳氏比色管中，然后各加入1mL四氯化碳，再用碱性硫酸铜溶液准确稀释至50mL，振摇10min，静置1h，取上清液离心5min，取离心分离后的透明液于比色皿中，在560nm波长下以蒸馏水作参比液调节仪器零点并测定各溶液的吸光度（A），以牛血清蛋白的含量为横坐标、吸光度为纵坐标绘制标准曲线。

（2）样品的测定　准确称取样品适量（使蛋白质含量为40～110mg）于50mL纳氏比色管中，加入1mL四氯化碳，按上述步骤显色后，在相同条件下测其吸光值。用测得的吸光值在标准曲线上即可算得蛋白质质量（mg），进而由此求得样品中的蛋白质含量。

3. 结果计算

试样中蛋白质的含量按式(9-3)计算：

$$\text{蛋白质(mg/100g)} = c \times 100/m \tag{9-3}$$

式中　c——为由标准曲线上查得的蛋白质质量，mg；

m——为样品质量，g。

4. 方法特点及应用范围

该方法简便、快速，不受蛋白质特异性影响，但灵敏度较差，所需样品量为0.2～1.7mg/mL。在生物化学领域中测定蛋白质含量时常用此法，也适用于豆类、油料、米谷等作物种子及肉类等样品的蛋白质含量测定。

5. 说明及注意事项

① 蛋白质种类对发色程度影响不大。

② 标准曲线制作完成后，无须每次再做标准曲线。

③ 含脂肪高的样品应预先用醚抽出弃去。

④ 样品中有不溶性成分存在时，会给比色测定带来困难，此时可预先将蛋白质抽出后再进行测定。

⑤ 当肽链中含有脯氨酸时，如果有大量糖类共存，则显色不好，会使测定值偏低。

⑥ 碱性硫酸铜溶液由0.1mol氢氧化钾、5g酒石酸钾钠、1.6g硫酸铜溶于蒸馏水后加蒸馏水至1000mL配成。

四、燃烧法

1. 原理

试样在900～1200℃高温下燃烧，燃烧过程中产生混合气体，其中的碳、硫等干扰气体和盐类被吸收管吸收，氮氧化物被全部还原成氮气，形成的氮气气流通过热导检测器（TCD）进行检测。

2. 仪器和设备

氮/蛋白质分析仪，天平（0.1mg），匀浆机，粉碎机。

3. 分析步骤

按照仪器说明书要求称取0.1～1.0g充分混匀的试样（精确至0.0001g），或移取0.1～1.0mL（g）充分混匀的液体试样，用锡箔、锡囊包裹或称量于不锈钢坩埚中，放置于样品盘上。试样经过充分燃烧，测其含量。

4. 适用范围

适用于蛋白质含量在10g/100g以上的粮食、豆类乳粉、米粉、蛋白质粉等固体试样的测定，不适用于添加无机含氮物质和有机非蛋白质含氮物质的食物。

五、考马斯亮蓝比色法

1. 原理

考马斯亮蓝G-250是一种有机染料，在游离状态下呈红色，在稀酸溶液中与蛋白质中的碱性氨基酸（特别是精氨酸）和芳香族氨基酸残基结合后变为蓝色，其最大吸收峰的位置也由465nm变为595nm。

2. 试剂与材料

牛血清蛋白，考马斯亮蓝，高氯酸。

3. 仪器和设备

分光光度计，天平（0.1mg）等。

4. 操作步骤

① 精确称取牛血清白蛋白10mg，用蒸馏水配成100μg/mL的牛血清蛋白标准溶液。

② 称取60mg考马斯亮蓝G-250，溶于100mL高氯酸溶液（3%）中，滤去未溶解的染料，储于棕色瓶中备用。

③ 吸取样品稀释液2mL，加考马斯亮蓝染料试剂2mL混匀，以介质溶液调零，在595nm处测定吸光值，并与蛋白质标准溶液对照，求出样品蛋白质含量。

5. 方法特点及应用范围

① 测定蛋白质浓度范围为0～1000μg/mL。

② 优点：快速，反应可在2min内完成；重现性好、灵敏度高，且不受酚类、游离氨基酸和小分子的影响。最低蛋白质检测量1μg。

缺点：受非离子和离子型去垢剂的干扰，如三硝基甲苯（Triton）X-100和十二烷基磺酸钠。蛋白质-染色剂的复合物可与石英比色皿结合，分析人员必须使用玻璃比色皿或塑料比色皿；反应颜色随不同种类的蛋白质而变化，因此，必须仔细选择作为标准的蛋白质。

③ 考马斯亮蓝比色法已经成功用于测定麦芽汁、啤酒产品和马铃薯块茎中的蛋白质含量。本法可改善测定微量蛋白质的结果。本法快速、灵敏，较少受其他因素干扰，考马斯亮蓝比色法已广泛应用于水溶性蛋白质，以及蛋白质纯化过程中的含量测定。

六、紫外吸收法

1. 原理

蛋白质分子中含有共轭双键的酪氨酸、色氨酸时，在 280nm 处有吸收，且每一种食品的蛋白质中色氨酸和酪氨酸的含量非常恒定。因此，可利用分光光度法，在 280nm 处测定吸收值来确定蛋白质的含量。参照事先用凯氏定氮法测定蛋白质含量的标准样所作的标准曲线，即可求出样品的蛋白质含量。

2. 操作步骤

（1）绘制标准曲线　分别称取 40mg、50mg、60mg、70mg、80mg、90mg、100mg、110mg 标准牛血清蛋白样，使用蒸馏水定容于 50mL 容量瓶中。在 280nm 波长下以蒸馏水作参比液调节仪器零点并测定各浓度标准溶液的吸光度（A），以牛血清蛋白的含量为横坐标、吸光度为纵坐标绘制标准曲线。

（2）样品的测定　准确称取样品适量（使蛋白质含量为 40～110mg），经过相应的前处理提取后，提取液使用蒸馏水定容于 50mL 容量瓶中，按上述步骤在相同条件下测其吸光值。用测得的吸光值和标准曲线即可算得蛋白质质量（mg），进而由此求得样品中的蛋白质含量。

3. 结果计算

蛋白质的含量按式(9-4) 计算：

$$蛋白质(mg/100g)=c\times 100/m \tag{9-4}$$

式中　c——由标准曲线上查得的蛋白质质量，mg；

m——样品质量，g。

4. 适用范围

本法操作简便迅速，但由于许多非蛋白质成分在紫外线区也有吸收作用，加之光散射作用的干扰，当蛋白质与标准蛋白质中酪氨酸、色氨酸含量有较大差异时，会有较大误差。当样品中含有嘧啶、嘌呤等能吸收紫外线的物质时对测定有干扰，所以本法在食品分析领域中的应用并不广泛。本法最早用于测定牛乳的蛋白质含量，也可用于测定小麦面粉、糕点、豆类、蛋黄及肉制品中的蛋白质含量，由于测定中无须添加显色物质，在蛋白质的分离纯化中应用较多。

5. 说明及注意事项

① 测定牛乳样品时的方法：准确吸取混合均匀的样品 0.2mL 于 25mL 纳氏比色管中，用 95%～97%的冰乙酸稀释至标线，摇匀，以 95%～97%冰乙酸为参比液，用 1cm 比色皿于 280nm 处测定吸光度，并用标准曲线法确定样品蛋白质含量。

② 测定糕点蛋白质含量时应将表皮的颜色去掉。

③ 温度对蛋白质水解有影响，操作温度应控制在 20～30℃。

④ 凡是有共轭双键的物质均具有紫外吸收值。因此，如果样品中含核酸，则嘧啶、嘌

呤两类碱基对蛋白质的测定产生干扰，应加以校正。纯蛋白质和纯核酸的紫外吸收比 A_{280nm}/A_{260nm} 分别为1.8和0.5。如果知道 A_{280nm}/A_{260nm} 的值，就能校正核酸在 A_{280nm} 的吸收值。但由于不同的蛋白质和核酸对紫外线吸收不同，校正后的测定结果还存在一定的误差。

⑤ 对于蛋白质的稀溶液，因蛋白质含量低而不能使用280nm的光吸收测定，还可用215nm和225nm吸收值之差计算蛋白质含量。

七、红外光谱法

1. 原理

红外光谱法测定由食品或其他物质中分子引起的辐射吸收（近红外、中红外、远红外区）。食品中不同的功能基团吸收不同频率的辐射。对于蛋白质和多肽，多肽键在中红外波段（6.47μm）和近红外（NIR）波段（如3300～3500nm、2080～2220nm、1560～1670nm）的特征吸收可用于测定食品中的蛋白质含量。针对所要测的成分，用红外波长光辐射样品，通过测定样品反射或透射光的能量（反比于能量的吸收）可以预测其成分的浓度。

2. 适用范围

红外牛乳分析仪采用中红外光谱法测定牛乳蛋白质含量，同时近红外光谱仪也广泛应用于食品蛋白质的分析中（如谷物、谷类制品、肉类和乳制品中）。这些仪器非常昂贵，且须经调试。但分析人员只需经过最低程度的培训就可以快速分析样品（30s～2min）。

第三节　氨基酸测定

一、食品中总氨基酸的测定

氨基酸是含有氨基和羧基的一类有机化合物，是组成蛋白质的基本单位。食品中总氨基酸的测定方法主要包括氨基酸分析仪法（GB 5009.124）、高效液相色谱仪法、高效液相色谱-串联质谱法、茚三酮比色法等。

（一）全自动氨基酸分析仪法

氨基酸分析仪，即茚三酮柱后衍生离子交换色谱仪，在进行氨基酸分析前，必须将食品蛋白质/肽水解成单个氨基酸。

1. 原理

食品中的蛋白质/肽经盐酸水解成为游离氨基酸，经离子交换柱分离后，与茚三酮溶液产生颜色反应，再通过可见光分光光度检测器测定氨基酸含量。

2. 特点及应用

该方法具有操作简单、灵敏度高、适用范围广等特点。用于食品中酸水解氨基酸的测定，包括天冬氨酸、苏氨酸、丝氨酸、谷氨酸、甘氨酸、丙氨酸、胱氨酸、缬氨酸、蛋氨酸、异亮氨酸、亮氨酸、酪氨酸、苯丙氨酸、赖氨酸、组氨酸、精氨酸和脯氨酸共17种氨基酸。

3. 试剂与材料

盐酸（浓度≥36%，优级纯），苯酚，氮气（纯度99.9%），柠檬酸钠（优级纯），氢氧化钠（优级纯）。

4. 仪器和设备

实验室用组织粉碎机或研磨机，匀浆机，分析天平（感量分别为0.0001g和0.00001g），水解管（耐压螺盖玻璃试管或安瓿瓶，体积为20～30mL），真空泵（排气量≥40L/min），酒精喷灯，电热鼓风恒温箱或水解炉，试管浓缩仪或平行蒸发仪（附带配套15～25mL试管），氨基酸分析仪（茚三酮柱后衍生离子交换色谱仪）。

5. 分析步骤

（1）样品前处理　根据样品状态（固体、半固体、液体）不同，将样品用粉碎机、研磨机或匀浆机进行粉碎或匀浆。

（2）盐酸水解　在水解管内加10～15mL 6mol/L盐酸溶液（根据样品的蛋白质含量而定）。对于含水量高、蛋白质含量低的样品（如水果、蔬菜等），可先加入等体积的浓盐酸，再用6mol/L盐酸溶液加至约10mL。继续加入苯酚3～4滴，再将水解管放入冷冻剂中冷冻3～5min，接到真空泵的抽气管上，抽真空至接近0Pa，然后充入氮气，重复抽真空再充入氮气三次后，在充氮气状态下封口或拧紧螺丝盖。将已封口的水解管放在110℃±1℃的电热鼓风恒温箱或水解炉内，水解22h后，取出冷却至室温。

打开水解管，将水解液过滤至50mL容量瓶内，用少量去离子水多次冲洗水解管，并移入同一50mL容量瓶内，定容后振荡混匀。准确吸取1.0mL滤液移入15mL或25mL试管内，用试管浓缩仪或平行蒸发仪在40～50℃下减压干燥，残留物用1～2mL水溶解，再减压干燥，最后蒸干。将1.0～2.0mL pH 2.2柠檬酸钠缓冲溶液加入干燥后试管内溶解，振荡混匀后过0.22μm滤膜，然后转移至仪器进样瓶待测。

（3）测定　启动氨基酸自动分析仪，设定工作参数，待基线稳定后，分别吸取适量不同浓度的系列混合氨基酸标准工作溶液和待测样品溶液，注入氨基酸分析仪进行测定。

6. 结果计算

以外标法通过峰面积计算样品测定液中氨基酸的浓度。

7. 注意事项

① 在重复性条件下获得的两次独立测定结果的绝对差值不得超过算术平均值的12%。

② 水解过程应按要求严格控制，盐酸纯度、氧气存在、水解温度和时间等操作不当均会引起较大的实验误差。苯酚的加入，可抑制酪氨酸与盐酸中的氯等产生卤代物的反应，从而使测定结果更准确。

③ 色氨酸在盐酸水解时被破坏，在需要测定色氨酸含量时应采用碱水解。

（二）高效液相色谱仪法

1. 原理

食品中的蛋白质/肽经盐酸水解成为游离氨基酸，水解氨基酸与异硫氰酸苯酯发生衍生化反应，生成在254nm有强紫外吸收的衍生物，再通过高效液相色谱仪测定氨基酸的含量。

2. 特点及应用

该方法具有操作简单、灵敏度高、检出限低、应用范围广等特点。用于食品中酸水解氨基酸的测定，包括天冬氨酸、苏氨酸、丝氨酸、谷氨酸、甘氨酸、丙氨酸、胱氨酸、缬氨酸、蛋氨酸、异亮氨酸、亮氨酸、酪氨酸、苯丙氨酸、赖氨酸、组氨酸、精氨酸和脯氨酸共17种氨基酸。

3. 操作步骤

（1）样品前处理和盐酸水解　同前述全自动氨基酸分析仪法。

（2）氨基酸衍生化　准确移取0.4mL复溶后的样品水解液或空白溶液（0.4mL 0.1mol/L HCl）于10mL离心管中，分别加入0.2mL 1.0mol/L三乙胺-乙腈溶液和0.2mL 1.0mol/L异硫氰酸苯酯-乙腈溶液，混匀后于室温下放置60min，加入1mL正己烷，涡旋混合器振荡1min，8000r/min冷冻离心5min，萃取反应过剩的异硫氰酸苯酯，弃上层正己烷，将下层溶液用纯水定容到2mL容量瓶中，经0.22μm滤膜过滤后待测。

（3）测定　启动高效液相色谱仪，设定工作参数，待基线稳定后，分别吸取适量不同浓度的系列混合氨基酸标准工作溶液和待测样品溶液，进样至高效液相色谱仪进行测定。

4. 结果计算

以氨基酸标准工作溶液各氨基酸峰面积为纵坐标，浓度为横坐标，建立标准工作曲线。通过待测样品和空白样品中各氨基酸色谱峰面积对其氨基酸含量进行计算。样品测定值扣除空白样品中各氨基酸本底值，即为各待测样品中游离氨基酸净含量。

5. 注意事项

氨基酸需要在碱性条件下（pH约为9）与异硫氰酸苯酯发生反应，可采用氮吹的方式去除HCl溶液，以避免直接采用氢氧化钠调pH时产生大量NaCl，从而导致在加入三乙胺-乙腈溶液和异硫氰酸苯酯-乙腈溶液后，出现溶液分层现象，造成衍生反应不完全。

（三）高效液相色谱-串联质谱法

1. 原理

食品中的蛋白质/肽经盐酸水解成为游离氨基酸，通过高效液相色谱-串联质谱直接测定氨基酸的含量。

2. 特点及应用

该方法无须进行柱前或柱后衍生，具有测定简便、分析通量高、数据准确度高等优点，但仪器价格昂贵。

3. 操作步骤

（1）样品前处理和盐酸水解　同前述全自动氨基酸分析仪法。

（2）测定　启动高效液相色谱-串联质谱仪，设定工作参数，待基线稳定后，分别吸取适量不同浓度的系列混合氨基酸标准工作溶液和待测样品溶液，进样至高效液相色谱-串联质谱仪进行测定。

4. 结果计算

以氨基酸标准工作溶液各氨基酸离子峰峰面积为纵坐标，浓度为横坐标，建立标准工作曲线。通过待测样品和空白样品中各氨基酸离子峰面积对其氨基酸含量进行计算。样品测定值扣除空白样品中各氨基酸本底值，即为各待测样品中氨基酸净含量。

5. 注意事项

以各氨基酸色谱峰 3 倍以及 10 倍信噪比分别得出检测限和定量限，并以定量限线性最高质量浓度确定其线性范围。

（四）茚三酮比色法

1. 原理

除脯氨酸、羟脯氨酸和茚三酮反应生成黄色物质外，所有氨基酸与蛋白质都能和茚三酮反应生成蓝紫色物质。该反应分两步进行，首先是氨基酸与茚三酮共同加热被氧化分解产生 CO_2、NH_3 和醛，而茚三酮被还原成还原型茚三酮；第二步是还原型茚三酮与另一个水合茚三酮分子和氨缩合生成有色物质，在 570nm 处有最大吸收。

2. 特点及应用

该方法适用于食品中总氨基酸及游离氨基酸的测定，具有所需仪器简单、操作简便、定量准确、实验成本低、检测结果稳定等优点。

3. 操作步骤

（1）茚三酮显色剂配制　准确称取 2g 茚三酮，用蒸馏水溶解，并定容于 100mL 容量瓶中，得 2%的茚三酮显色剂，避光低温保存，现配现用。

（2）氨基酸标准溶液　称取氨基酸标准品，配制成 200mg/L 的氨基酸标准溶液，并稀释成不同梯度浓度的氨基酸标准工作溶液。

（3）样品待测液准备　根据样品状态（固体、半固体、液体）不同，将样品用粉碎机、研磨机或匀浆机进行粉碎或匀浆。称取一定量样品，加一定量去离子水，经超声处理后，离心取上清液待测。

（4）反应条件的选择　根据样品的不同，可对茚三酮显色剂用量、磷酸盐缓冲液 pH 值、加热温度与时间等反应条件进行优化。

（5）标准曲线绘制　取 4mL 不同梯度浓度的氨基酸标准工作溶液，加入 1mL 茚三酮显色液、1mL 磷酸盐缓冲液混合均匀，水浴加热一定时间后，取出迅速冷至室温，加水至标线后摇匀。静置 15min 后，在 570nm 波长下以试剂空白为参比液测定其余各溶液的吸光值。以氨基酸的质量（μg）为横坐标，吸光值为纵坐标，绘制标准曲线。

（6）样品测定　吸取待测样品溶液 1～4mL，按标准曲线制作步骤，在相同条件下测定吸光值。

4. 结果计算

用测得的吸光值在标准曲线上可查得对应的氨基酸质量，或根据标准曲线所得公式进行计算。

5. 注意事项

需要控制好反应条件，以得到准确的测量结果。

二、游离氨基酸的测定

游离氨基酸是以单个分子或离子形成存在，可被水溶液或其他溶剂直接浸提出来的氨基酸（GB/T 30987—2020）。食品中游离氨基酸的测定方法主要包括全自动氨基酸分析仪法、高效液相色谱与荧光检测法、高效液相色谱与二极管阵列检测法、液相色谱-串联质谱法等。

（一）全自动氨基酸分析仪法

1. 原理

样品中游离氨基酸经沸水提取后，经氨基酸分析仪的磺酸型阳离子交换柱分离后，在135℃下加热，氨基酸与茚三酮混合反应，伯胺与茚三酮生成蓝紫色化合物，仲胺与茚三酮生成黄色化合物，分别在570nm和440nm波长下通过可见光分光光度检测器检测2种衍生产物，保留时间定性，外标工作曲线法定量。

2. 特点及应用

该方法适用于食品、医学、农业、微生物等领域的各类样品，具有操作简单、灵敏度高、准确可靠、重现性好、适用范围广、样品用量小等优点，但存在测定时间相对较长、柱后扩散较大导致分辨率下降、价格相对昂贵等缺点。该方法适用于21种游离氨基酸（丙氨酸、精氨酸、天冬酰胺、天冬氨酸、胱氨酸、γ-氨基丁酸、谷氨酰胺、谷氨酸、甘氨酸、组氨酸、异亮氨酸、亮氨酸、赖氨酸、蛋氨酸、苯丙氨酸、脯氨酸、丝氨酸、茶氨酸、苏氨酸、酪氨酸、缬氨酸）的测定。

3. 流动相配制

流动相B_1（pH 2.8）：称取柠檬酸锂（四水）5.73g、氯化锂1.24g、柠檬酸19.90g，溶于700mL水中，加入30.0mL无水乙醇、5.0mL硫代双乙醇、4.0mL聚氧乙烯月桂醚，再加入0.1mL辛酸，转移至1000mL容量瓶中，用水定容，过0.45μm水相滤膜，备用。

流动相B_2（pH 3.7）：称取柠檬酸锂（四水）9.80g、氯化锂6.36g、柠檬酸12.00g，溶于700mL水中，加入30.0mL无水乙醇、5.0mL硫代双乙醇、4.0mL聚氧乙烯月桂醚，再加入0.1mL辛酸，定容与过滤条件同流动相B_1。

流动相B_3（pH 3.6）：称取柠檬酸锂（四水）8.79g、氯化锂26.62g、柠檬酸11.27g，溶于700mL水中，加入100.0mL无水乙醇、3.0g苯甲醇、4.0mL聚氧乙烯月桂醚，再加入0.1mL辛酸，定容与过滤条件同流动相B_1。

流动相B_4（pH 4.1）：称取柠檬酸锂（四水）9.80g、氯化锂38.15g、柠檬酸3.30g，溶于700mL水中，加入4.0mL聚氧乙烯月桂醚，再加入0.1mL辛酸，定容与过滤条件同流动相B_1。

流动相B_5：流动相B_5为经0.45μm水相滤膜过滤后的水。

流动相B_6：称取氢氧化锂8.40g，溶于700mL水中，加入30.0mL无水乙醇、4.0mL聚氧乙烯月桂醚，再加入0.1mL辛酸，定容与过滤条件同流动相B_1。

4. 柱后衍生化反应溶液配制

反应溶液R_1：称取茚三酮39.0g，溶于979mL乙二醇甲醚中，超声溶解5min，过0.45μm有机相滤膜，加入硼氢化钠81.0mg，氮气鼓泡30min，放置过夜使用。

反应溶液R_2：称取无水乙酸钠204.0g，加入300mL水、123mL冰乙酸、401mL乙二醇甲醚，超声至溶解，转移至1000mL容量瓶中，用水定容，过0.45μm有机相滤膜，氮气鼓泡10min，备用。

反应溶液R_3：准确移取50mL无水乙醇于1000mL容量瓶中，用纯水定容至1000mL，混匀后过0.45μm有机相滤膜，备用。

5. 操作步骤

(1) 样品前处理　将样品用匀浆机打成匀浆或尽量粉碎，制备均匀性好的样品。准确称取一定量样品，精确到0.0001g。根据样品来源或状态的不同，可以采用酸溶液提取（如磺基水杨酸溶液）、超声提取、热水提取（先沸水冲泡再水浴加热）等方法对样品进行处理。经处理后的样品，在高速离心、滤纸过滤或抽滤后，经0.45μm水相滤膜过滤后待测。

（2）测定　启动氨基酸自动分析仪，设定分离梯度条件程序和反应体系条件程序等工作参数，待基线稳定后，分别吸取适量不同浓度的系列混合氨基酸标准工作溶液和待测样品溶液，注入氨基酸自动分析仪进行测定，并以水作为空白样品。

6. 结果计算

以混合氨基酸标准工作溶液中各氨基酸峰面积为纵坐标，浓度为横坐标，建立标准工作曲线。通过待测样品和空白样品中各氨基酸色谱峰面积对其氨基酸含量进行计算。样品测定值扣除空白样品中各氨基酸本底值，即为各待测样品中游离氨基酸净含量。

7. 注意事项

① 反应溶液 R_1 配制好后应尽快使用完毕，不宜长期储存。

② 在重复性条件下获得的两次独立测定结果的绝对差值不得超过算术平均值的12%。

（二）高效液相色谱与荧光检测法

1. 原理

样品中游离氨基酸经6-氨基喹啉-*N*-羟基琥珀酰亚胺基氨基甲酸酯衍生，使之生成具有荧光的衍生物，经液相色谱分离，并用荧光检测器测定。

2. 特点及应用

该方法适用于农产品、药材、蛋白质酶解液、生物体液等多种样品，具有分离效能高、速度快、操作简便、检测灵敏度好、对样品适用范围广等优点，但存在仪器价格高、衍生副产物以及衍生物水解会造成干扰等缺点。

3. 衍生试剂配制

6-氨基喹啉-*N*-羟基琥珀酰亚胺基氨基甲酸酯溶液：称取6-氨基喹啉-*N*-羟基琥珀酰亚胺基氨基甲酸酯3.0mg，用1.0mL乙腈溶解，加盖密封，涡旋混合10s，置于55℃烘箱中加热，直到衍生试剂充分溶解，取出备用。

衍生用缓冲溶液（0.20mol/L）：称取无水硼砂10.06g，加水溶解并定容至250mL，用磷酸调节pH至8.8，0.45μm水相滤膜过滤后备用。

4. 流动相配制

储备液：配制800mmol/L磷酸氢二钠储备液、800mmol/L磷酸二氢钾储备液、1mol/L盐酸三乙胺水溶液，备用。

流动相A：准确移取95mL磷酸二氢钾储备液（800mmol/L）、5mL磷酸二氢钠储备液（800mmol/L）、10mL盐酸三乙胺水溶液（1mol/L）和54mL乙腈至1000mL容量瓶中，用水定容至1000mL，混匀，超声脱气10min后备用。

流动相B：准确移取100mL磷酸二氢钾储备液（800mmol/L）至1000mL容量瓶中，加入水250mL，加入乙腈500mL，用水定容至1000mL，混匀，超声脱气10min后备用。

5. 操作步骤

（1）样品衍生　移取待测样品溶液、空白样品（水）或氨基酸标准工作溶液10μL于洁净的玻璃内插管中，加入衍生用缓冲溶液70μL，然后加入衍生试剂20μL，涡旋混合10s，加盖密封于进样瓶中，在室温下静置1min，转移至55℃烘箱中加热10min，取出待测。

（2）测定　启动高效液相色谱仪，设定洗脱程序等工作参数，待基线稳定后，将衍生后的待测样品溶液、空白样品（水）或氨基酸标准工作溶液进样。

6. 结果计算

以氨基酸标准工作溶液各氨基酸峰面积为纵坐标，浓度为横坐标，建立标准工作曲线。通过待测样品和空白样品中各氨基酸色谱峰面积对其氨基酸含量进行计算。样品测定值扣除空白样品中各氨基酸本底值，即为各待测样品中游离氨基酸净含量。

7. 注意事项

在重复性条件下获得的两次独立测定结果的绝对差值不得超过算术平均值的12%。

（三）高效液相色谱与二极管阵列检测法

1. 原理

样品中游离氨基酸的氨基与邻苯二甲醛、3-巯基丙酸发生衍生反应，采用高效液相色谱分离，并用二极管阵列检测器进行测定。

2. 特点及应用

该方法适用于氨基酸基婴儿配方食品和氨基酸改性医疗食品中一些游离氨基酸测定，具有分离速度快、简单易行的优点。

3. 标准溶液配制

在0.1mol HCl溶液中制备所有20种氨基酸（1000μg/mL）的混合储备标准溶液。使用相同的程序制备内标L-去甲缬氨酸（1000μg/mL）的储备标准溶液。氨基酸混合工作溶液和L-去甲缬氨酸内标溶液通过采用水-乙腈溶剂（1∶2，体积比）对相关储备溶液进行稀释获得，其中L-去甲缬氨酸内标溶液的恒定浓度为50μg/mL。

4. 衍生试剂配制

衍生试剂通过混合15mL浓度为10mmol/L的邻苯二甲醛溶液（用pH 10硼酸盐缓冲液配制）、5mL浓度为10mmol/L的3-巯基丙酸溶液新鲜配制得到。

5. 操作步骤

（1）样品制备　准确称取0.02g样品溶解于1mL去离子水中，添加50μL L-去甲缬氨酸内标溶液，然后加入2mL乙腈，涡旋1min后，超声处理2min，并在11500r/min下离心10min，过0.2μm膜。

（2）样品衍生　将5mL衍生试剂加入氨基酸标准工作溶液或样品溶液中，在室温下反应5min，然后过0.2μm膜，并立即上样进行测定。

（3）测定　启动高效液相色谱仪，设定洗脱程序等工作参数（可参考表9-4），待基线稳定后，将衍生后的待测样品溶液、空白样品（水）或氨基酸标准工作溶液进样。上样量为20μL，柱温为30℃，在检测波长338nm处检测以L-去甲缬氨酸为内标的衍生氨基酸。

表9-4　流动相与梯度洗脱条件

时间/min	流速/(mL/min)	流动相A	流动相B	流动相C
		乙腈∶甲醇∶水（45∶45∶10,体积比）	乙酸钠缓冲液(100mmol/L,pH 6.3)+5%(体积比)甲醇	水
0	1	6	50	44
3	1	10	50	40

续表

时间/min	流速/(mL/min)	流动相A	流动相B	流动相C
		乙腈：甲醇：水(45：45：10,体积比)	乙酸钠缓冲液(100mmol/L,pH 6.3)+5%(体积比)甲醇	水
7	1	25	50	25
10	1	35	50	15
15	1	40	50	10
17	1	45	50	5
19	1	70	15	15
21	1	100	0	0
22	1	6	50	44
23	1	6	50	44

6. 结果计算

通过绘制响应比（氨基酸与L-去甲缬氨酸）与相应浓度的比例，构建每种氨基酸的校准曲线。

7. 注意事项

① 氨基酸标准溶液及工作溶液均在4℃下储存，储备标准溶液最多可储存一个月。

② 检测限在0.01μg/mL和0.28μg/mL之间。

③ 最大重复回收值在91%～108%范围内，相对标准偏差≤15%。

（四）液相色谱-串联质谱法

1. 原理

样品中游离氨基酸经提取后，采用液相色谱-串联质谱测定各氨基酸的离子峰面积。

2. 特点及应用

该方法适用于食品、农业、微生物、医学等领域的各类样品，具有分析通量高、易于自动化、分析复杂样品时干扰小、数据准确度高等优点，特别适于低含量样品的检测分析；但存在仪器价格昂贵的缺点。

3. 流动相

流动相A（20mmol/L甲酸铵-水溶液）、流动相B（20mmol/L甲酸铵-乙腈溶液）。

4. 操作步骤

(1) 绘制标准曲线　启动液相色谱-串联质谱仪，设定洗脱程序等工作参数，待基线稳定后，将不同浓度（0.1mg/L、0.25mg/L、0.5mg/L、1.0mg/L、2.5mg/L、5.0mg/L、10mg/L）氨基酸标准工作液依次进样分析，以各氨基酸的浓度为横坐标、离子峰面积为纵坐标，建立标准曲线。

移取待测样品溶液、空白样品（水）或氨基酸标准工作溶液10μL于洁净的玻璃内插管中，加入衍生用缓冲溶液70μL，然后加入衍生试剂20μL，涡旋混合10s，加盖密封于进样瓶中，在室温下静置1min，转移至55℃烘箱中加热10min，取出待测。

(2) 样品测定　在相同仪器及洗脱程序条件下，将待测样品溶液进样至液相色谱-串联质谱仪进行测定。

5. 结果计算

将待测样品的离子峰面积代入标准曲线进行游离氨基酸含量计算。

6. 注意事项

如待测样品的离子峰面积超出标准曲线范围，应适当稀释后再测。

案例：酿酒高粱中的主要成分

思考题

1. 为什么凯氏定氮法测定出食品中的蛋白质含量为粗蛋白含量？

2. 在消化过程中加入的硫酸铜试剂有哪些作用？

3. 样品消化过程中内容物的颜色发生了哪些变化？为什么会发生这些变化？

4. 蛋白质的结果计算为什么要乘上蛋白质系数？6.25 的系数是怎么得到的？

5. 用什么方法可以对谷物中的蛋白质含量进行测定？请简述其原理、操作步骤及结果计算过程。

第十章

维生素分析

第一节　概　述

维生素又名维他命，是维持人体正常生理功能必需的一类天然有机化合物，是生物体新陈代谢过程中必不可少的微量物质。除少数几种维生素可在人体合成外，大多数维生素都需从食物中摄取。当机体内某种维生素长期缺乏时，即可发生特有的维生素缺乏症。

维生素种类很多，目前食品中已确认的维生素有 30 多种，对维持人体健康最为重要的有 10 余种。各种维生素具有共同特点：①维生素均以维生素原（维生素前体）的形式存在于食物中，在生物体中可转化成相应的维生素；②维生素不是构成机体组织和细胞的组成成分，也不会产生能量，它的作用主要是作为辅酶或辅基的成分，调节机体蛋白质、脂肪、糖类和能量的代谢过程；③大多数维生素，机体不能合成或合成量不足，不能满足机体的需要，必须经常通过食物获得，果蔬类食物是人和动物所需维生素的重要来源；④人体对维生素的需要量很小，日需要量常以毫克（mg）或微克（μg）计，但一旦长期缺乏就会引发相应的维生素缺乏症，对人体健康造成损害。而过多摄取一些维生素也会出现中毒症状。因此，从营养学上看，必须合理控制维生素的供给量，以满足人体的正常需要。

一、维生素分类

维生素根据溶解特性可分为两大类（表 10-1）。一类为脂溶性维生素，溶于脂肪或脂溶剂而不溶于水，在食物中与脂类共存，因此它们在肠道中的吸收也都与脂肪的吸收有关。脂溶性维生素主要包括维生素 A、维生素 D、维生素 E 和维生素 K 等，其摄入后存在于脂肪组织中，排泄效率低，故大剂量摄入时可能在体内蓄积引起中毒。另一类为水溶性维生素，包括 B 族维生素和维生素 C（抗坏血酸），都能溶于水，绝大多数在机体中常以辅酶或辅基的多种形式参与酶系统工作，在机体中间代谢的多个环节起着非常重要的作用，满足组织需要后能从机体排出，一般不会产生蓄积和毒害作用。人体比较容易缺乏的重要维生素有维生素 A、维生素 D、维生素 E、维生素 B_1、维生素 B_2、维生素 B_5、维生素 B_6 和维生素 C。

表 10-1 维生素的分类

类别	中文名	类别	中文名
水溶性维生素	B族维生素	脂溶性维生素	维生素 A
	维生素 B_1（硫胺素）		维生素 A_1（视黄醇）
	维生素 B_2（核黄素）		维生素 A_2（脱氢视黄醇）
	维生素 B_3（烟酸、烟酰胺）		维生素 D
	维生素 B_5（泛酸、遍多酸）		维生素 D_2（麦角钙化醇）
	维生素 B_6（吡哆醇）		维生素 D_3（胆钙化醇）
	维生素 B_7（生物素）		维生素 E
	维生素 B_9（叶酸）		α、β、γ、δ-生育酚
	维生素 B_{12}（钴胺素）		α、β、γ、δ-生育三烯酚
	维生素 C（抗坏血酸）		维生素 K
			维生素 K_1（叶绿醌）
			维生素 K_2（甲基萘醌类）

二、维生素的测定

食品中维生素含量的测定是食品营养成分分析的主要项目之一，特别是对于维生素强化食品意义重大。在评价食品的营养价值、开发和利用富含维生素的食品资源、指导人们合理调整膳食结构、指导人们制定合理的工艺条件及储存条件、最大限度地保留各种维生素等方面具有十分重要的意义和作用。

1. 维生素标准品

（1）含量表示方法　测定维生素含量必须有标准品，标准品应以官方标准为基础。

（2）标准品的保存　维生素标准品保存时，要特别注意避光、避免高温、避免与空气及还原性物质接触，否则容易引起维生素的分解，导致测定结果产生误差，必要时应对标准品进行验证。

（3）国际单位换算　维生素国际单位换算如表 10-2 所示。

表 10-2 维生素国际单位换算

维生素	1 个国际单位(IU)	维生素	1 个国际单位(IU)
全反式维生素 A	0.300μg	维生素 B_1	3.00μg
全反式棕榈酸视黄酯	0.550μg	维生素 C	50.00μg
β-胡萝卜素	0.600μg	维生素 D_2 或维生素 D_3	0.025μg

2. 样品的采取、制备和保存

由于维生素同食品中其他营养成分相比含量甚微，而且多数不够稳定，都具有易分解的特性。因此采集样品时采取样品量不可过少，试样制备最好立即进行分析，处理及保存时应特别注意避免强光（尤其是紫外线）照射，以及避免酸、碱、热、氧化剂（甚至空气中氧）等敏感因素，制备样品时也应注意防止维生素的破坏损失。

3. 维生素检测方法

维生素的检测方法主要有化学法、仪器法和微生物分析法。化学法中的比色法和滴定法，具有简便、快速、不需特殊仪器等优点，被广大基层实验室普遍采用。

仪器法中有荧光法、分光光度法、色谱法、酶法和免疫法等多种方法，其中紫外可见分光光度法、荧光光度法是多种维生素的标准分析方法，它们灵敏、快速，有较好的选择性，且经济、简便、省时，被国内外广泛作为标准测定方法。另外，各种色谱法以其独特的高分离效能，在维生素分析方面占有越来越重要的地位。例如，高效液相色谱法（HPLC）可用于大多数维生素的分析，并且在某些条件下可同时分析几种维生素或同效维生素（维生素的异构体），但分析费用较高。微生物分析法仅限于对水溶性维生素的分析测定。因此不同的分析方法适用于不同的分析对象和食品基质，在选择分析方法时应予以注意。

本章重点介绍食品中几种常见维生素的分析测定。

第二节　脂溶性维生素测定

通常测定脂溶性维生素时，先用皂化法处理样品，用水洗去类脂物，然后用有机溶剂提取脂溶性维生素（不皂化物），浓缩后溶于适当的溶剂中进行测定。在皂化和浓缩时，为防止维生素氧化分解，常加入抗氧化剂（焦性没食子酸、维生素 C 等）。对于某些液态样品或脂肪含量低的样品，可以先用有机溶剂抽提除去脂类，然后进行皂化处理；对于维生素 A、维生素 D、维生素 E 共存的样品，或杂质含量高的样品，在皂化提取后，还需进行色谱分离。分析操作一般在避光条件下进行。

一、维生素 A 的测定

维生素 A 又称为视黄醇、维生素 A，是所有具有视黄醇生物活性的化合物的总称。在所有维生素 A 中，全反式视黄醇的生物活性最高，普遍存在于动物性脂肪中，主要来源于肝脏、鱼肝油、蛋类、乳类等动物性食品中。植物性食品中不含维生素 A，但在深色水果蔬菜中含有胡萝卜素，在人体内可以转变为维生素 A，故称为维生素 A 原，又称为类胡萝卜素，包括植物性食品中的 α-胡萝卜素、β-胡萝卜素、γ-胡萝卜素和玉米黄素等。

维生素 A 和类胡萝卜素对热、酸、碱都比较稳定，但容易被空气中的氧所氧化，特别是在高温条件下，紫外线可以促进其氧化。脂肪酸败时，所含的维生素 A 和类胡萝卜素都将受到严重破坏。当食物中含有磷脂、维生素 E、维生素 C 或其他抗氧化剂时，维生素 A 和类胡萝卜素较为稳定。

《食品安全国家标准　食品中维生素 A、D、E 的测定》（GB 5009.82—2016），维生素 A 常用的测定方法是反相高效液相色谱法。

1. 原理

试样中的维生素 A 及维生素 E 经皂化（含淀粉先用淀粉酶酶解）、提取、净化、浓缩后，C_{30} 或 PFP 反相液相色谱柱分离，紫外检测器或荧光检测器检测，外标法定量。

2. 仪器和设备

分析天平：感量为 0.01mg；恒温水浴振荡器；旋转蒸发仪；氮吹仪；紫外分光光度计；分液漏斗萃取净化振荡器；高效液相色谱仪：带紫外检测器或二极管阵列检测器或荧光检测器。

3. 试剂与材料

无水乙醇，抗坏血酸，氢氧化钾，乙醚，石油醚，无水硫酸钠，pH 试纸，甲醇，淀粉酶，2,6-二叔丁基对甲酚（BHT）、维生素 A 标准品。

4. 分析步骤

（1）试样制备　将一定数量的样品按要求经过缩分、粉碎均质后，储存于样品瓶中，避光冷藏，尽快测定。

（2）试样处理

① 皂化。不含淀粉样品：称取 2～5g（精确至 0.01g）经均质处理的固体试样或 50g（精确至 0.01g）液体试样于 150mL 平底烧瓶中，固体试样需加入约 20mL 温水，混匀，再加入 1.0g 抗坏血酸和 0.1g BHT，混匀，加入 30mL 无水乙醇，加入 10～20mL 氢氧化钾溶液，边加边振摇，混匀后于 80℃ 恒温水浴振荡皂化 30min，皂化后立即用冷水冷却至室温。

含淀粉样品：称取 2～5g（精确至 0.01g）经均质处理的固体试样或 50g（精确至 0.01g）液体样品于 150mL 平底烧瓶中，固体试样需用约 20mL 温水混匀，加入 0.5～1g 淀粉酶，放入 60℃ 水浴避光恒温振荡 30min 后，取出，向酶解液中加入 1.0g 抗坏血酸和 0.1g BHT，混匀，加入 30mL 无水乙醇，10～20mL 氢氧化钾溶液，边加边振摇，混匀后于 80℃ 恒温水浴振荡皂化 30min，皂化后立即用冷水冷却至室温。

② 提取。将皂化液用 30mL 水转入 250mL 的分液漏斗中，加入 50mL 石油醚-乙醚混合液，振荡萃取 5min，将下层溶液转移至另一 250mL 的分液漏斗中，加入 50mL 的混合醚溶液再次萃取，合并醚层。

③ 洗涤。用约 100mL 水洗涤醚层，约需重复 3 次，直至将醚层洗至中性（可用 pH 试纸检测下层溶液 pH 值），去除下层水相。

④ 浓缩。将洗涤后的醚层经无水硫酸钠（约 3g）滤入 250mL 旋转蒸发瓶或氮气浓缩管中，用约 15mL 石油醚冲洗分液漏斗及无水硫酸钠 2 次，并入蒸发瓶内，并将其接在旋转蒸发仪或气体浓缩仪上，于 40℃ 水浴中减压蒸馏或气流浓缩，待瓶中醚液剩下约 2mL 时，取下蒸发瓶，立即用氮气吹至近干。用甲醇分次将蒸发瓶中残留物溶解并转移至 10mL 容量瓶中，定容至刻度。溶液过 0.22μm 有机系滤膜后供高效液相色谱测定。

（3）色谱参考条件　色谱参考条件列出如下：色谱柱：C_{30} 柱（柱长 250mm，内径 4.6mm，粒径 3μm），或相当者；柱温：20℃；流动相：A 水，B 甲醇，洗脱梯度见表 10-3；流速：0.8mL/min；紫外检测波长：维生素 A 为 325nm；维生素 E 为 294nm；进样量：10μL；标准色谱图和样品色谱图见 10-1。

C_{30} 色谱柱-反相高效液相色谱法洗脱梯度参考条件见表 10-3。

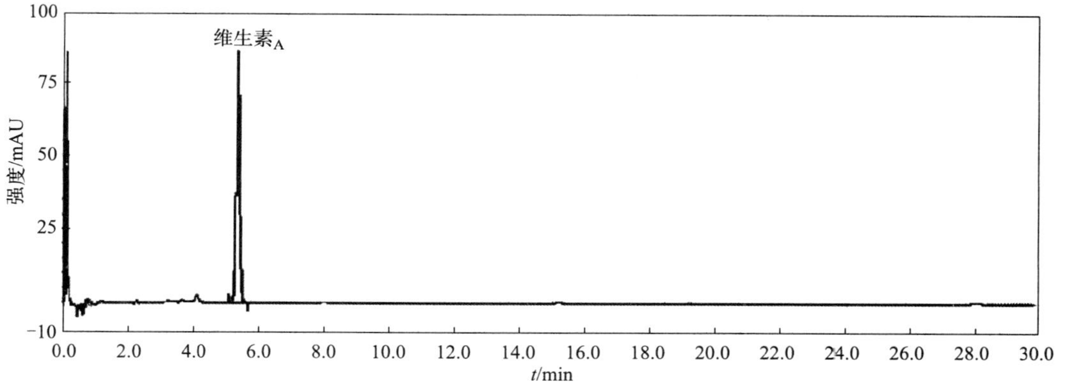

图 10-1 维生素 A 标准溶液 C_{30} 柱反相色谱图（2.5μg/mL）

表 10-3 C_{30} 色谱柱-反相高效液相色谱法洗脱梯度参考条件

时间/min	流动相 A/%	流动相 B/%	流速/(mL/min)
0.0	4	96	0.8
13.0	4	96	0.8
20.0	0	100	0.8
24.0	0	100	0.8
24.5	4	96	0.8
25.0	4	96	0.8

（4）标准曲线的制作　本法采用外标法定量。将维生素 A 和维生素 E 标准系列工作溶液分别注入高效液相色谱仪中，测定相应的峰面积，以峰面积为纵坐标，以标准测定液浓度为横坐标绘制标准曲线，计算直线回归方程。

（5）样品测定　试样液经高效液相色谱仪分析，测得峰面积，采用外标法通过上述标准曲线计算其浓度。在测定过程中，建议每测定 10 个样品用同一份标准溶液或标准物质检查仪器的稳定性。

5. 分析结果的表述

试样中维生素 A 的含量按式(10-1) 进行计算：

$$X=\frac{\rho Vf\times 100}{m} \tag{10-1}$$

式中　X——试样中维生素 A 的含量，μg/100g；

ρ——根据标准曲线计算得到的试样中维生素 A 的浓度，μg/mL；

V——定容体积，mL；

f——换算因子（维生素 A：$f=1$）；

100——试样以每 100g 计算的换算系数；

m——试样的称样量，g。

计算结果保留三位有效数字。

6. 适用范围

适用于食品中维生素 A 的测定。

7. 注意事项

① 使用的所有器皿不得含有氧化性物质；分液漏斗活塞玻璃表面不得涂油；处理过程应避免紫外线照射，尽可能避光操作；提取过程应在通风柜中操作。

② 皂化时间一般为 30min，如皂化液冷却后，液面有浮油，需要加入适量氢氧化钾溶液，并适当延长皂化时间。

二、维生素 E 的测定

维生素 E 常用的测定方法是正相高效液相色谱法。

1. 原理

试样中的维生素 E 经有机溶剂提取、浓缩后，用高效液相色谱酰氨基柱或硅胶柱分离，经荧光检测器检测，外标法定量。

2. 仪器和设备

分析天平：感量为 0.1mg；恒温水浴振荡器；旋转蒸发仪；氮吹仪；紫外分光光度计；索氏提取仪或加速溶剂萃取仪；高效液相色谱仪，带荧光检测器或紫外检测器。

3. 试剂与材料

无水乙醇，乙醚，石油醚，无水硫酸钠，正己烷，异丙醇，叔丁基甲基醚，甲醇，四氢呋喃，1,4-二氧六环，2,6-二叔丁基对甲酚（BHT），有机系过滤头，维生素 E 标准品。

4. 分析步骤

（1）试样制备　将一定数量的样品按要求经过缩分、粉碎、均质后，储存于样品瓶中，避光冷藏，尽快测定。

（2）试样处理　植物油脂：称取 0.5～2g 油样（准确至 0.01g）于 25mL 的棕色容量瓶中，加入 0.1g BHT，加入 10mL 流动相超声或涡旋振荡溶解后，用流动相定容至刻度，摇匀。过孔径为 0.22μm 有机系滤头于棕色进样瓶中，待进样。

坚果、豆类、辣椒粉等干基植物样品：称取 2～5g 样品（准确至 0.01g），用索氏提取仪或加速溶剂萃取仪提取其中的植物油脂，将含油脂的提取溶剂转移至 250mL 蒸发瓶内，于 40℃水浴中减压蒸馏或气流浓缩至干，取下蒸发瓶，用 10mL 流动相将油脂转移至 25mL 容量瓶中，加入 0.1g BHT，超声或涡旋振荡溶解后，用流动相定容至刻度，摇匀。过孔径为 0.22μm 有机系滤头于棕色进样瓶中，待进样。

（3）色谱参考条件　色谱参考条件如下。色谱柱：酰氨基柱（柱长 150mm，内径 3.0mm，粒径 1.7μm）或相当者；柱温：30℃；流动相：正己烷＋[叔丁基甲基醚-四氢呋喃-甲醇混合液（20＋1＋0.1）]＝90＋10；流速：0.8mL/min；荧光检测波长：激发波长 294nm，发射波长 328nm；进样量：10μL。

维生素 E 标准溶液酰氨基柱色谱图见图 10-2。

（4）标准曲线的制作　本法采用外标法定量。将维生素 E 标准系列工作溶液从低浓度到高浓度分别注入高效液相色谱仪中，测定相应的峰面积。以峰面积为纵坐标，标准溶液浓度为横坐标绘制标准曲线，计算直线回归方程。

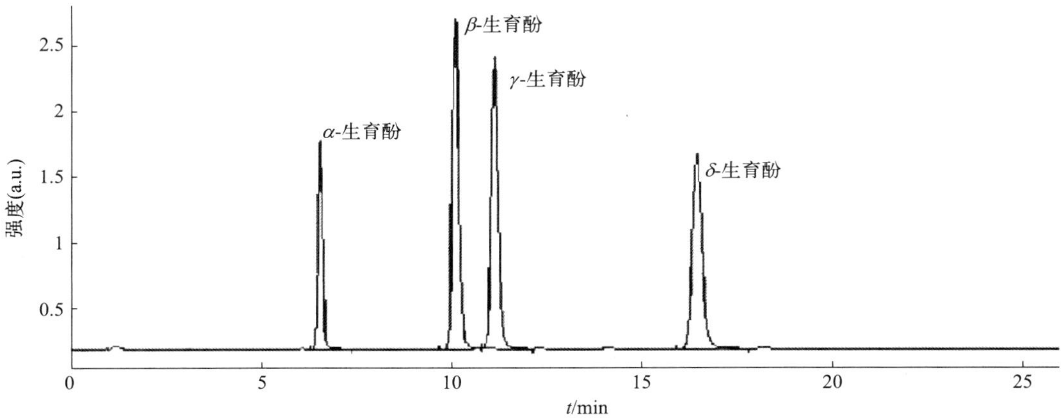

图 10-2　维生素 E 标准溶液酰氨基柱色谱图

（5）样品测定　试样液经高效液相色谱仪分析，测得峰面积，采用外标法通过上述标准曲线计算其浓度。在测定过程中，建议每测定 10 个样品用同一份标准溶液或标准物质检查仪器的稳定性。

5. 分析结果的表述

试样中 α-生育酚、β-生育酚、γ-生育酚或 δ-生育酚的含量按式(10-2）进行计算：

$$X=\frac{\rho V f\times 100}{m}\tag{10-2}$$

式中　X——试样中 α-生育酚、β-生育酚、γ-生育酚或 δ-生育酚的含量，mg/100g；

ρ——根据标准曲线计算得到的试样中 α-生育酚、β-生育酚、γ-生育酚或 δ-生育酚的浓度，μg/mL；

V——定容体积，mL；

f——换算因子（$f=0.001$）；

100——试样以每 100g 计算的换算系数；

m——试样的称样量，g。

计算结果保留三位有效数字。

6. 适用范围

适用于食用油、坚果、豆类和辣椒粉等食物中维生素 E 的测定。

7. 注意事项

① 使用的所有器皿不得含有氧化性物质；分液漏斗活塞玻璃表面不得涂油；处理过程应避免紫外线照射，尽可能避光操作。

② 可用 Si_{60} 硅胶柱（柱长 250mm，内径 4.6mm，粒径 5μm）分离 4 种生育酚异构体，推荐流动相为正己烷与 1,4-二氧六环按 95∶5 的比例混合。

三、维生素 D 的测定

维生素 D 常用的测定方法是液相色谱-串联质谱法。

1. 原理

试样中加入维生素 D_2 和维生素 D_3 的同位素内标后，经氢氧化钾乙醇溶液皂化（含淀粉试样先用淀粉酶酶解）、提取、硅胶固相萃取柱净化、浓缩后，反相高效液相色谱 C_{18} 柱分离，串联质谱法检测，内标法定量。

2. 仪器和设备

分析天平：感量为 0.1mg；磁力搅拌器或恒温振荡水浴：带加热和控温功能；旋转蒸发仪；氮吹仪；紫外分光光度计；萃取净化振荡器；多功能涡旋振荡器；恒温振荡器高速冷冻离心机：转速≥6000r/min；高效液相色谱-串联质谱仪：带电喷雾离子源。

3. 试剂与材料

无水乙醇，抗坏血酸，2,6 二叔丁基对甲酚（BHT），淀粉酶，氢氧化钾，乙酸乙酯，正己烷，无水硫酸钠，pH 试纸，固相萃取柱（硅胶），甲醇，甲酸，甲酸铵，维生素 D 标准品。

4. 分析步骤

（1）试样制备　将一定数量的样品按要求经过缩分、粉碎、均质后，储存于样品瓶中，避光冷藏，尽快测定。

（2）试样处理

① 皂化。不含淀粉样品：称取 2g（准确至 0.01g）经均质处理的试样于 50mL 具塞离心管中，加入 100μL 维生素 D_2-d_3 和维生素 D_3-d_3 混合内标溶液和 0.4g 抗坏血酸，加入 6mL 约 40℃温水，涡旋 1min，加入 12mL 乙醇，涡旋 30s，再加入 6mL 氢氧化钾溶液，涡旋 30s 后放入恒温振荡器中，80℃避光恒温水浴振荡 30min（如样品组织较为紧密，可每隔 5～10min 取出涡旋 0.5min），取出放入冷水浴降温。

含淀粉样品：称取 2g（准确至 0.01g）经均质处理的试样于 50mL 具塞离心管中，加入 100μL 维生素 D_2-d_3 和维生素 D_3-d_3 混合内标溶液和 0.4g 淀粉酶，加入 10mL 约 40℃温水，放入恒温振荡器中，60℃避光恒温振荡 30min 后，取出放入冷水浴降温，向冷却后的酶解液中加入 0.4g 抗坏血酸、12mL 乙醇，涡旋 30s，再加入 6mL 氢氧化钾溶液，涡旋 30s 后放入恒温振荡器中，80℃避光恒温水浴振荡皂化 30min。

② 提取。向冷却后的皂化液中加入 20mL 正己烷，涡旋提取 3min，6000r/min 条件下离心 3min。转移上层清液到 50mL 离心管，加入 25mL 水，轻微晃动 30 次，在 6000r/min 条件下离心 3min，取上层有机相备用。

③ 净化。将硅胶固相萃取柱依次用 8mL 乙酸乙酯活化，8mL 正己烷平衡，取备用液全部过柱，再用 6mL 乙酸乙酯-正己烷溶液（5＋95）淋洗，用 6mL 乙酸乙酯-正己烷溶液（15＋85）洗脱。洗脱液在 40℃下氮气吹干，加入 1.00mL 甲醇，涡旋 30s，过 0.22μm 有机系滤膜供仪器测定。

（3）仪器测定条件

① 色谱参考条件。色谱参考条件列出如下：C_{18} 柱（柱长 100mm，柱内径 2.1mm，填料粒径 1.8μm），或相当者；柱温：40℃；流动相 A：0.05％甲酸-5mmol/L 甲酸铵溶液；流动相 B：0.05％甲酸-5mmol/L 甲酸铵甲醇溶液；流动相洗脱梯度见表 10-4；流速：0.4mL/min；进样量：10μL。

表 10-4 流动相洗脱梯度

时间/min	流动相 A/%	流动相 B/%	流速/(mL/min)
0.0	12	88	0.4
1.0	12	88	0.4
4.0	10	90	0.4
5.0	7	93	0.4
5.1	6	94	0.4
5.8	6	94	0.4
6.0	0	100	0.4
17.0	0	100	0.4
17.5	12	88	0.4
20.0	12	88	0.4

② 质谱参考条件。质谱参考条件列出如下：电离方式：ESI^+；鞘气温度：375℃；鞘气流速：12L/min；喷嘴电压：500V；雾化器压力：172kPa；毛细管电压：4500V；干燥气温度：325℃；干燥气流速：10L/min；多反应监测（MRM）模式。

质谱参考条件见表 10-5，质谱图见图 10-3。

表 10-5 维生素 D_2 和维生素 D_3 质谱参考条件

维生素	保留时间/min	母离子(m/z)	定性子离子(m/z)	碰撞电压/eV	定量子离子/(m/z)	碰撞电压/eV
维生素 D_2	6.04	397	379 147	5 25	107	29
维生素 D_2-d_3	6.03	400	382 271	46	110	22
维生素 D_3	6.33	385	367 259	78	107	25
维生素 D_3-d_3	6.33	388	370 259	36	107	19

（4）标准曲线的制作　分别将维生素 D_2 和维生素 D_3 标准系列工作液由低浓度到高浓度依次进样，以维生素 D_2、维生素 D_3 与相应同位素内标的峰面积比值为纵坐标，以维生素 D_2、维生素 D_3 标准系列工作液浓度为横坐标分别绘制维生素 D_2、维生素 D_3 标准曲线。

（5）样品测定　将待测样液依次进样，得到待测物与内标物的峰面积比值，根据标准曲线得到测定液中维生素 D_2、维生素 D_3 的浓度。待测样液中的响应值应在标准曲线线性范围内，超过线性范围则应减少取样量重新试样处理后再进样分析。

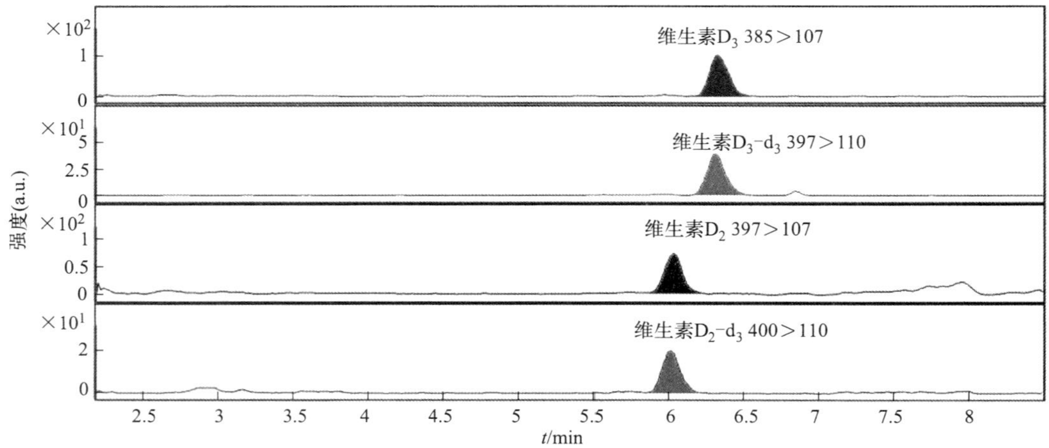

图 10-3　奶粉中添加维生素 D 和维生素 D-d_3 混合标准溶液 100μg/L 的 MRM 质谱色谱图

5. 分析结果的表述

试样中维生素 D_2、维生素 D_3 的含量按式(10-3) 进行计算：

$$X=\frac{\rho Vf\times 100}{m} \tag{10-3}$$

式中　X——试样中维生素 D_2（或维生素 D_3）的含量，μg/100g；

ρ——根据标准曲线计算得到的试样中维生素 D_2（或维生素 D_3）的浓度，μg/mL；

V——定容体积，mL；

f——稀释倍数；

100——试样质量以每 100g 计算的换算系数；

m——试样的称样量，g。

计算结果保留三位有效数字。

6. 适用范围

适用于食品中维生素 D_2 和维生素 D_3 的测定。

7. 注意事项

① 使用的所有器皿不得含有氧化性物质；分液漏斗活塞玻璃表面不得涂油；处理过程应避免紫外线照射，尽可能避光操作。

② 一般皂化时间为 30min，如皂化液冷却后，液面有浮油，需要加入适量氢氧化钾溶液，并适当延长皂化时间。

③ 如试样中同时含有维生素 D_2 和维生素 D_3，维生素 D 的测定结果以维生素 D_2 和维生素 D_3 含量之和计算。

④ 当取样量为 2g 时，维生素 D_2 的检出限为 1μg/100g，定量限为 3μg/100g；维生素 D_3 的检出限为 0.2μg/100g；定量限为 0.6μg/100g。

四、维生素 K_1 的测定

《食品安全国家标准　食品中维生素 K_1 的测定》（GB 5009.158—2016），维生素 K_1 常用的测定方法是高效液相色谱-荧光检测法。

1. 原理

婴幼儿食品和乳品、植物油等样品经脂肪酶和淀粉酶酶解，正己烷提取样品中的维生素 K_1 后，用 C_{18} 液相色谱柱将维生素 K_1 与其他杂质分离，锌柱柱后还原，荧光检测器检测，外标法定量。水果、蔬菜等低脂性植物样品，用异丙醇和正己烷提取其中的维生素 K_1，经中性氧化铝柱净化，去除叶绿素等干扰物质。用 C_{18} 液相色谱柱将维生素 K_1 与其他杂质分离，锌柱柱后还原，荧光检测器检测，外标法定量。

2. 仪器和设备

高效液相色谱仪：带荧光检测器；匀浆机；高速粉碎机；组织捣碎机；涡旋振荡器；恒温水浴振荡器；pH 计：精度 0.01；天平：感量为 1mg 和 0.1mg；离心机：转速≥6000r/min；旋转蒸发仪；氮吹仪；超声波振荡器。

3. 试剂与材料

无水乙醇，碳酸钾，无水硫酸钠，异丙醇，正己烷，甲醇，四氢呋喃，乙酸乙酯，冰乙酸，氯化锌，无水乙酸钠，氢氧化钾，脂肪酶，淀粉酶，锌粉，维生素 K_1 标准品。

4. 分析步骤

（1）试样制备　米粉、奶粉等粉状样品经混匀后，直接取样；片状、颗粒状样品，经样本粉碎机磨成粉，储存于样品袋中备用；液态乳、植物油等液态样品摇匀后，直接取样；水果、蔬菜等取可食部分，水洗干净，用纱布擦去表面水分，经匀浆器匀浆，储存于样品瓶中备用。制样后，需尽快测定。

（2）试样处理

① 婴幼儿食品和乳品、植物油

酶解：准确称取经均质的试样 1～5g（精确到 0.01g，维生素 K_1 含量不低于 0.05μg）于 50mL 离心管中，加入 5mL 温水溶解（液体样品直接吸取 5mL，植物油不需加水稀释），加入磷酸盐缓冲液（pH 8.0）5mL，混匀，加入 0.2g 脂肪酶和 0.2g 淀粉酶（不含淀粉的样品可以不加淀粉酶），加盖，涡旋 2～3min，混匀后，置于 37℃±2℃恒温水浴振荡器中振荡 2h 以上，使其充分酶解。

提取：取出酶解好的试样，分别加入 10mL 乙醇及 1g 碳酸钾，混匀后加入 10mL 正己烷和 10mL 水，涡旋或振荡提取 10min，6000r/min 离心 5min，或将酶解液转移至 150mL 的分液漏斗中萃取提取，静置分层（如发生乳化现象，可适当增加正己烷或水的加入量，以排除乳化现象），转移上清液至 100mL 旋蒸瓶中，向下层液再加入 10mL 正己烷，重复操作 1 次，合并上清液至上述旋蒸瓶中。

浓缩：将上述正己烷提取液旋蒸至干（如有残液，可用氮气轻吹至干），用甲醇转移并定容至 5mL 容量瓶中，摇匀，0.22μm 膜过滤，滤液待进样。

不加试样，按同一操作方法做空白试验。

② 水果、蔬菜样品

提取：准确称取1～5g（精确到0.01g，维生素K_1含量不低于0.05μg）经均质匀浆的样品于50mL离心管中，加入5mL异丙醇，涡旋1min，超声5min，再加入10mL正己烷，涡旋振荡提取3min，6000r/min离心5min，移取上清液于25mL棕色容量瓶中，向下层溶液中加入10mL正己烷，重复提取1次，合并上清液于上述容量瓶中，正己烷定容至刻度，用移液管准确分取上清液1～5mL（视样品中维生素K_1含量而定）至10mL试管中，氮气轻吹至干，加入1mL正己烷溶解，待净化。

净化、浓缩：将上述1mL提取液用少量正己烷转移至预先用5mL正己烷活化的中性氧化铝柱中，待提取液流至近干时，5mL正己烷淋洗，6mL正己烷-乙酸乙酯混合液洗脱至10mL试管中，氮气吹干后，用甲醇定容至5mL，过0.22μm滤膜，滤液供分析测定。不加试样，按同一操作方法做空白试验。

（3）色谱参考条件

色谱柱：C_{18}柱，柱长250mm，内径4.6mm，粒径5μm，或具同等性能的色谱柱；锌还原柱：柱长50mm，内径4.6mm；流动相：量取甲醇900mL，四氢呋喃100mL，冰乙酸0.3mL，混匀后，加入氯化锌1.5g，无水乙酸钠0.5g，超声溶解后，用0.22μm有机系滤膜过滤；流速：1mL/min；检测波长：激发波长为243nm，发射波长为430nm；进样量：10μL；标准溶液的色谱图见图10-4。

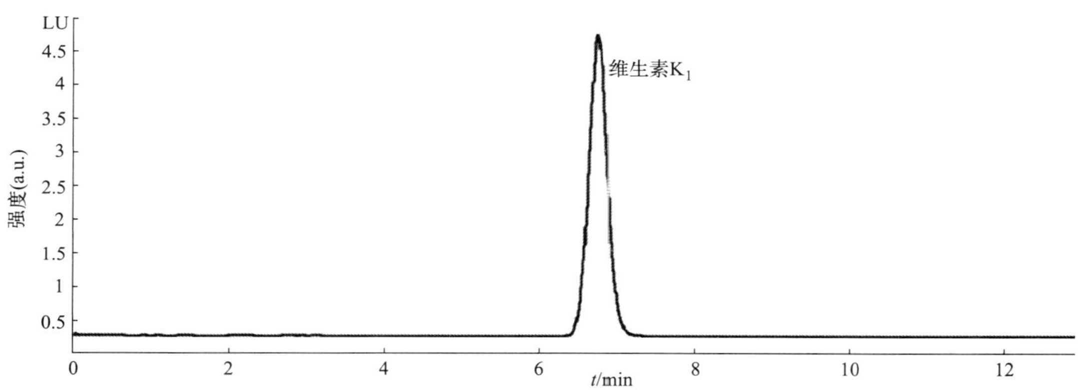

图10-4　100ng/mL标准溶液中维生素K_1色谱图

（4）标准曲线的制作　采用外标标准曲线法进行定量。将维生素K_1标准系列工作液分别注入高效液相色谱仪中，测定相应的峰面积，以峰面积为纵坐标，以标准系列工作液浓度为横坐标绘制标准曲线，计算线性回归方程。

（5）试样溶液的测定　在相同色谱条件下，将制备的空白溶液和试样溶液分别进样，进行高效液相色谱分析。以保留时间定性，峰面积外标法定量，根据线性回归方程计算出试样溶液中维生素K_1的浓度。

5. 分析结果的表述

试样中维生素K_1的含量按式(10-4)进行计算：

$$X=\frac{\rho V_1 V_3 \times 100}{m V_2 \times 1000} \qquad (10\text{-}4)$$

式中　X——试样中维生素 K_1 的含量，μg/100g；

ρ——由标准曲线得到的试样溶液中维生素 K_1 的浓度，ng/mL；

V_1——提取液总体积，mL；

V_3——定容液的体积，mL；

100——将结果单位由 μg/g 换算为 μg/100g 样品中含量的换算系数；

m——试样的称样量，g；

V_2——分取的提取液体积（婴幼儿食品和乳品、植物油 $V_1=V_2$），mL；

1000——将浓度单位由 ng/mL 换算为 μg/mL 的换算系数。

计算结果保留三位有效数字。

6. 适用范围

适用于各类配方食品、植物油、水果和蔬菜中维生素 K_1 的测定。

7. 注意事项

① 处理过程应避免紫外线照射，尽可能避光操作。

② 婴幼儿食品和乳品、植物油，当取样量为 1g，定容 5mL 时，检出限为 1.5μg/100g，定量限为 5μg/100g；果蔬样品当取样量为 5g，提取液分取 5mL，定容 5mL 时，检出限为 1.5μg/100g，定量限为 5μg/100g。

第三节　水溶性维生素测定

水溶性维生素包括维生素 B_1（硫胺素）、维生素 B_2（核黄素）、维生素 B_6（吡哆醇、吡哆醛、吡哆胺）、烟酸（维生素 B_3）、叶酸、泛酸（维生素 B_5）、生物素（维生素 B_7）、维生素 C（抗坏血酸）等，广泛存在于动植物组织中，在食物中常以辅酶的多种形式存在，满足组织需要后，多余的量都能从机体排出。

水溶性维生素都易溶于水，而不溶于苯、乙醚、氯仿等大多数有机溶剂。在酸性介质中很稳定，即使加热也不破坏；但在碱性介质中不稳定，如果同时加热，更易于破坏或分解。它们易受空气、光、热、酶、金属离子等的影响。维生素 B_2 对光，特别是紫外线敏感，易被光线破坏；维生素 C 对氧、铜离子敏感，易被氧化。

根据上述性质，测定水溶性维生素时，一般多在酸性溶液中进行前处理。维生素 B_1、维生素 B_2 通常采用盐酸水解，或再经淀粉酶、木瓜蛋白酶等酶解作用，使结合态维生素游离出来，再进行提取。为进一步去除杂质，还可用活性人造浮石、硅镁吸附剂等进行纯化处理。维生素 C 通常用草酸、草酸-乙醇、偏磷酸-乙醇溶液直接提取。维生素 C 既具有有机酸的性质，也具有还原剂的性质。

测定水溶性维生素的常用方法有高效液相色谱法、荧光比色法、比色法和微生物法等。

一、维生素 B_1 的测定

《食品安全国家标准　食品中维生素 B_1 的测定》（GB 5009.84—2016），维生素 B_1 常用的测定方法是高效液相色谱法。

1. 原理

样品在稀盐酸介质中恒温水解、中和，再酶解，水解液用碱性铁氰化钾溶液衍生，正丁醇萃取后，经 C_{18} 反相色谱柱分离，用高效液相色谱-荧光检测器检测，外标法定量。

2. 仪器和设备

高效液相色谱仪，配置荧光检测器；分析天平：感量为 0.01g 和 0.1mg；离心机：转速≥4000r/min；pH 计：精度 0.01；组织捣碎机（最大转速不低于 10000r/min）；电热恒温干燥箱或高压灭菌锅。

3. 试剂与材料

正丁醇，铁氰化钾，氢氧化钠，盐酸，乙酸钠，冰乙酸，甲醇，五氧化二磷或者氯化钙，木瓜蛋白酶，淀粉酶，维生素 B_1 标准品。

4. 分析步骤

（1）试样制备　液体或固体粉末样品：将样品混合均匀后，立即测定或于冰箱中冷藏。

新鲜水果、蔬菜和肉类：取 500g 左右样品（肉类取 250g），用匀浆机或者粉碎机将样品均质后，制得均匀性一致的匀浆，立即测定或者于冰箱中冷冻保存。

其他含水量较低的固体样品：如含水量在 15%左右的谷物，取 100g 左右样品，用粉碎机将样品粉碎后，制得均匀性一致的粉末，立即测定或者于冰箱中冷藏保存。

（2）试样溶液的制备

① 试液提取

称取 3～5g（精确至 0.01g）固体试样或者 10～20g 液体试样于 100mL 锥形瓶中（带有软质塞子），加 60mL 0.1mol/L 盐酸溶液，充分摇匀，塞上软质塞子，高压灭菌锅中 121℃保持 30min。水解结束待冷却至 40℃以下取出，轻摇数次；用 pH 计指示，用 2.0mol/L 乙酸钠溶液调节 pH 至 4.0 左右，加入 2.0mL（可根据酶活力不同适当调整用量）混合酶溶液，摇匀后，置于培养箱中 37℃过夜（约 16h）；将酶解液全部转移至 100mL 容量瓶中，用水定容至刻度，摇匀，离心或者过滤，取上清液备用。

② 试液衍生化

准确移取上述上清液或者滤液 2.0mL 于 10mL 试管中，加入 1.0mL 碱性铁氰化钾溶液，涡旋混匀后，准确加入 2.0mL 正丁醇，再次涡旋混匀 1.5min 后静置约 10min 或者离心，待充分分层后，吸取正丁醇相（上层）经 0.45μm 有机微孔滤膜过滤，取滤液于 2mL 棕色进样瓶中，供分析用。若试液中维生素 B_1 浓度超出线性范围的最高浓度值，应取上清液稀释适宜倍数后，重新衍生后进样。

另取 2.0mL 标准系列工作液，与试液同步进行衍生化。

（3）色谱参考条件　色谱柱：C_{18} 反相色谱柱（粒径 5μm，250mm×4.6mm）或相当者；流动相：0.05mol/L 乙酸钠溶液-甲醇（65+35）；流速：0.8mL/min；检测波长：激发波长 375nm，发射波长 435nm；进样量：20μL。

维生素 B_1 标准溶液的色谱图见图 10-5。

（4）标准曲线的制作　将标准系列工作液衍生物注入高效液相色谱仪中，测定相应的维生素 B_1 峰面积，以标准工作液的浓度（μg/mL）为横坐标，以峰面积为纵坐标，绘制标准曲线。

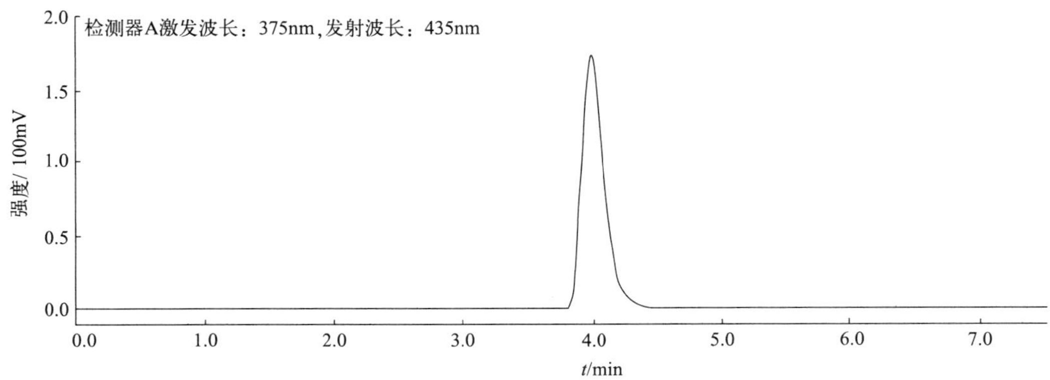

图 10-5 维生素 B_1 标准衍生物的高效液相色谱图

（5）试样溶液的测定　按照色谱参考条件，将试样衍生物溶液注入高效液相色谱仪中，得到维生素 B_1 的峰面积，根据标准曲线计算得到待测液中维生素 B_1 的浓度。

5. 分析结果的表述

试样中维生素 B_1（以硫胺素计）含量按式(10-5）进行计算：

$$X=\frac{cVf}{m\times1000}\times100 \tag{10-5}$$

式中　X——试样中维生素 B_1（以硫胺素计）的含量，mg/100g；

c——由标准曲线计算得到的试液（提取液）中维生素 B_1 的浓度，μg/mL；

V——试液（提取液）的定容体积，mL；

f——试液（上清液）衍生前的稀释倍数；

m——试样的质量，g。

计算结果保留三位有效数字。

6. 适用范围

适用于食品中维生素 B_1 含量的测定。

7. 注意事项

① 室温条件下衍生产物在 4h 内稳定。

② 试液提取、试液衍生化操作过程应在避免强光照射的环境下进行。

③ 辣椒干等样品，提取液直接衍生后测定时，维生素 B_1 的回收率偏低。提取液经人造沸石净化后，再衍生时维生素 B_1 的回收率满足要求。

二、抗坏血酸的测定

《食品安全国家标准　食品中抗坏血酸的测定》（GB 5009.86—2016）规定了高效液相色谱法、荧光法、2,6-二氯靛酚滴定法测定食品中抗坏血酸的流程，新国标 GB 5009.86—2025 将于 2026 年 3 月 2 日实施。本节重点讲述高效液相色谱法和 2,6-二氯靛酚滴定法。

（一）高效液相色谱法

1. 原理

试样中的抗坏血酸用偏磷酸溶解超声提取后，以离子对试剂为流动相，经反相色谱柱分离，其中 L(＋)-抗坏血酸和 D(－)-抗坏血酸直接用配有紫外检测器的液相色谱仪（波长 245nm）测定；试样中的 L(＋)-脱氢抗坏血酸经 L-半胱氨酸溶液进行还原后，用紫外检测器（波长 245nm）测定 L(＋)-抗坏血酸总量，或减去原样品中测得的 L(＋)-抗坏血酸含量而获得 L(＋)-脱氢抗坏血酸的含量。以色谱峰的保留时间定性，外标法定量。

2. 仪器和设备

液相色谱仪：配有二极管阵列检测器或紫外检测器；pH 计：精度为 0.01；天平：感量为 0.1g、1mg、0.01mg；超声波清洗器；离心机：转速≥4000r/min；均质机；滤膜：0.45μm 水相膜；振荡器。

3. 试剂与材料

偏磷酸，磷酸三钠，磷酸二氢钾，磷酸，L-半胱氨酸，十六烷基三甲基溴化铵，甲醇，L(＋)-抗坏血酸标准品，D(－)-抗坏血酸（异抗坏血酸）标准品。

4. 分析步骤

(1) 试样制备　液体或固体粉末样品：混合均匀后，应立即用于检测。

水果、蔬菜及其制品或其他固体样品：取 100g 左右样品加入等质量 20g/L 的偏磷酸溶液，经均质机均质并混合均匀后，应立即测定。

(2) 试样溶液的制备　称取 0.5～2g（精确至 0.001g）混合均匀的固体试样或匀浆试样，或吸取 2～10mL 液体试样［使所取试样含 L(＋)-抗坏血酸 0.03～6mg］于 50mL 烧杯中，用 20g/L 的偏磷酸溶液将试样转移至 50mL 容量瓶中，振摇溶解并定容。摇匀，全部转移至 50mL 离心管中，超声提取 5min 后，于 4000r/min 离心 5min，取上清液过 0.45μm 水相滤膜，滤液待测［由此试液可同时分别测定试样中 L(＋)-抗坏血酸和 D(－)-抗坏血酸的含量］。

(3) 试样溶液的还原　准确吸取 20mL 上述离心后的上清液于 50mL 离心管中，加入 10mL40g/L 的 L-半胱氨酸溶液，用 100g/L 磷酸三钠溶液调节 pH 至 7.0～7.2，以 200 次/min 振荡 5min。再用磷酸调节 pH 至 2.5～2.8，用水将试液全部转移至 50mL 容量瓶中，并定容至刻度。混匀后取此试液过 0.45μm 水相滤膜后待测［由此试液可测定试样中包括脱氢型的 L(＋)-抗坏血酸总量］。

若试样含有增稠剂，可准确吸取 4mL 经 L-半胱氨酸溶液还原的试液，再准确加入 1mL 甲醇，混匀后过 0.45μm 滤膜后待测。

(4) 仪器参考条件　色谱柱：C_{18} 柱，柱长 250mm，内径 4.6mm，粒径 5μm，或同等性能的色谱柱；检测器：二极管阵列检测器或紫外检测器；流动相：A 6.8g 磷酸二氢钾和 0.91g 十六烷基三甲基溴化铵，用水溶解并定容至 1L（用磷酸调 pH 至 2.5～2.8）；B 100％甲醇；按 A∶B＝98∶2 混合，过 0.45μm 滤膜，超声脱气；流速：0.7mL/min；检测波长：245nm；柱温：25℃；进样量：20μL。

(5) 标准曲线的制作　分别对抗坏血酸混合标准系列工作溶液进行测定，以 L(＋)-抗坏血酸［或 D(－)-抗坏血酸］标准溶液的质量浓度（μg/mL）为横坐标，L(＋)-抗坏血酸

［或 D(－)-抗坏血酸］的峰高或峰面积为纵坐标，绘制标准曲线或计算回归方程。L(＋)-抗坏血酸、D(－)-抗坏血酸标准色谱图参见图 10-6。

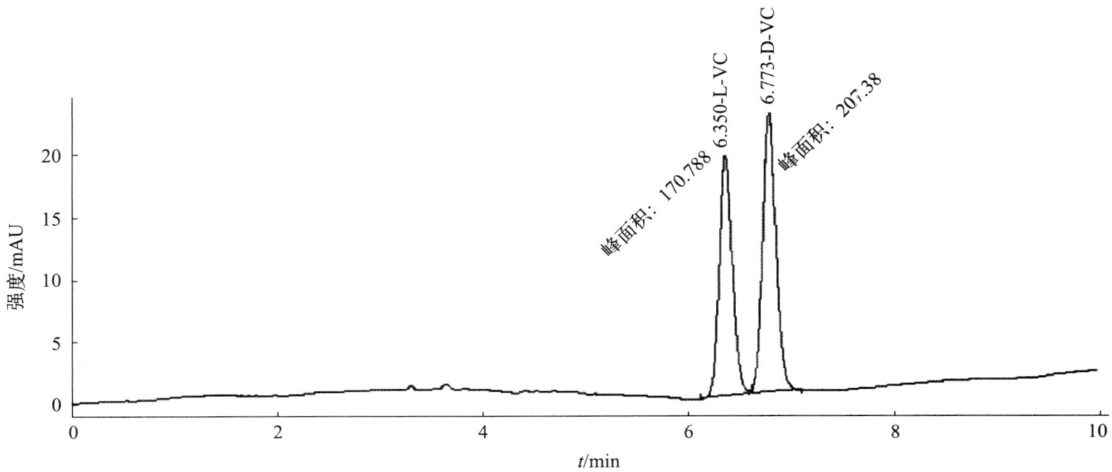

图 10-6　L(＋)-抗坏血酸、D(－)-抗坏血酸标准色谱图

(6) 试样溶液的测定　对试样溶液进行测定，根据标准曲线得到测定液中 L(＋)-抗坏血酸［或 D(－)-抗坏血酸］的浓度（μg/mL）。

(7) 空白试验　空白试验系指除不加试样外，采用完全相同的分析步骤、试剂和用量，进行平行操作。

5. 分析结果的表述

试样中 L(＋)-抗坏血酸［或 D(－)-抗坏血酸］的含量和 L(＋)-抗坏血酸总量以 mg/100g 表示，按式(10-6) 进行计算：

$$X=\frac{(c_1-c_0)V}{m\times 1000}\times FK\times 100 \tag{10-6}$$

式中　X——试样中 L(＋)-抗坏血酸［D(－)-抗坏血酸、L(＋)-抗坏血酸总量］的含量，mg/100g；

c_1——样液中 L(＋)-抗坏血酸［或 D(－)-抗坏血酸］的质量浓度，μg/mL；

c_0——样品空白液中 L(＋)-抗坏血酸［或 D(－)-抗坏血酸］的质量浓度，μg/mL；

V——试样的最后定容体积，mL；

m——实际检测试样质量，g；

1000——换算系数（由 μg/mL 换算成 mg/mL 的换算因子）；

F——稀释倍数为 2.5；

K——若使用甲醇沉淀步骤时，即为 1.25；

100——换算系数（由 mg/g 换算成 mg/100g 的换算因子）。

计算结果保留三位有效数字。

6. 适用范围

适用于乳粉、谷物、蔬菜、水果及其制品、肉制品、维生素类补充剂、果冻、胶基糖果、八宝粥、葡萄酒中的L(+)-抗坏血酸、D(−)-抗坏血酸和L(+)-抗坏血酸总量的测定。

7. 注意事项

① 整个检测过程尽可能在避光条件下进行。

② 固体样品取样量为2g时，L(+)-抗坏血酸和D(−)-抗坏血酸的检出限均为0.5mg/100g，定量限均为2.0mg/100g。液体样品取样量为10g（或10mL）时，L(+)-抗坏血酸和D(−)-抗坏血酸的检出限均为0.1mg/100g（或0.1mg/100mL），定量限均为0.4mg/100g（或0.4mg/100mL）。

（二）2,6-二氯靛酚滴定法

1. 原理

用蓝色的碱性染料2,6-二氯靛酚标准溶液对含L(+)-抗坏血酸的试样酸性浸出液进行氧化还原滴定，2,6-二氯靛酚被还原为无色，当到达滴定终点时，多余的2,6-二氯靛酚在酸性介质中显浅红色，由2,6-二氯靛酚的消耗量计算样品中L(+)-抗坏血酸的含量。

2. 试剂与材料

偏磷酸，草酸，碳酸氢钠，2,6-二氯靛酚，白陶土（或高岭土），L(+)-抗坏血酸标准品。

3. 用标准抗坏血酸溶液标定其滴定度的标定方法

准确吸取1mL抗坏血酸标准溶液于50mL锥形瓶中，加入10mL偏磷酸溶液或草酸溶液，摇匀，用2,6-二氯靛酚溶液滴定至粉红色，保持15s不褪色为止。同时另取10mL偏磷酸溶液或草酸溶液做空白试验。2,6-二氯靛酚溶液的滴定度按式(10-7)计算：

$$T=\frac{cV}{V_1-V_0} \tag{10-7}$$

式中　T——2,6-二氯靛酚溶液的滴定度，即每毫升2,6-二氯靛酚溶液相当于抗坏血酸的质量（mg），mg/mL；

c——抗坏血酸标准溶液的质量浓度，mg/mL；

V——吸取抗坏血酸标准溶液的体积，mL；

V_1——滴定抗坏血酸标准溶液所消耗2,6-二氯靛酚溶液的体积，mL；

V_0——滴定空白所消耗2,6-二氯靛酚溶液的体积，mL。

4. 测定

（1）试液制备　称取具有代表性样品的可食部分100g，放入粉碎机中，加入100g偏磷酸溶液或草酸溶液，迅速捣成匀浆。准确称取10～40g匀浆样品（精确至0.01g）于烧杯中，用偏磷酸溶液或草酸溶液将样品转移至100mL容量瓶，并稀释至刻度，摇匀后过滤。若滤液有颜色，可按每克样品加0.4g白陶土脱色后再过滤。

（2）滴定　准确吸取10mL滤液于50mL锥形瓶中，用标定过的2,6-二氯靛酚溶液滴定，直至溶液呈粉红色15s不褪色为止。同时做空白试验。

5. 结果计算

试样中L(+)-抗坏血酸含量按式(10-8)进行计算：

$$X=\frac{(V-V_0)TA}{m}\times 100 \tag{10-8}$$

式中　X——试样中L(+)-抗坏血酸含量，mg/100g；

V——滴定试样所消耗 2,6-二氯靛酚溶液的体积，mL；

V_0——滴定空白所消耗 2,6-二氯靛酚溶液的体积，mL；

T——2,6-二氯靛酚溶液的滴定度，即每毫升 2,6-二氯靛酚溶液相当于抗坏血酸的质量（mg），mg/mL；

A——稀释倍数；

m——试样质量，g。

计算结果保留三位有效数字。

6. 适用范围

适用于水果、蔬菜及其制品中 L(+)-抗坏血酸的测定。

7. 注意事项

① 整个检测过程尽可能在避光条件下进行。

② 在重复性条件下获得的两次独立测定结果的绝对差值，在 L(+)-抗坏血酸含量大于 20mg/100g 时不得超过算术平均值的 2%。在 L(+)-抗坏血酸含量小于或等于 20mg/100g 时不得超过算术平均值的 5%。

案例：刺梨

思考题

1. 维生素按照其溶解性分成哪几类？食品中维生素含量的测定有什么意义？

2. 测定维生素 A 时，为什么要用皂化法处理样品？

3. 简要说明维生素 A 的测定原理及方法。

4. 维生素 D 有哪些生理功能？测定食品中维生素 D 的方法及测定原理是什么？

5. 大多数维生素定量分析法中，维生素必须先从食品中提取出来，通常使用哪些方法提取和分离维生素？分别对水溶性维生素和脂溶性维生素举例说明。

6. 在食品生产和保藏过程中，L-抗坏血酸能被氧化成 L-脱氢抗坏血酸。查阅相关文献，阐述如何用 2,6-二氯靛酚滴定法来测定总维生素 C 含量，如何分别测定这两种抗坏血酸的质量分数。

第十一章

常见食品添加剂分析

第一节　概　述

一、食品添加剂的定义

食品添加剂（food additive）是为改善食品品质和色、香、味以及为防腐、保鲜和加工工艺的需要所加入食品中的人工合成或者天然物质。食品添加剂行业是食品工业的重要组成部分，合理应用食品添加剂可以改善食品的色、香、味，保持、提高食品品质，延长食品保质期，强化食品营养，改进生产工艺和提高劳动生产效率等。

食品添加剂种类很多，根据其来源、功能、安全性评价等不同的分类标准有多种分类方法。按食品添加剂的来源可分为天然食品添加剂和化学合成食品添加剂两大类。按食品添加剂的功能、用途划分，不同国家、地区、国际组织的分类不尽相同。GB 2760—2024《食品安全国家标准　食品添加剂使用标准》对食品添加剂按照功能不同进行了分类。

二、食品添加剂的使用及安全性评价

食品添加剂的安全是食品安全的重要组成部分，为了加强食品添加剂管理，保障食品添加剂安全，由FAO/WHO在1956年联合成立的，由各国食品添加剂领域的专家组成的食品添加剂联合专家委员会（JECFA），是目前国际上公认的食品添加剂和食品污染物食品安全性评价的国际性专家组织。各国均参照JECFA的评价结果进行食品添加剂的标准修订。而食品添加剂和污染物法典委员会（CCFAC）则是FAO/WHO于1964年联合建立的政府间国际组织，负责讨论并制定食品添加剂相关标准和规范。

食品添加剂的使用应符合以下原则：

① 不应对人体产生任何健康危害；

② 不应掩盖食品腐败变质；

③ 不应掩盖食品本身或加工过程中的质量缺陷或以掺杂、掺假、伪造为目的而使用食品添加剂；

④ 不应降低食品本身的营养价值；

⑤ 在达到预期目的前提下尽可能降低在食品中的使用量。

安全性是食品添加剂使用的前提条件，各种食品添加剂能否使用、使用范围和使用量，各国都有严格的规定，而这些规定必须建立在一整套科学严密的毒理学评价基础上。

三、食品添加剂的检测方法

食品添加剂安全是食品安全的重要组成部分，据统计，至少50%的食品安全事故是由食品添加剂引起的，随着食品工业的发展和食品科学技术的进步，食品的种类日益繁多，食品添加剂的种类和使用范围也在不断扩大，并与我们的饮食生活息息相关。

不同食品添加剂种类对应的检测手段也不尽相同。随着食品制造工艺与技术的不断发展，以及中国对食品安全问题重视程度的不断提高，食品添加剂的使用，以及检测技术和水平正逐渐趋于完善。

食品添加剂常见的检测方法有滴定法、比色法、薄层色谱法（HLC）、气相色谱法（GC）、高效液相色谱法（HPLC）、离子色谱法等。滴定法、比色法、薄层色谱法（HLC）在早期使用较多。但现在，气相色谱法和高效液相色谱法已经逐渐普及。色谱-质谱联用技术是目前食品添加剂检测中的一个趋势，其具有定性准确、可靠、检出限高、适用性广的特点。

第二节　防腐剂的测定

一、防腐剂的定义

食品防腐剂（food preservative）是指在食品的储存、流通过程中，为防止微生物繁殖引起的变质而使用的食品添加剂。食品防腐剂有助于提高食品保存性和延长食品食用期限。《食品安全国家标准　食品添加剂使用标准》（GB 2760—2024）明确规定了允许使用的防腐剂。目前，应用于食品中的防腐剂分为化学防腐剂和天然防腐剂两种。

二、防腐剂的测定

食品中苯甲酸（苯甲酸钠）和山梨酸（山梨酸钾）的测定方法主要有液相色谱法和气相色谱法，检测标准为GB 5009.28—2016《食品安全国家标准　食品中苯甲酸、山梨酸和糖精钠的测定》，其中第一法液相色谱法，适用于食品中苯甲酸、山梨酸和糖精钠的测定。本节重点介绍第二法气相色谱法。

1. 原理

试样经盐酸酸化后，用乙醚提取苯甲酸、山梨酸，采用气相色谱-氢火焰离子化检测器进行分离测定，外标法定量。

2. 试剂

乙醚（$C_2H_5OC_2H_5$）、乙醇（C_2H_5OH）、正己烷（C_6H_{14}）、乙酸乙酯（$CH_3CO_2C_2H_5$）、盐酸（HCl）、氯化钠（NaCl）、无水硫酸钠（Na_2SO_4）、盐酸溶液（1＋1）、氯化钠溶液（40g/L）、正己烷-乙酸乙酯混合溶液（1＋1）。

3. 标准溶液配制

（1）苯甲酸（C_6H_5COOH，CAS号：65-85-0） 纯度≥99.0%，或经国家认证并授予标准物质证书的标准物质。

（2）山梨酸（$C_6H_8O_2$，CAS号：110-44-1） 纯度≥99.0%，或经国家认证并授予标准物质证书的标准物质。

（3）苯甲酸、山梨酸标准储备溶液（1000mg/L） 分别准确称取苯甲酸、山梨酸各0.1g（精确到0.0001g），用甲醇溶解并分别定容至100mL。转移至密闭容器中，于－18℃贮存，保存期为6个月。

（4）苯甲酸、山梨酸混合标准中间溶液（200mg/L） 分别准确吸取苯甲酸、山梨酸标准储备溶液各10.0mL于50mL容量瓶中，用乙酸乙酯定容。转移至密闭容器中，于－18℃贮存，保存期为3个月。

（5）苯甲酸、山梨酸混合标准系列工作溶液 分别准确吸取苯甲酸、山梨酸混合标准中间溶液0mL、0.05mL、0.25mL、0.50mL、1.00mL、2.50mL、5.00mL和10.0mL，用正己烷-乙酸乙酯混合溶剂（1＋1）定容至10mL，配制成质量浓度分别为0mg/L、1.00mg/L、5.00mg/L、10.0mg/L、20.0mg/L、50.0mg/L、100mg/L和200mg/L的混合标准系列工作溶液。临用现配。

4. 仪器和设备

塑料离心管：50mL；气相色谱仪：带氢火焰离子化检测器（FID）；分析天平：感量为0.001g和0.0001g；涡旋振荡器；离心机：转速＞8000r/min；匀浆机；氮吹仪。

5. 分析步骤

（1）试样制备 取多个预包装的样品，其中均匀样品直接混合，非均匀样品用组织匀浆机充分搅拌均匀，取其中的200g装入洁净的玻璃容器中，密封，水溶液于4℃保存，其他试样于－18℃保存。

（2）试样提取 准确称取约2.5g（精确至0.001g）试样于50mL离心管中，加0.5g氯化钠、0.5mL盐酸溶液（1＋1）和0.5mL乙醇，用15mL和10mL乙醚提取两次，每次振摇1min，于8000r/min离心3min。每次均将上层乙醚提取液通过无水硫酸钠滤入25mL容量瓶中。加乙醚清洗无水硫酸钠层并收集至约25mL刻度，最后用乙醚定容，混匀。准确吸取5mL乙醚提取液于5mL具塞刻度试管中，于35℃氮吹至干，加入2mL正己烷-乙酸乙酯（1＋1）混合溶液溶解残渣，待气相色谱测定。

6. 仪器参考条件

（1）色谱柱 聚乙二醇毛细管气相色谱柱，内径320μm，长30m，膜厚度0.25μm，或等效色谱柱。

（2）载气 氮气，流速3mL/min。空气：400L/min。氢气：40L/min。进样口温度：

250℃。检测器温度：250℃。柱温程序：初始温度 80℃，保持 2min，以 15℃/min 的速率升温至 250℃，保持 5min。进样量：2μL。分流比：10∶1。

（3）标准曲线的制作　将混合标准系列工作溶液分别注入气相色谱仪中，以质量浓度为横坐标，以峰面积为纵坐标，绘制标准曲线。

（4）试样溶液的测定　将试样溶液注入气相色谱仪中，得到峰面积，根据标准曲线得到待测液中苯甲酸、山梨酸的质量浓度。

7. 分析结果的表述

试样中苯甲酸、山梨酸含量按式(11-1) 计算：

$$X=\frac{\rho V\times 25}{m\times 5\times 1000} \tag{11-1}$$

式中　X——试样中待测组分含量，g/kg；

ρ——由标准曲线得出的样液中待测物的质量浓度，mg/L；

V——加入正己烷-乙酸乙酯（1＋1）混合溶剂的体积，mL；

25——试样乙醚提取液的总体积，mL；

m——试样的质量，g；

5——测定时吸取乙醚提取液的体积，mL；

1000——由 mg/kg 转换为 g/kg 的换算因子。

第三节　发色剂的测定

一、发色剂的定义

食品发色剂（food color fixative）也称为护色剂或呈色剂，是指能与肉及肉制品中呈色物质作用，使之在食品加工、保藏等过程中不致分解、破坏，呈现良好色泽的物质。它本身不具有颜色，但当加入食品后与其中成分结合而产生鲜红颜色或使食品色泽得到改善（加强或保护)，达到调整感官指标的效果。发色剂主要用于肉及肉制品中，常用的发色剂有亚硝酸钠、亚硝酸钾、硝酸钠、硝酸钾等。

二、发色剂的测定

GB 5009.33—2016《食品安全国家标准　食品中亚硝酸盐与硝酸盐的测定》（新国标 GB 5009.33—2025 将于 2026 年 3 月 2 日实施）有离子色谱法、分光光度法、紫外分光光度法，本节重点介绍分光光度法。

1. 原理

亚硝酸盐采用盐酸萘乙二胺法测定，硝酸盐采用镉柱还原法测定。试样经沉淀蛋白质、除去脂肪后，在弱酸条件下，亚硝酸盐与对氨基苯磺酸重氮化后，再与盐酸萘乙二胺偶合形成紫红色染料，外标法测得亚硝酸盐含量。采用镉柱将硝酸盐还原成亚硝酸盐，测得亚硝酸盐总量，由测得的亚硝酸盐总量减去试样中亚硝酸盐含量，即得试样中硝酸盐含量。

2. 试剂

亚铁氰化钾溶液（106g/L），乙酸锌溶液（220g/L），饱和硼砂溶液（50g/L），氨缓冲溶液（pH 9.6～9.7），氨缓冲液的稀释液，盐酸（0.1mol/L），盐酸（2mol/L），盐酸（20%），对氨基苯磺酸溶液（4g/L），盐酸萘乙二胺溶液（2g/L），硫酸铜溶液（20g/L），硫酸镉溶液（40g/L），乙酸溶液（3%）。

3. 标准品

亚硝酸钠（$NaNO_2$，CAS号：7632-00-0）；硝酸钠（$NaNO_3$，CAS号：7631-99-4）。

4. 仪器和设备

天平：感量为0.1mg和1mg；组织捣碎机，超声波清洗器，恒温干燥箱，分光光度计，镉柱或镀铜镉柱。

5. 分析步骤

① 干酪：称取试样2.5g（精确至0.001g），置于150mL具塞锥形瓶中，加水80mL，摇匀，超声30min取出放置至室温，定量转移至100mL容量瓶中，加入3%乙酸溶液2mL，加水稀释至刻度，混匀。于4℃放置20min，取出放置至室温，溶液经滤纸过滤，滤液备用。

② 液体乳样品：称取试样90g（精确至0.001g），置于250mL具塞锥形瓶中，加12.5mL饱和硼砂溶液并加入70℃左右的水约60mL，混匀，于沸水浴中加热15min，取出置冷水浴中冷却，并放置至室温。定量转移上述提取液至200mL容量瓶中，加入5mL 106g/L亚铁氰化钾溶液，摇匀，再加入5mL 220g/L乙酸锌溶液，以沉淀蛋白质。加水至刻度，摇匀，放置30min，除去上层脂肪，上清液用滤纸过滤，滤液备用。

③ 乳粉：称取试样10g（精确至0.001g），置于150mL具塞锥形瓶中，加12.5mL 50g/L饱和硼砂溶液并加入70℃左右的水约150mL，混匀，于沸水浴中加热15min，取出置冷水浴中冷却，并放置至室温。定量转移上述提取液至200mL容量瓶中，加入5mL 106g/L亚铁氰化钾溶液，摇匀，再加入5mL 220g/L乙酸锌溶液，以沉淀蛋白质。加水至刻度，摇匀，放置30min，除去上层脂肪，上清液用滤纸过滤，弃去初滤液30mL，滤液备用。

④ 其他样品：称取5g（精确至0.001g）匀浆试样（如制备过程中加水，应按加水量折算），置于250mL具塞锥形瓶中，加12.5mL 50g/L饱和硼砂溶液，加入70℃左右的水约150mL，混匀，于沸水浴中加热15min，取出置冷水浴中冷却，并放置至室温。定量转移上述提取液至200mL容量瓶中，加入5mL 106g/L亚铁氰化钾溶液，摇匀，再加入5mL 220g/L乙酸锌溶液，以沉淀蛋白质。加水至刻度，摇匀，放置30min，除去上层脂肪，上清液用滤纸过滤，弃去初滤液30mL，滤液备用。

6. 亚硝酸盐的测定

吸取40.0mL上述滤液于50mL带塞比色管中，另吸取0.00mL、0.20mL、0.40mL、0.60mL、0.80mL、1.00mL、1.50mL、2.00mL、2.50mL亚硝酸钠标准使用液（相当于

0.0μg、1.0μg、2.0μg、3.0μg、4.0μg、5.0μg、7.5μg、10.0μg、12.5μg 亚硝酸钠)，分别置于 50mL 带塞比色管中。于标准管与试样管中分别加入 2mL 4g/L 对氨基苯磺酸溶液，混匀，静置 3～5min 后各加入 1mL 2g/L 盐酸萘乙二胺溶液，加水至刻度，混匀，静置 15min，用 1cm 比色杯，以零管调节零点，于波长 538nm 处测吸光度，绘制标准曲线。同时做试剂空白。

7. 硝酸盐的测定

(1) 镉柱还原　先以 25mL 氨缓冲液的稀释液冲洗镉柱，流速控制在 3～5mL/min（以滴定管代替的可控制在 2～3mL/min)。

吸取 20mL 滤液于 50mL 烧杯中加 5mL pH 9.6～9.7 氨缓冲溶液，混合后注入贮液漏斗，使流经镉柱还原，当贮液杯中的样液流尽后，加 15mL 水冲洗烧杯，再倒入贮液杯中。冲洗水流完后，再用 15mL 水重复 1 次。当第 2 次冲洗水快流尽时，将贮液杯装满水，以最大流速过柱。当容量瓶中的洗提液接近 100mL 时，取出容量瓶，用水定容至刻度，混匀。

(2) 亚硝酸钠总量的测定　吸取 10～20mL 还原后的样液于 50mL 比色管中。以下按亚硝酸盐测定“吸取 0.00mL、0.20mL、0.40mL、0.60mL、0.80mL、1.00mL……”起操作。

8. 亚硝酸盐含量计算

亚硝酸盐（以亚硝酸钠计）的含量按式(11-2) 计算：

$$X_1=\frac{m_2\times 1000}{m_3\times\frac{V_1}{V_0}\times 1000} \tag{11-2}$$

式中　X_1——试样中亚硝酸钠的含量，mg/kg；

m_2——测定用样液中亚硝酸钠的质量，μg；

1000——转换系数；

m_3——试样质量，g；

V_1——测定用样液体积，mL；

V_0——试样处理液总体积，mL。

9. 硝酸盐含量的计算

硝酸盐（硝酸钠计）的含量按式(11-3) 计算：

$$X_2=\left(\frac{m_4\times 1000}{m_5\times\frac{V_3}{V_2}\times\frac{V_5}{V_4}\times 1000}-X_1\right)\times 1.232 \tag{11-3}$$

式中　X_2——试样中硝酸钠的含量，mg/kg；

m_4——经镉粉还原后测得总亚硝酸钠的质量，μg；

1000——转换系数；

m_5——试样的质量，g；

V_3——测总亚硝酸钠的测定用样液体积，mL；

V_2——试样处理液总体积，mL；

V_5——经镉柱还原后样液的测定用体积，mL；

V_4——经镉柱还原后样液总体积，mL；

X_1——由式(11-2)计算出的试样中亚硝酸钠的含量，mg/kg；

1.232——亚硝酸钠换算成硝酸钠的系数。

第四节　漂白剂的测定

一、漂白剂的定义

食品漂白剂（food bleaching agent）是指能够破坏、抑制食品的护色因素，使其褪色或使食品免于褐变的物质。它能使食品中所含的有色物质分解，转变为无色物质。它不同于用吸附方式除去着色物质的脱色剂，它通过氧化、还原等化学作用同色素物质发生化合，使其护色基团变化或抑制某些褐变因素来达到目的。

二、漂白剂的测定

GB 5009.34—2022《食品安全国家标准　食品中二氧化硫的测定》有酸碱滴定法、分光光度法、离子色谱法，本节重点介绍分光光度法。

1. 原理

样品直接用甲醛缓冲吸收液浸泡或加酸充氮蒸馏释放的二氧化硫被甲醛溶液吸收，生成稳定的羟甲基磺酸加成化合物，酸性条件下与盐酸副玫瑰苯胺，生成蓝紫色配合物，该配合物的吸光度值与二氧化硫的浓度成正比。

2. 试剂

氨基磺酸铵，乙二胺四乙酸二钠，甲醛，邻苯二甲酸氢钾，2%盐酸副玫瑰苯胺溶液，冰乙酸，磷酸，氢氧化钠，盐酸。

3. 仪器和设备

玻璃充氮蒸馏器：500mL 或 1000mL，或等效的蒸馏设备；紫外可见分光光度计。

4. 分析步骤

（1）直接提取法　称取固体试样约 10g（精确至 0.01g），加甲醛缓冲吸收液 100mL，振荡浸泡 2h，过滤，取续滤液，待测。同时做空白试验。

（2）充氮蒸馏法　称取固体或半流体试样 10～50g（精确至 0.01g，取样量可视含量高低而定）；量取液体试样 50～100mL，置于圆底烧瓶中，加水 250～300mL 打开回流冷凝管开关给水（冷凝水温度<15℃），将冷凝管的上端口处连接的玻璃导管置于 100mL 锥形瓶底部。锥形瓶内加入甲醛缓冲吸收液 30mL 作为吸收液（玻璃导管的末端应在吸收液液面以下）开通氮气，使其流量计调节气体流量至 1.0～2.0L/min，打开分液漏斗的活塞，使 6mol/L 盐酸溶液 10mL 快速流入蒸馏瓶，立刻加热烧瓶内的溶液至沸，并保持微沸 1.5h，停止加热取下吸收瓶，以少量水冲洗导管尖嘴，并入吸收瓶中。将瓶内吸收液转入 100mL

容量瓶中，甲醛缓冲吸收液定容，待测。

（3）标准曲线的制作　分别准确量取 0.00mL、0.20mL、0.50mL、1.00mL、2.00mL、3.00mL 二氧化硫标准使用液（相当于 0.0μg、2.0μg、5.0μg、10.0μg、20.0μg、30.0μg 二氧化硫），置于 25mL 具塞试管中，加入甲醛缓冲吸收液至 10.00mL，再依次加入 3g/L 氨基磺酸铵溶液 0.5mL、1.5mol/L 氢氧化钠溶液 0.5mL、0.5g/L 盐酸副玫瑰苯胺溶液 1.0mL，摇匀，放置 20min 后，用紫外可见分光光度计在波长 579nm 处测定标准溶液吸光度，并以质量为横坐标，吸光度为纵坐标绘制标准曲线。

（4）试样溶液的测定　根据试样中二氧化硫含量，吸取试样溶液 0.50～10.00mL，置于 25mL 具塞试管中，按（3）加入甲醛缓冲吸收液至 10.00mL……进行操作，同时做空白试验。

5. 分析结果的表述

试样中二氧化硫的含量按式(11-4）计算：

$$X=\frac{(m_1-m_0)V_1\times 1000}{m_2V_2\times 1000} \tag{11-4}$$

式中　X——试样中二氧化硫含量（以 SO_2 计），mg/kg 或 mg/L；

m_1——由标准曲线中查得的测定用试液中二氧化硫的质量，μg；

m_0——由标准曲线中查得的测定用空白溶液中二氧化硫的质量，μg；

V_1——试样提取液/试样蒸馏液定容体积，mL；

m_2——试样的质量或体积，g 或 mL；

V_2——测定用试样提取液/试样蒸馏液的体积，mL。

第五节　甜味剂的测定

一、甜味剂的定义

食品甜味剂（food sweetener）是指能赋予食物甜味的食品添加剂。日常生活中，甜味剂的使用比我们想象的要广泛，如饮料、酱菜、糕点、饼干、面包、蜜饯、糖果、调味料、肉类罐头等都添加了甜味剂。

二、甜味剂的测定

本节介绍 GB 5009.28—2016《食品安全国家标准　食品中苯甲酸、山梨酸和糖精钠的测定》第一法液相色谱法。

1. 原理

样品经水提取，高脂肪样品经正己烷脱脂、高蛋白样品经蛋白沉淀剂沉淀蛋白，采用液相色谱分离、紫外检测器检测，外标法定量。

2. 试剂

氨水，亚铁氰化钾，乙酸锌，无水乙醇，正己烷，甲醇：色谱纯，乙酸铵：色谱纯，甲酸：色谱纯，氨水溶液（1＋99），亚铁氰化钾溶液（92g/L），乙酸锌溶液（183g/L），乙酸铵溶液（20mmol/L），甲酸-乙酸铵溶液（2mmol/L 甲酸＋20mmol/L 乙酸铵），苯甲酸、山梨酸和糖精钠（以糖精计）标准储备溶液（1000mg/L），苯甲酸、山梨酸和糖精钠（以糖精计）混合标准中间溶液（200mg/L），苯甲酸、山梨酸和糖精钠（以糖精计）混合标准系列工作溶液：分别准确吸取苯甲酸、山梨酸和糖精钠混合标准中间溶液 0mL、0.05mL、0.25mL、0.50mL、1.00mL、2.50mL、5.00mL 和 10.0mL，用水定容至 10mL，配制成质量浓度分别为 0mg/L、1.00mg/L、5.00mg/L、10.0mg/L、20.0mg/L、50.0mg/L、100mg/L 和 200mg/L 的混合标准系列工作溶液。临用现配。

3. 仪器和设备

高效液相色谱仪：配紫外检测器；分析天平：感量为 0.001g 和 0.0001g；涡旋振荡器；离心机：转速＞8000r/min；匀浆机；恒温水浴锅；超声波发生器。

4. 分析步骤

（1）试样制备　取多个预包装的饮料、液态奶等均匀样品直接混合；非均匀的液态、半固态样品用组织匀浆机匀浆；固体样品用研磨机充分粉碎并搅拌均匀；奶酪、黄油、巧克力等采用 50～60℃加热熔融，并趁热充分搅拌均匀。取其中的 200g 装入玻璃容器中，密封，液体试样于 4℃保存，其他试样于－18℃保存。

（2）试样提取　一般性试样：准确称取约 2g（精确到 0.001g）试样于 50mL 具塞离心管中，加水约 25mL，涡旋混匀，于 50℃水浴超声 20min，冷却至室温后加亚铁氰化钾溶液 2mL 和乙酸锌溶液 2mL，混匀，于 8000r/min 离心 5min，将水相转移至 50mL 容量瓶中，于残渣中加水 20mL，涡旋混匀后超声 5min，于 8000r/min 离心 5min，将水相转移到同一 50mL 容量瓶中，并用水定容至刻度，混匀。取适量上清液过 0.22μm 滤膜，待液相色谱测定。注：碳酸饮料、果酒、果汁、蒸馏酒等测定时可以不加蛋白沉淀剂。

含胶基的果冻、糖果等试样：准确称取约 2g（精确到 0.001g）试样于 50mL 具塞离心管中，加水约 25mL，涡旋混匀，于 70℃水浴加热溶解试样，于 50℃水浴超声 20min，之后的操作同上。

油脂、巧克力、奶油、油炸食品等高油脂试样：准确称取约 2g（精确到 0.001g）试样于 50mL 具塞离心管中，加正己烷 10mL，于 60℃水浴加热约 5min，并不时轻摇以溶解脂肪，然后加氨水溶液（1＋99）25mL，乙醇 1mL，涡旋混匀，于 50℃水浴超声 20min，冷却至室温后，加亚铁氰化钾溶液 2mL 和乙酸锌溶液 2mL，混匀，于 8000r/min 离心 5min，弃去有机相，水相转移至 50mL 容量瓶中，残渣同一般性试样再提取一次后测定。

（3）标准曲线的制作　将混合标准系列工作溶液分别注入液相色谱仪中，测定相应的峰面积，以混合标准系列工作溶液的质量浓度为横坐标，以峰面积为纵坐标，绘制标准曲线。

（4）试样溶液的测定　将试样溶液注入液相色谱仪中，得到峰面积，根据标准曲线得到待测液中苯甲酸、山梨酸和糖精钠（以糖精计）的质量浓度。

5. 分析结果的表述

按式(11-5) 进行计算：

$$X=\frac{\rho V}{m\times 1000} \tag{11-5}$$

式中 X——试样中待测组分含量，g/kg；

ρ——由标准曲线得出的试样液中待测物的质量浓度，mg/L；

V——试样定容体积，mL；

m——试样质量，g；

1000——由 mg/kg 转换为 g/kg 的换算因子。

三、环己基氨基磺酸钠的测定

环己基氨基磺酸钠（sodium cyclamate）又称甜蜜素，目前对于食品中环己基氨基磺酸钠的检测方法主要有气相色谱法、高效液相色谱法、液相色谱-质谱/质谱法、离子色谱法等。本节重点介绍 GB 5009.97—2023《食品安全国家标准　食品中环己基氨基磺酸盐的测定》中的气相色谱法。

1. 适用范围

适用于食品（蒸馏酒、发酵酒、配制酒、料酒及其他含乙醇的食品除外）中环己基氨基磺酸盐的测定。

2. 原理

试样中的环己基氨基磺酸盐经水提取，在硫酸介质中与亚硝酸钠反应，生成环己醇亚硝酸酯和环己醇，用正庚烷萃取后，用气相色谱-氢火焰离子化检测器测定，外标法定量。

3. 试剂和材料

正庚烷，石油醚（沸程 30～60℃），硫酸，亚硝酸钠，淀粉酶，无水乙醇，环己基氨基磺酸钠标准品。50mL 具螺纹盖刻度离心管，有机相微孔滤膜：0.45μm 孔径。

4. 仪器

气相色谱仪：配有氢火焰离子化检测器（FID），分析天平（感量 1mg 和 0.1mg），涡旋混合器，高速离心机，超声波发生器，粉碎机，研磨机，匀浆机，恒温水浴装置。

5. 分析步骤

（1）试样制备

① 液体试样。直接摇匀（含二氧化碳的试样，超声除去气泡后摇匀）。

② 非均匀的液态、半固态试样。取适量试样，经匀浆机匀浆后混匀。

③ 巧克力、巧克力制品、奶酪、黄油等试样。取适量试样，－18℃冷冻后，粉碎机粉碎并搅拌均匀。

④ 固态试样。取适量试样，用研磨机或粉碎机粉碎并搅拌均匀。

（2）试样提取

① 巧克力、奶油、奶酪、乳粉、调味面制品、油腐乳、油豆豉、肉及肉制品、水产品

罐头等含较高油脂试样。称取 2g 试样（精确至 0.001g）于离心管中，加入 20mL 石油醚，涡旋 5min，超声 10min，5000r/min 离心 3min，弃去石油醚层，再加入 20mL 石油醚提取 1 次，弃去石油醚层，60℃±2℃水浴挥去残留石油醚，加入 20mL 水（巧克力、奶油、奶酪、乳粉等试样需在水浴锅中 60℃±2℃加热 20min），涡旋 5min，超声提取 30min，混匀后放至室温备用。

② 果冻、糖果、米粉、淀粉制品等试样。称取 2g 试样（精确至 0.001g）于离心管中，加入 20mL 水（米粉、淀粉制品等试样需再加入 0.2g 淀粉酶），混合均匀后，60℃±2℃水浴加热 20min，涡旋 5min，超声提取 10min，混匀后放至室温备用。

③ 其他固体、半固体试样。称取 2g 试样（精确至 0.001g）于离心管中，加入 20mL 水，涡旋 5min，超声提取 30min，混匀后放至室温备用。

④ 液体试样。称取 2g 试样（精确至 0.001g）于离心管中，加入 20mL 水，涡旋 5min，超声提取 10min，混匀后放至室温备用。

（3）衍生化　将装有试样提取液的离心管置于冰浴 10min 后，一次加入 10mL 正庚烷、5mL 亚硝酸钠溶液（50g/L）、硫酸溶液（200g/L），混匀，于冰浴中放置 30min，期间振摇 3～5 次，取出后涡旋 3min，于 4℃条件下 9000r/min 离心 3min，取上清液过有机相微孔滤膜，供上机测定。

（4）标准系列溶液的制备及衍生化　分别准确移取 0.05mL、0.10mL、0.25mL、0.50mL、1.00mL、2.5mL、5.0mL 环己基氨基磺酸标准中间液（1200μg/mL）于离心管中，用水稀释至 20mL，按步骤（3）衍生化。此时正庚烷中待测物的浓度分别相当于 6μg/mL、12μg/mL、30μg/mL、60μg/mL、120μg/mL、300μg/mL、600μg/mL，临用现配。

（5）仪器参考条件　色谱柱：中等极性毛细管柱（内涂 50%苯基-50%甲基聚硅氧烷，30m×0.32mm×0.25μm）或同等性能的色谱柱。柱温升温程序：初始温度 50℃保持 3min，10℃/min 的速率升温至 70℃保持 0.5min，30℃/min 升温至 220℃保持 3min。进样口温度：230℃。进样量：1μL。进样方式：分流进样，分流比为 1∶5。检测器：氢火焰离子化检测器（FID），温度 260℃。载气：高纯氮气，流速为 2.0mL /min。氢气：32mL /min；空气：300mL /min。

（6）标准曲线的制作　经衍生化处理的标准系列工作液注入气相色谱仪中，得到相应衍生物的峰面积，以标准系列工作溶液中环己基氨基磺酸的浓度为横坐标，以环己基氨基磺酸衍生物环己醇亚硝酸酯和环己醇两峰面积之和为纵坐标，绘制标准曲线。

（7）试样溶液的测定　经衍生化处理的试样溶液注入气相色谱仪中，环己基氨基磺酸衍生物环己醇亚硝酸酯和环己醇两峰保留时间定性，测得峰面积加和作为测定面积计算，根据标准曲线得到试样溶液中待测物的浓度，计算样品中待测物的含量。衍生化处理的试样溶液中待测物若超出相应线性范围，应用正庚烷稀释后再进样分析。

（8）空白试验　除不加试样外，均按（2）和（3）测定步骤进行。

6. 分析结果计算

试样中环己基氨基磺酸含量按式(11-6）计算。

$$X=\frac{\rho V\times 1000}{m\times 1000\times 1000}\times f \tag{11-6}$$

式中　X——试样中环己基氨基磺酸的含量，g/kg；

ρ——由标准曲线计算出待测溶液中环己基氨基磺酸的质量浓度，μg/mL；

V——加入正庚烷体积，mL；

m——试样质量，g；

f——吸收倍数。

第六节　抗氧化剂的测定

一、抗氧化剂的定义

食品抗氧化剂（food antioxidant agent）是食品添加剂的一个重要组成部分，能够防止食品成分因氧化而变质，主要用于防止油脂及富含脂类化合物食品的氧化酸败，以及由氧化所导致的褪色、褐变、维生素破坏等。从目前食品添加剂的应用来看，单一活性成分的抗氧化剂的抗氧化效果弱于混合物，且单一成分的抗氧化效果的评价因实验方法的不同而表现出较大的差异。

二、抗氧化剂的测定

本节介绍 GB 5009.32—2016《食品安全国家标准　食品中 9 种抗氧化剂的测定》第一法高效液相色谱法。

1. 原理

油脂样品经有机溶剂溶解后，使用凝胶渗透色谱（GPC）净化；固体类食品样品用正己烷溶解，乙腈提取，固相萃取柱净化。高效液相色谱法测定，外标法定量。

2. 试剂

甲酸，乙腈，甲醇，正己烷，环己烷，氯化钠，无水硫酸钠，甲酸溶液，抗氧化剂标准物质混合储备液（1000mg/L），抗氧化剂混合标准使用液：移取适量体积的浓度为1000mg/L 的抗氧化剂标准物质混合储备液分别稀释至浓度为 20mg/L、50mg/L、100mg/L、200mg/L、400mg/L 的混合标准使用液。

3. 仪器

离心机：转速≥3000r/min、旋转蒸发仪、高效液相色谱仪、凝胶渗透色谱仪、分析天平：感量为 0.01g 和 0.1mg、涡旋振荡器。

4. 分析步骤

（1）提取　固体类样品：称取 1g（精确至 0.01g）试样于 50mL 离心管中，加入 5mL 乙腈饱和的正己烷溶液，涡旋 1min 充分混匀，浸泡 10min。加入 5mL 饱和氯化钠溶液，用 5mL 正己烷饱和的乙腈溶液涡旋 2min，3000r/min 离心 5min，收集乙腈层于试管中，再重复使用 5mL 正己烷饱和的乙腈溶液提取 2 次，合并 3 次提取液，加 0.1%甲酸溶液调节 pH=4，待净化。同时做空白试验。

油类：称取 1g（精确至 0.01g）试样于 50mL 离心管中，加入 5mL 乙腈饱和的正己烷溶液溶解样品，涡旋 1min，静置 10min，用 5mL 正己烷饱和的乙腈溶液涡旋提取 2min，3000r/min 离心 5min，收集乙腈层于试管中，再重复使用 5mL 正己烷饱和的乙腈溶液提取 2 次，合并 3 次提取液，待净化。同时做空白试验。

（2）净化　在 C_{18} 固相萃取柱中装入约 2g 无水硫酸钠，用 5mL 甲醇活化萃取柱，再以 5mL 乙腈平衡萃取柱，弃去流出液。将所有提取液倾入柱中，弃去流出液，再以 5mL 乙腈和甲醇的混合溶液洗脱，收集所有洗脱液于试管中，40℃下旋转蒸发至干，加 2mL 乙腈定容，过 0.22μm 有机系滤膜，供液相色谱测定。

（3）凝胶渗透色谱法（纯油类样品可选）　称取样品 10g（精确至 0.01g）于 100mL 容量瓶中，以乙酸乙酯和环己烷混合溶液定容至刻度，作为母液；取 5mL 母液于 10mL 容量瓶中以乙酸乙酯和环己烷混合溶液定容至刻度，待净化。取 10mL 待测液加入凝胶渗透色谱（GPC）进样管中，使用 GPC 净化，收集流出液，40℃下旋转蒸发至干，加 2mL 乙腈定容，过 0.22μm 有机系滤膜，供液相色谱测定。同时做空白试验。

（4）标准曲线的制作　将系列浓度的标准工作液分别注入液相色谱仪中，测定相应的抗氧化剂，以标准工作液的浓度为横坐标，以响应值（如峰面积、峰高、吸收值等）为纵坐标，绘制标准曲线。

（5）试样溶液的测定　将试样溶液注入高效液相色谱仪中，得到相应色谱峰的响应值，根据标准曲线得到待测液中抗氧化剂的浓度。

5. 分析结果的表述

试样中抗氧化剂含量按式(11-7)计算：

$$X_i=\rho_i\times\frac{V}{m} \tag{11-7}$$

式中　X_i——试样中抗氧化剂含量，mg/kg；

ρ_i——从标准曲线上得到的抗氧化剂溶液浓度，μg/mL；

V——样液最终定容体积，mL；

m——称取的试样质量，g。

6. 适用范围

本标准液相色谱法适用于食品中没食子酸丙酯（PG）、2,4,5-三羟基苯丁酮（THBP）、叔丁基对苯二酚（TBHQ）、去甲二氢愈创木酸（NDGA）、叔丁基对羟基茴香醚（BHA）、2,6-二叔丁基对甲基苯酚（BHT）、2,6-二叔丁基-4-羟甲基苯酚（Ionox-100）、没食子酸辛酯（OG）、没食子酸十二酯（DG）的测定。

第七节　着色剂的测定

一、着色剂的定义

以给食品着色为目的的食品添加剂称为食品着色剂（food coloring agent），也称为食用色素。着色剂能使食品具有悦目的色泽，对增加食品的嗜好性及刺激食欲有重要意义。着色剂按来源可分为人工合成着色剂和天然着色剂。

二、着色剂的测定

食品着色剂常用的测定方法是高效液相色谱法。本文重点介绍 GB 5009.35—2023《食品安全国家标准　食品中合成着色剂的测定》中的液相色谱测定方法。本方法适用于食品中 11 种合成着色剂（柠檬黄、新红、苋菜红、靛蓝、胭脂红、日落黄、诱惑红、亮蓝、酸性红、喹啉黄和赤藓红）测定。

1. 原理

试样中的合成着色剂用乙醇氨水溶液提取，经固相萃取净化后，用配有二极管阵列检测器的高效液相色谱仪测定，外标法定量。

2. 试剂

甲醇（色谱纯），甲醇，石油醚（沸程 30～60℃），无水乙醇，氨水（含量 20%～25%），乙酸铵（色谱纯），甲酸。柠檬黄、新红、苋菜红、靛蓝、胭脂红、日落黄、诱惑红、亮蓝、酸性红、喹啉黄和赤藓红标准品。

3. 分析步骤

① 试样制备。液体试样和粉状固体试样应分别混合均匀，半固体试样取固液共存物进行匀浆混合，固体试样（带核蜜饯凉果需先去核，取可食部分）经电动搅拌器粉碎等方式混合均匀，密封，制备好的试样在－18℃避光保存，备用。

② 试样提取。液体类试样、冷冻饮品：准确称取试样 2g（精确至 0.001g），冷冻饮品可先温水浴加热融化并称样，置于 50mL 具塞离心管中，加入适量乙醇氨水溶液，涡旋 1min，离心 5min（5000r/min），并用乙醇氨水溶液定容至 50mL，即得提取液；准确吸取上清液 10mL，50℃下氮气浓缩至 3mL 左右，分 2～3 次共加入 10mL 5% 甲醇水溶液溶解，作为待净化液。

固体类试样：准确称取试样 2g（精确至 0.001g），置于 50mL 具塞离心管中，先加入适量水（2～5mL），50℃水浴加热混匀样品，加入 25mL 乙醇氨水溶液，涡旋 1min，50℃超声或振摇（速率≥250r/min）提取 20min，8000r/min 离心 5min，取上清液置于 50mL 容量瓶中，每次加入 5～10mL 乙醇氨水溶液，重复提取操作至上清液无明显颜色，离心后合并上清液，用乙醇氨水溶液定容至 50mL，即得提取液。准确吸取上清 10mL，50℃氮气浓缩至 3mL 左右，分 2～3 次共加入 10mL 5% 甲醇水溶液溶解，作为待净化液。

含油量较大的试样：准确称取试样 2g（精确至 0.001g），置于 50mL 具塞离心管中，加入 20mL 石油醚，涡旋 1min，超声或振摇（速率≥250r/min）提取 10min，8000r/min 离心 5min，弃去上清液，油脂含量较高的可重复提取一次，弃去上清液，加入 25mL 乙醇氨水溶液，涡旋 1min，50℃超声或振摇（速率≥250r/min）提取 20min，8000r/min 离心 5min（若离心后提取液仍然浑浊，可转入高速离心机专用管，15000r/min 离心 5min），取上清液置于 50mL 容量瓶中，作为待净化液。按照固体类试样中“每次加入 5～10mL 乙醇氨水溶液……作为待净化液”操作。

③ 试样净化。活化：依次加入 6mL 甲醇和 6mL 水活化固相萃取柱，保持柱体湿润。

上样：活化后立即将②中的待净化液以 2～3s/1 滴的流速加载到固相萃取柱上。

淋洗：依次用 6mL 2%甲酸水溶液和 6mL 甲醇淋洗固相萃取柱，弃去淋洗液，真空抽 2min 至柱体近干。

洗脱：用 6mL 2%氨化甲醇溶液洗脱，分两次加入，每次 3mL，流速低于 2～3s/1 滴，收集洗脱液，于 50℃氮气浓缩至近干，准确加入 2mL pH 为 9.0 的乙酸铵缓冲溶液溶解，溶液用针筒过滤器、孔径 0.45μm 的滤膜过滤，弃去 2～5 滴初滤液，取续滤液作为待测液。

4. 仪器参考条件

色谱柱：C_{18} 柱，4.6mm×250mm，5μm。进样量：10μL。柱温：30℃。二极管阵列检测器波长范围：400～800nm，检测波长：415nm（柠檬黄、喹啉黄），520nm（新红、苋菜红、胭脂红、日落黄、诱惑红、酸性红和赤藓红），610nm（靛蓝、亮蓝）。参考洗脱梯度见表 11-1。

表 11-1　参考洗脱梯度表

时间 /min	流速 /(mL/min)	A(20mmol/L 乙酸铵溶液)/%	B(甲醇)/%
0.00	1.0	90	10
12.0	1.0	60	40
19.0	1.0	50	50
22.5	1.0	45	55
24.0～33.0	1.0	5	95
34.0～42.0	1.0	90	10

5. 标准曲线的制作

将标准系列工作液分别注入液相色谱仪中，测定相应物质的峰面积，以标准系列工作液中该物质浓度为横坐标，以该物质峰面积的响应值为纵坐标，绘制标准曲线。

6. 试样溶液的测定

将试样溶液注入液相色谱仪中，得到对应的峰面积，根据标准曲线计算得到待测液中的各物质浓度。

7. 分析结果的表述

试样中合成着色剂的含量按式(11-8) 计算。

$$X=\frac{cV_1V_2}{V_3m\times1000} \tag{11-8}$$

式中　X——试样中合成着色剂的含量，g/kg；

c——由标准曲线计算得到的待测液中合成着色剂的浓度，μg/mL；

V_1——样品经净化洗脱后的最终定容体积，mL；

V_2——样品提取液体积，mL；

V_3——用于净化分取的样品提取液体积，mL；

m——试样的取样量，g；

1000——换算系数。

计算结果保留3位有效数字。

第八节　品质改良剂的测定

一、品质改良剂的定义

能够改良食品品质及性能的物质称为食品品质改良剂（food quality improver）。磷酸盐由于其持水性和多孔性，常常加入食品中用来改良食品的性状。例如，肉类食品常用磷酸盐防止食品干硬，磷酸盐还可用于抗结和膨松等。

二、品质改良剂的测定

本节介绍GB 5009.256—2025《食品安全国家标准　食品中多种磷酸盐的测定》第二法食品中磷酸根（PO_4^{3-}）总量的测定。

1. 原理

试样中各种磷酸盐经提取后，在酸性条件下转化为磷酸根（PO_4^{3-}）离子，经阴离子交换柱分离，电导检测器检测。以保留时间定性，外标法定量。

2. 试剂

硝酸、碳酸钠、氢氧化钠，氢氧化钾。标准品：磷酸钠（CAS号：7601-54-9）。

3. 仪器和设备

离子色谱仪：配有电导检测器和抑制器；匀浆机；食物粉碎机；涡旋混合器；超声波清洗器：可进行80℃控温，60Hz；天平：感量为0.1mg和1mg；冷冻离心机：转速≥8000r/min，温度可调至4℃；恒温水浴锅：90℃±5℃。

4. 分析步骤

（1）试样制备

① 水产、蛋、肉类及其制品等：取500 g试样可食部分，捣碎混匀备用。

② 蔬菜、水果等：取可食部分500 g，洗净、晾干、切碎、混匀，用组织搅拌机制成匀浆备用。

③ 奶粉、乳及乳制品、饮料类等：通过反复摇晃和颠倒容器使样品充分混匀至样品均一。

④ 固体油脂、脂肪、可可制品、巧克力及其制品、冷冻饮品等：取500 g样品，−18℃冷冻后用食物粉碎机粉碎搅匀备用。

⑤ 杂粮、小麦粉及其制品、果冻、糖果、调味糖浆、蔬菜罐头、焙烤食品、膨化食品、熟制坚果与籽类等：取500g可食部分用食物粉碎机搅匀备用。

⑥ 调味料等：粉末状调味料通过反复摇晃和颠倒容器使样品充分混匀；固体大颗粒状调味料取500g用食物粉碎机搅匀备用。

⑦ 谷类和淀粉类甜品、米粉、婴幼儿配方食品及辅助食品等：通过反复摇晃和颠倒容

器使样品充分混匀直至样品均一化。

（2）样品前处理　称取样品 1～2g（可根据实际情况适当调整样品量，精确至 0.001g）于 50mL 比色管中，加入 50mmol/L 氢氧化钠溶液 45mL，涡旋混匀 1min，80℃超声提取 30min，每隔 5min 振摇 1 次，保持固相完全分散，冷却至室温后，用水定容至 50mL，摇匀后全部转移至 50mL 离心管中，8000r/min 离心 5min。量取提取液 5.00mL 置于另一个 50mL 比色管中，加 30%硝酸 1mL，涡旋混匀，置于 90℃±5℃水浴中加热 60min，取出置于冷水中冷却至室温，加水定容至刻度，摇匀，移取溶液 2.00mL 于 10mL 离心管中，用水稀释至刻度，将溶液置于冷冻离心机，4℃、8000r/min 离心 5min，取上清液过 0.45μm 滤膜，取适量上机测试。

（3）参考色谱条件　氢氧化钾淋洗液体系：色谱柱，氢氧化物选择性、阴离子交换柱（250mm×4mm），保护柱使用相同填料的阴离子交换柱（50mm×4mm），或性能相当的离子色谱柱。淋洗液，氢氧化钾淋洗液，浓度为 20mmol/L，流速为 1.0mL/min。抑制器，阴离子抑制器。

碳酸盐淋洗液体系：色谱柱，碳酸盐选择性、阴离子交换柱（4mm×150mm），保护柱使用相同填料的阴离子交换柱（1mm×3.5mm），或性能相当的离子色谱柱。淋洗液，碳酸钠（15mmol/L）＋氢氧化钠（2mmol/L）混合淋洗液，流速 0.6mL/min。抑制器，阴离子抑制器。检测器：电导检测器，检测池温度为 35℃。柱温箱：柱温箱温度为 30℃。进样体积 100μL。

（4）标准曲线的制作　将标准系列工作液从低浓度到高浓度依次进样，测定相应的电导检测器的信号值，得到各浓度标准溶液的色谱图。以标准工作液的质量浓度（mg/L）为横坐标，以峰面积或峰高为纵坐标，绘制标准曲线，并计算线性回归方程。

（5）试样溶液的测定　将试样溶液在相同工作条件下注入离子色谱仪中，记录色谱图，以保留时间定性，测定样品的峰面积或峰高，根据标准曲线得到待测液中被测组分的浓度。

（6）空白试验　空白试验系指除不加试样外，采用完全相同的分析步骤、试剂和用量，进行平行操作。

5. 分析结果的表述

试样中磷酸根含量按式(11-9)计算：

$$X=\frac{(\rho-\rho_0)V}{m\times1000}\times f \tag{11-9}$$

式中　X——样品中磷酸盐（以磷酸根计）含量，mg/kg；

ρ——样液中磷酸盐（以磷酸根计）测定值，mg/L；

ρ_0——样品空白液中磷酸盐（以磷酸根计）测定值，mg/L；

V——样品提取液定容体积，mL；

m——样品称样质量，g；

1000——换算系数；

f——稀释倍数。

6. 适用范围

食品中以磷酸根（PO_4^{3-}）计的多种磷酸盐的测定。

思考题

1. 食品添加剂是如何分类的，可以分为多少种？

2. 着色剂和发色剂有哪些区别？如何进行二者的检测和分析？

3. 怎样制备供糖精钠测定用的薄层板，并简述薄层色谱法测定糖精钠的原理？

4. 简述亚硝酸钠在肉类食品中的护色作用原理？

5. 滴定法测定苯甲酸的样品处理、提取过程中，为什么碱化后要用氯化钠饱和？提取中为什么要酸化？

第十二章

食品中有毒有害物质分析

第一节　概　述

《中华人民共和国食品安全法》中规定，食品安全，指食品无毒、无害，符合应当有的营养要求，对人体健康不造成任何急性、亚急性或者慢性危害。所谓有毒物质，是指进入人体后能与人体内的一些物质发生化学变化，从而引起人体的机体功能或器质性病理变化的物质。当某些物质或含有该物质的物料按其来源的途径正常使用时，若因该物质而导致人体生理机能、自然环境或生态平衡遭受破坏，则称该物质为有害物质。从对机体健康影响的角度可将有害物质分为普通有害物质、有毒物质、致癌物和危险物。根据这一定义可知，有害物质包括有毒物质，其范畴比有毒物质更广。有毒有害物质，即对人体有生理毒性，食用后会引起不良反应，损害机体健康的物质。

一、食品中有毒有害物质的分类与来源

食品中有毒有害物质可分为三类。一是物理性有毒有害物质，如玻璃、金属、砂石、昆虫、动物排泄物等，在食品的生产、加工、储运等各个阶段都可能引入物理性危害物质。二是生物性有毒有害物质，如细菌、霉菌、李斯特菌等致病菌，还包括寄生虫等，微生物是生物性危害的基本因素之一。三是化学性有毒有害物质，如重金属、农药残留、兽药残留、环境污染物等。

有毒有害物质有天然存在的和人为引入的。天然存在的有毒有害物质包括肉毒毒素、黄曲霉毒素、蘑菇毒素、贝类毒素（如麻痹性毒素、腹泻性毒素及神经性毒素等）、生物胺、鱼肉毒素（如河鲀等）等，是在食品中自然存在的，可能会随着食物的食用而对人体产生危害。人为引入的有毒有害物质则可能发生在食品生产、加工、储藏、运输和销售的各个环节。这些有毒有害物质的主要来源：食品原料、养殖环节不当使用农药、兽药，包括施药过量、施药期不当或使用禁用药物；在食品的加工、储藏或运输环节中带来的污染，如人员操作、生产设备设施环境、清洗消毒、用水等；食品生产加工工艺未被严格遵守导致的，如食

品添加剂使用不规范、储藏方法不当等；来自特定的食品加工工艺，如肉类烤制、蔬菜腌制等可能引入的有毒有害物质；来自食品包装材料中的某些有毒有害物质也可能迁移到被包装的食品中；环境污染物，如二噁英、多氯联苯等也不可避免地会污染食物。此外，近年来，一些食品生产经营者利令智昏，违法使用非食用物质加工食品，也导致了很多有毒有害物质进入食品中。本章主要介绍农药残留、兽药残留、霉菌毒素、食品中天然毒素及其他有害物质的分析技术。

二、有毒有害物质分析的意义

食品安全已经成为一个世界性的挑战和全球重要的公共卫生问题。食品中的有毒有害物质其本身具有的毒性会给人类身体健康及生态环境造成不可低估的危害，不同种类的有毒有害物质所造成的危害程度轻重有异、各不相同。

开展食品中有毒有害物质检测分析和相关技术研究工作，有助于全面提升食品安全水平，维护公共卫生安全，保障人民群众身体健康；有助于改造环境，保持自然界的生态平衡；有助于打破技术壁垒，促进中国食品质量的提高，保证食品进出口贸易，具有非常重要的意义。

第二节　食品中农药残留的分析

农药残留（pesticide residue）是农药使用后一个时期内没有被分解而残留于生物体、收获物、土壤、水体、大气中的微量农药原体、有毒代谢物、降解物和杂质的总称。根据功能特征，可分为杀虫（鼠）剂、杀菌剂、除草剂、杀螨剂和植物生长调节剂等。根据有效成分的不同，分为有机氯农药、有机磷农药、有机砷农药、沙蚕毒素、氨基甲酸酯类农药和拟除虫菊酯类农药等。

目前，国内现有农药600多种，在GB 2763—2021《食品安全国家标准　食品中农药最大残留限量》中针对常用农药给出了残留的限量值。食品中农药残留检验检测常规分析方法有气相色谱法、液相色谱法、气质联用法和液质联用法。非常规检测法主要有光谱法、酶抑制法、免疫分析法及生物传感器法等快速检测法。本节重点介绍GB 23200.113—2018《食品安全国家标准　植物源性食品中208种农药及其代谢物残留量的测定　气相色谱-质谱联用法》。本方法检测范围覆盖了有机氯、有机磷、拟除虫菊酯类、氨基甲酸酯类农药。

1. 原理

试样用乙腈提取，提取液经固相萃取或分散固相萃取净化，植物油试样经凝胶渗透色谱净化，气相色谱-质谱联用仪检测，内标法或外标法定量。

2. 试剂和材料

除非另有说明，在分析中仅使用分析纯的试剂，水为GB/T 6682规定的一级水；乙腈（CH_3CN，CAS号：75-05-8）；乙酸乙酯（$CH_3COOC_2H_5$，CAS号：141-78-6）：色谱纯；甲苯（C_7H_8，CAS号：108-88-3）：色谱纯；环己烷（C_6H_{12}，CAS号：110-82-7）：色谱纯；氯化钠（NaCl，CAS号：7647-14-5）；乙酸钠（CH_3COONa，CAS号：6131-90-4）；乙酸（CH_3COOH，CAS号：55896-93-0）；硫酸镁（$MgSO_4$，CAS号：7487-88-9）；柠檬

酸钠（$Na_3C_6H_5O_7$，CAS 号：6132-04-3）；柠檬酸氢二钠（$C_6H_6Na_2O_7$，CAS 号：6132-05-4）；标准储备溶液（1000mg/L）：准确称取 10mg（精确至 0.1mg）各农药标准品，根据标准品的溶解性和测定的需要选丙酮或正己烷等溶剂溶解并定容至 10mL，避光－18℃保存，有效期 1 年；混合标准溶液（混合标准溶液 A 和 B）；内标溶液；基质混合标准工作溶液。

固相萃取柱：石墨化炭黑-氨基复合柱，500mg/500mg，容积 6mL；乙二胺-*N*-丙基硅烷化硅胶（PSA）：粒径 40～60μm；十八烷基硅烷键合硅胶（C_{18}）：粒径 40～60μm；石墨化炭黑（GCB）：粒径 40～120μm；陶瓷均质子：2cm（长）×1cm（外径）；微孔滤膜（有机相）：13mm×0.22μm。

3. 仪器

气相色谱-三重四极杆质谱联用仪：配有电子轰击源（EI）；凝胶渗透色谱仪或装置：配有 25mm（内径）×500mm，内装 Bio-Beads SX-3 填料或相当的净化柱；分析天平：感量 0.1mg 和 0.01g；高速匀浆机：转速不低于 15000r/min；离心机：转速不低于 4200r/min；组织捣碎机；旋转蒸发仪；氮吹仪：可控温；涡旋振荡器。

4. 试样制备及储存

（1）试样制备　蔬菜和水果的取样量按照相关标准的规定执行，食用菌样品随机取样 1kg。样品取样部位按照 GB 2763 的规定执行。对于个体较小的样品取样后全部处理；对于个体较大的基本均匀样品，可在对称轴或对称面上分割或切成小块后处理；对于细长、扁平或组分含量在各部分有差异的样品，可在不同部位切取小片或截成小段后处理；取后的样品将其切碎，充分混匀，用四分法取样或直接放入组织捣碎机中捣碎成匀浆，放入聚乙烯瓶中。

取谷类样品 500 g，粉碎后使其全部可通过 425 μm 的标准网筛，放入聚乙烯瓶或袋中。取油料作物、茶叶、坚果和香辛料各 500g，粉碎后充分混匀，放入乙烯瓶或袋中。

植物油搅拌均匀，放入聚乙烯瓶中。

（2）试样储存　将试样按照测试和备用分别存放。于－18℃条件下保存。

5. 分析步骤

（1）QuEChERS 前处理　蔬菜、水果和食用菌：称取 10g 试样（精确至 0.01g）于 50mL 塑料离心管中，加入 10mL 乙腈、4g 硫酸镁、1g 氯化钠、1g 柠檬酸钠、0.5g 柠檬酸氢二钠及 1 颗陶瓷均质子，盖上离心管，剧烈振荡 1min 后 4200r/min 离心 5min。吸取 6mL 上清液加到内含 900mg 硫酸镁及 150mg PSA 的 15mL 塑料离心管中；对于颜色较深的试样，15mL 塑料离心管中加入 885mg 硫酸镁、150mg PSA 及 15mg GCB，涡旋混匀 1min。4200r/min 离心 5min，准确吸取 2mL 上清液于 10mL 试管中，40℃水浴中氮吹至近干。加入 20μL 的内标溶液，加入 1mL 乙酸乙酯复溶，过微孔滤膜，用于测定。

谷物、油料和坚果：称取 5g 试样（精确至 0.01g）于 50mL 塑料离心管中，加入 10mL 水涡旋混匀，静置 30min。加入 15mL 乙腈-乙酸溶液、6g 无水硫酸镁、1.5g 乙酸钠及 1 颗陶瓷均质子，盖上离心管盖，剧烈振荡 1min 后 4200r/min 离心 5min。吸取 8mL 上清液加到内含 1200mg 硫酸镁、400mg PSA 及 400mg C_{18} 的 15mL 塑料离心管中，涡旋混匀 1min。4200r/min 离心 5min，准确吸取 2mL 上清液于 10mL 试管中，40℃水浴中氮吹至近干。加入 20μL 的内标溶液，加入 1mL 乙酸乙酯复溶，过微孔滤膜，用于测定。

茶叶和香辛料：称取 2g 试样（精确至 0.01g）于 50mL 塑料离心管中，加入 10mL 水涡旋混匀，静置30min。加入15mL乙腈-乙酸溶液、6g无水硫酸镁、1.5g乙酸钠及1颗陶瓷均质子，盖上离心管盖，剧烈振荡1min后4200r/min离心5min。吸取8mL上清液加到内含1200mg硫酸镁、400mg PSA、400mg C_{18} 及200mg GCB的15mL塑料离心管中，涡旋混匀1min。4200r/min离心5min，准确吸取2mL上清液于10mL试管中，40℃水浴中氮吹至近干。加入20μL的内标溶液，加入1mL乙酸乙酯复溶，过微孔滤膜，用于测定。

(2) 固相萃取前处理

① 提取。蔬菜、水果和食用菌：称取20g试样（精确至0.01g）于100mL塑料离心管中，加入40mL乙腈，用高速匀浆机15000r/min匀浆2min，加入5～7g氯化钠剧烈振荡数次，4200r/min离心5min。准确吸取10mL上清液于100mL茄形瓶中。40℃水浴旋转蒸发至1mL左右，氮吹至近干，待净化。

谷物、油料、坚果、茶叶和香辛料：称取5g试样（精确至0.01g）于100mL塑料离心管中，加10mL水涡旋混匀，静置30min。加入20mL乙腈，用高速匀浆机15000r/min匀浆2min，加入5～7g氯化钠剧烈振荡数次，4200r/min离心5min。准确吸取5mL上清液于100mL茄形瓶中。40℃水浴旋转蒸发至1mL左右，氮吹至近干，待净化。

② 净化。用5mL乙腈-甲苯溶液预洗固相萃取柱，弃去流出液。下接150mL鸡心瓶，放入固定架上。将上述待净化试样用3mL乙腈-甲苯溶液洗涤至固相萃取柱中，再用2mL乙腈-甲苯溶液洗涤，并将洗涤液移入柱中，重复2次。在柱上加上50mL储液器，用25mL乙腈-甲苯溶液淋洗小柱，收集上述所有流出液于150mL鸡心瓶中，40℃水浴中旋转浓缩至近干。加入50μL内标溶液，加入2.5mL乙酸乙酯复溶，过微孔滤膜，用于测定。

(3) GPC前处理　称取1g食用油试样（精确至0.01g）于10mL样品瓶中，加入GPC流动相7mL混匀，将试样溶液置于GPC仪上净化，上样体积为5mL，流速为5mL/min，收集1000～2700s时间段的洗脱液。将流出液浓缩至5mL，准确吸取4mL于10mL玻璃离心管中，40℃水浴中氮气吹至近干。加入20μL的内标溶液，加入1mL乙酸乙酯复溶，过微孔滤膜，用于测定。

(4) 测定

① 仪器参考条件。色谱柱：14%腈丙基苯基-86%二甲基聚硅氧烷石英毛细管柱，30m×0.25mm×0.25μm，或相当者；色谱柱温度：40℃保持1min，然后以40℃/min程序升温至120℃，再以5℃/min升温至240℃，再以12℃/min升温至300℃，保持6min；载气：氦气，纯度≥99.999%，流速1.0mL/min；进样口温度：280℃；进样量：1μL；进样方式：不分流进样；电子轰击源：70eV；离子源温度：280℃；传输线温度：280℃；溶剂延迟：3min；多反应监测：每种农药分别选择一对定量离子、一对定性离子。每组所有需要检测离子对按照出峰顺序，分时段分别检测。每种农药的保留时间、定量离子对、定性离子对和碰撞电压，参见GB 23200.113—2018附录B。

② 标准工作曲线。精确吸取一定量的混合标准溶液，逐级用乙酸乙酯稀释成质量浓度为0.005mg/L、0.01mg/L、0.05mg/L、0.1mg/L和0.5mg/L的标准工作溶液。空白基质溶液氮气吹干，加入20μL内标溶液，分别加入1mL上述标准工作溶液复溶，过微孔滤膜配制成系列基质混合标准工作溶液，供气相色谱-质谱联用仪测定。以农药定量离子峰面积和内标物定量离子峰面积的比值为纵坐标、农药标准溶液质量浓度和内标物质量浓度的比值为横坐标，绘制标准曲线。

③ 定性及定量。保留时间：被测试样中目标农药色谱峰的保留时间与相应标准色谱峰

的保留时间相比较，相对误差应在±2.5%之内。

定量离子、定性离子及子离子丰度比：在相同实验条件下进行样品测定时，如果检出的色谱峰的保留时间与标准样品相一致，并且在扣除背景后的样品质谱图中，目标化合物的质谱定量和定性离子均出现，而且同一检测批次，对同一化合物，样品中目标化合物的定性离子和定量离子的相对丰度比与质量浓度相当的基质标准溶液相比，其允许偏差不超过表12-1规定的范围，则可判断样品中存在目标农药。

表 12-1 定性测定时相对离子丰度的最大允许偏差

相对离子丰度/%	>50	20～50(含)	10～20(含)	≤10
允许相对偏差/%	±20	±25	±30	±50

定量：内标法或外标法定量。

（5）试样溶液的测定 将基质混合标准工作溶液和试样溶液依次注入气相色谱-质谱联用仪中，保留时间和定性离子定性，测得定量离子峰面积，待测样液中农药的响应值应在仪器检测的定量测定线性范围之内，超过线性范围时应根据测定浓度进行适当倍数稀释后再进行分析。

（6）平行试验 按（1）～（5）的规定对同一试样进行平行试验测定。

（7）空白试验 除不加试样外，按照（1）～（6）的规定进行平行操作。

6. 结果计算

试样中各农药残留量以质量分数 ω 计，单位为毫克每千克（mg/kg），内标法按式(12-1）计算，外标法按式(12-2）计算。

$$\omega=\frac{\rho A \rho_{i} A_{si} V}{A_{s} \rho_{si} A_{i} m} \tag{12-1}$$

$$\omega=\frac{\rho A V}{A_{s} m} \tag{12-2}$$

式中 ω——试样中被测物残留量，mg/kg；

ρ——基质标准工作溶液中被测物的质量浓度，μg/mL；

A——试样溶液中被测物色谱峰面积；

A_s——基质标准工作溶液中被测物的色谱峰面积；

ρ_i——试样溶液中内标物的质量浓度，μg/mL；

ρ_{si}——基质标准工作溶液中内标物的质量浓度，μg/mL；

A_{si}——基质标准工作溶液中内标物的色谱峰面积；

A_i——试样溶液中内标物的色谱峰面积；

V——提取液最终定容体积，mL；

m——试样溶液所代表试样的质量，g。

计算结果应扣除空白值，计算结果以重复性条件下获得的2次独立测定结果的算术平均值表示，保留2位有效数字，含量超过1mg/kg时保留3位有效数字。

7. 精密度

在重复性条件下，获得的2次独立测试结果的绝对差值不得超过重复性限（r），参见GB 23200.113—2018附录D。

在再现性条件下，获得的2次独立测试结果的绝对差值不得超过再现性限（R），参见

GB 23200.113—2018 附录 D。

8. 定量限

各种化合物检测定量限为 0.01～0.05mg/kg，参见 GB 23200.113—2018 附录 A。

第三节　食品中兽药残留的分析

兽药（veterinary drug）是指用于预防、治疗、诊断动物疾病或者有目的地调节动物生理机能以实现提高生产效率、改善畜产品质量等目的的一类物质。主要包括：血清制品、疫苗、诊断制品、微生态制品、中药材、中成药、化学药品、抗生素、生化药品、放射性药品及外用杀虫剂、消毒剂等。兽药残留（residue of veterinary drug）：是用药后蓄积或存留于畜禽机体或产品（如鸡蛋、奶品、肉品等）中的原型药物或其代谢产物，包括与兽药有关的杂质的残留。

兽药的种类按功能特征分为抗菌类兽药、抗病毒类兽药、抗寄生虫类兽药、促生长类兽药等四类。抗菌类兽药是指能够起到抑菌、杀菌作用的药物，主要指大环内酯类、抗生素类药物；抗病毒类药物是指能够有效抑制病毒复制，甚至能够将病毒消灭的药物，比如利巴韦林、金刚烷胺等。抗寄生虫类兽药是指能够驱杀畜禽体内外寄生虫的药物，包括抗原虫药、抗蠕虫药和杀虫药等。促生长类兽药是指能够促进畜禽生长发育的药物，主要包括 β-受体激动剂和性激素等。

目前，兽药残留的检测主要有仪器检测法和免疫学检测法。仪器检测法主要是高效液相色谱质谱联用法，该法具有适用范围广、重现性好、灵敏度和准确度高等优点，是目前兽药残留检验检测的主要手段。免疫学检测法是继仪器检测技术之后发展起来的，利用抗原抗体特异性反应实现物质检测的一项技术，目前以酶联免疫吸附法（ELISA）、胶体金免疫法（CGIA）、放射性免疫法（RIA）和化学发光免疫分析法（CLIA）较为常见。此外，随着科学的发展、技术的改进和创新，兽药残留的检测还出现了微生物法和生物传感器法两种新兴的检测技术。本节重点介绍 GB 31658.17—2021《食品安全国家标准　动物性食品中四环素类、磺胺类和喹诺酮类药物残留量的测定　液相色谱-串联质谱法》。

1. 适用范围

适用于牛、羊、猪和鸡的肌肉、肝脏和肾脏组织中四环素类（四环素、金霉素、土霉素、多西环素）、磺胺类（乙酰磺胺、磺胺吡啶、磺胺甲噁唑、磺胺噻唑、磺胺甲嘧啶、磺胺二甲异噁唑、磺胺甲噻二唑、苯甲酰磺胺、磺胺二甲异嘧啶、磺胺二甲嘧啶、磺胺间甲氧嘧啶、磺胺甲氧哒嗪、磺胺对甲氧嘧啶、磺胺氯哒嗪、磺胺邻二甲氧嘧啶、磺胺间二甲氧嘧啶、磺胺苯吡唑、酞磺胺噻唑）和喹诺酮类（诺氟沙星、依诺沙星、环丙沙星、培氟沙星、洛美沙星、达氟沙星、恩诺沙星、氧氟沙星、麻保沙星、沙拉沙星、二氟沙星、噁喹酸、氟甲喹）药物残留量的测定。

2. 原理

试样中残留的四环素类、磺胺类和喹诺酮类药物，用 Mcllvaine-Na_2EDTA 缓冲液提取，亲水亲脂平衡型固相萃取柱净化，液相色谱-串联质谱法测定，外标法定量。

3. 试剂与材料

除另有规定外，所有试剂均为分析纯，水为符合 GB/T 6682 规定的一级水；乙腈：色谱纯；甲醇：色谱纯；乙酸乙酯：色谱纯；甲酸：色谱纯；乙二胺四乙酸二钠·二水；浓氨水；磷酸氢二钠·十二水；磷酸二氢钠·二水；柠檬酸·一水；氢氧化钠；四环素类、磺胺类和喹诺酮类标准品，纯度≥95%；标准储备液（1mg/mL）；混合标准工作液（10μg/mL）；混合标准工作液（1μg/mL）；混合标准工作液（0.1μg/mL）。

亲水亲脂平衡型固相萃取柱：200mg/6mL，或相当者；微孔尼龙滤膜：0.22μm。

4. 仪器和设备

液相色谱-串联质谱仪：配电喷雾离子源；分析天平：感量0.00001g和0.01g；高速冷冻离心机：−2℃、14000r/min；组织匀浆机；涡旋混合器；固相萃取装置；氮吹仪；超声波清洗仪。

5. 试料的制备与保存

（1）试料的制备　取适量新鲜或解冻的空白或供试组织，绞碎，并使均质；取均质后的供试样品，作为供试试料；取均质后的空白样品，作为空白试料；取均质后的空白样品，添加适宜浓度的标准工作液，作为空白添加试剂。

（2）试料的保存　−18℃以下保存。

6. 测定步骤

（1）提取　称取试料1g（准确至±0.01g），加Mcllvain-Na_2EDTA缓冲液8mL，涡旋1min，超声20min，−2℃、10000r/min离心5min，收集上清液。残渣中加磷酸盐缓冲液8mL，重复提取1次，合并2次提取液、混匀、备用。

（2）净化　固相萃取柱依次用甲醇5mL活化，取备用液过柱，依次用水5mL和20%甲醇水溶液5mL淋洗，抽干，用洗脱液10mL洗脱。收集洗脱液，45℃水浴氮气吹干。加入复溶液1.0mL，涡旋1min溶解残余物，14000r/min离心5min，微孔滤膜，液相色谱-串联质谱测定。

（3）基质匹配标准曲线的制备　精密量取混合标准工作液适量，分别加入6份经提取和净化的空白试样残渣中，45℃水浴氮气吹干，加入复溶液1.0mL，涡旋溶解残余物，配制成浓度为2μg/L、10μg/L、50μg/L、100μg/L、250μg/L和500μg/L的基质匹配系列混合标准溶液，微孔滤膜过滤，液相色谱-串联质谱仪测定。以测得特征离子峰面积为纵坐标、对应的标准溶液浓度为横坐标，绘制标准曲线，求回归方程和相关系数。

（4）测定

① 液相色谱参考条件。色谱柱：C_{18}（50mm×2.1mm，1.7μm），或相当者；柱温：35℃；进样量：10μL；流速：0.3mL/min；流动相：A为0.1%甲酸水溶液，B为甲醇∶乙腈（2∶8，含0.1%甲酸，体积比）溶液，梯度洗脱条件见表12-2。

表12-2　流动相梯度洗脱条件

时间/min	0.1%甲酸水溶液/%	甲醇∶乙腈(2∶8,含0.1%甲酸,体积比)/%
0	95	5
2.0	85	15
5.0	60	40
7.0	5	95
7.1	95	5
9.0	95	5

② 质谱参考条件。离子源：电喷雾离子源；扫描方式：正离子扫描；检测方式：多反应监测；离子源温度：100℃；雾化温度：450℃；电力电压：3.0kV；锥孔气流速：30L/h；雾化气流速：1000L/h；定性离子对、定量离子对及锥孔电压和碰撞能量，见 GB 31658.17—2021 中表 2。

③ 定性测定。在同样测试条件下，试样溶液中四环素类、磺胺类、喹诺酮类药物的保留时间与基质匹配标准溶液中相应四环素类、磺胺类、喹诺酮类药物的保留时间，偏差在±2.5%以内，且检测到的相对离子丰度，应当与浓度相当的基质匹配标准溶液相对离子丰度一致。其允许偏差应符合表 12-3 的要求。

表 12-3　定性确证时相对离子丰度的允许偏差

离子丰度比/%	>50	20～50	10～20	≤10
允许相对偏差/%	±20	±25	±30	±50

④ 定量测定。按照①和②设定仪器条件，以基质匹配标准溶液浓度为横坐标，以峰面积为纵坐标，绘制标准工作曲线，做单点或多点校准，按外标法计算试样中药物的残留量，基质匹配标准溶液及试样溶液中的目标物响应值均应在仪器检测的线性范围内。标准溶液特征离子质量色谱图见 GB 31658.17—2021 附录 B。

⑤ 空白试验。取空白试样，采用完全相同的测定步骤进行平行操作。

7. 结果计算和表达

试样中四环素类、磺胺类、喹诺酮类药物的残留量按标准曲线或式(12-3) 计算。

$$X=\frac{AC_sV}{A_sm} \tag{12-3}$$

式中　X——试样中四环素类、磺胺类、喹诺酮类药物残留量的数值，μg/kg；

C_s——基质匹配标准溶液中四环素类、磺胺类、喹诺酮类药物浓度的数值，μg/L；

A——试样溶液中四环素类、磺胺类、喹诺酮类药物的色谱峰面积；

A_s——基质匹配标准溶液中四环素类、磺胺类、喹诺酮类药物的色谱峰面积；

V——试样最终定容体积的数值，mL；

m——供试试样质量的数值，g；

8. 方法灵敏度、准确度和精密度

(1) 灵敏度　本方法的检测限为 2μg/kg，定量限为 10μg/kg。

(2) 准确度　本方法在 10～500μg/kg 添加浓度水平上的回收率为 60%～110%。

(3) 精密度　本方法批内相对标准偏差≤15%，批间相对标准偏差≤20%。

第四节　霉菌毒素的测定

霉菌毒素是产毒霉菌在谷物或食品中生长繁殖而产生的次级代谢产物，它们可通过饲料或食品进入人和动物体内，对人类和动物都有害，摄入后可导致急、慢性中毒，主要表现为致癌性、致突变性、肝毒性、肾毒性、免疫毒性、神经毒性、致畸性及类雌激素作用等。目前已知的霉菌毒素有 300 余种，其中最受关注的是由黄曲霉属、赭曲霉属、镰刀菌属等产生的黄曲霉毒素（AFT）、赭曲霉毒素、T-2毒素、杂色曲霉素、展青霉素、玉米赤霉烯酮等。常见霉菌毒素及其检测方法如下。

1. 黄曲霉毒素B族和G族

黄曲霉毒素是由黄曲霉、寄生曲霉及集峰曲霉产生的一类二呋喃香豆素的衍生物，广泛分布于各类农产品中。黄曲霉毒素主要有黄曲霉毒素 B_1（aflatoxin B_1，$AFTB_1$）、$AFTB_2$、$AFTG_1$、$AFTG_2$ 四种，其中以 $AFTB_1$ 最常见且污染水平最高。黄曲霉毒素对动物肝脏有剧毒，并有致畸、致突变和致癌作用，其中 $AFTB_1$ 毒性最大，被国际癌症研究机构（IARC）列为Ⅰ类致癌物。黄曲霉毒素的毒性、致突变及致癌作用由强到弱的顺序依次为 $AFTB_1>AFTG_1>AFTB_2>AFTG_2$。

黄曲霉毒素的检测可采用薄层色谱法、高效液相色谱法和液相色谱-串联质谱法以及免疫分析法。为了提高检测 $AFTB_1$ 和 $AFTG_1$ 的灵敏度，通常采用衍生方法。目前较为常用的衍生方法包括三氟乙酸衍生、光化学衍生、卤素（溴或碘）衍生和电化学衍生法。

2. 黄曲霉毒素M族

黄曲霉毒素 M_1（$AFTM_1$）和黄曲霉毒素 M_2（$AFTM_2$）分别为黄曲霉毒素 B_1 和 B_2 的羟基化代谢物，主要损伤人及动物肝脏组织，可导致肝癌甚至死亡。当哺乳动物食用黄曲霉毒素污染的食物后，代谢物分泌到乳汁中造成污染，损伤人及动物肝脏组织，可导致肝癌甚至死亡。研究发现，在污染严重的牛乳和奶制品中，同时存在着 $AFTM_1$、$AFTM_2$。

我国现有的黄曲霉毒素 M_1 国家标准和行业标准中检测方法包括薄层色谱法（TLC）、高效液相色谱法（HPLC）、液相色谱-串联质谱法（LC-MS）等。

3. 杂色曲霉素

杂色曲霉素是含有双呋喃环的氧杂蒽酮类化合物，与黄曲霉毒素结构相似，主要是由杂色曲霉、构巢曲霉和离蠕孢霉等真菌产生，在自然界中广泛存在，主要污染大米、小麦等谷物。杂色曲霉素的慢性毒性主要表现为肝肾中毒，由于其结构与 $AFTB_1$ 相似，可以转化为 $AFTB_1$，具有较强的致癌性，国际癌症研究机构认定其为潜在的致癌物质。因此，杂色曲霉素因其毒性和致癌性受到世界各国的高度重视。食品中杂色曲霉素的测定方法主要有薄层色谱法（TLC）、液相色谱法（HPLC）、液相色谱-串联质谱法（HPLC-MS/MS）等。

4. 赭曲霉毒素

赭曲霉毒素是一类霉菌（包括疣孢青霉、赭曲霉以及炭黑曲霉）次级代谢产物的总称，上述霉菌在感染作物以及食品原料后，在适宜的条件下产生并最终带入食品中。它是异香豆素连接到 β-苯基丙氨酸上的衍生物，有A、B、C、D四种化合物，此外还有赭曲霉毒素A（ochratoxinA，简称OTA）的甲酯、赭曲霉毒素B（ochratoxinB，简称OTB）的甲酯或乙酯化合物。OTA在自然界中分布最广，毒性最强，是对人类威胁最大的毒素之一，广泛存在于谷物、咖啡和饮料（葡萄酒、啤酒、葡萄汁）中。毒理学实验证明OTA具有肾毒性、肝脏毒性、致畸性、致突变性、致癌性和免疫毒性。赭曲霉毒素主要检测方法有免疫亲和色谱净化液相色谱法、离子交换固相萃取柱净化高效液相色谱法、免疫亲和色谱净化液相色谱-串联质谱法、酶联免疫吸附测定法、薄层色谱测定法、液相色谱-荧光检测等方法。

5. T-2毒素和HT-2毒素

T-2毒素是一种四环的倍半萜烯化合物，HT-2毒素是T-2毒素的代谢产物。T-2毒素的产毒菌株主要是镰刀菌，特别是似枝孢镰刀菌、梨孢镰刀菌和三线镰刀菌等。普遍存在于自然界中，尤其是霉变的小麦、大麦、玉米、燕麦和大米等谷类作物中。T-2 毒素对人和动物的消化系统、神经系统和生殖发育等都存在毒性作用，具有致畸性和致癌性，还会增加食物中毒、大骨节病、DNA 损伤的概率并诱导细胞凋亡。采用免疫亲和柱净化，柱前化学衍生-高效液相色谱法结合荧光检测器或液相色谱串联质谱法检测粮谷中 T-2 和 HT-2 毒素。

6. 脱氧雪腐镰刀菌烯醇

脱氧雪腐镰刀菌烯醇（deoxynivalenol，DON），由于其引发动物呕吐的特性，又称呕吐毒素，是单端孢霉烯族毒素中最常见的一种，是主要由禾谷镰刀菌和粉红镰刀菌产生的次级代谢产物。DON 在体内具有一定的蓄积性，具有很强的细胞毒性。人畜摄入了被 DON 污染的食物后，会导致厌食、呕吐、腹泻等中毒症状，严重时会损害造血系统导致死亡。此外，DON 还具有一定的遗传毒性。DON 及其乙酰化衍生物分布广泛，主要存在于大麦、小麦、燕麦、玉米等农作物中，对粮谷的污染情况非常普遍。脱氧雪腐镰刀菌烯醇主要检测方法有高效液相色谱法（HPLC）、液相色谱-串联质谱（LC-MS/MS）等。

7. 展青霉素

展青霉素又称棒曲霉素、珊瑚青霉毒素，属于多聚乙酰内酯类化合物。展青霉素主要污染水果及其制品，尤其是苹果、山楂、梨、番茄、苹果汁和山楂片等。毒理学试验表明，展青霉素具有影响生育、致癌和影响免疫等毒理作用，同时也是一种神经毒素。展青霉素具有致畸性，对人体的危害很大，导致呼吸和泌尿等系统的损害，使人神经麻痹、肺水肿、肾功能衰竭。展青霉素主要检测方法有同位素稀释-液相色谱-串联质谱法、高效液相色谱法、薄层色谱法等。

8. 玉米赤霉烯酮

玉米赤霉烯酮类化合物具有雌激素类物质的生物活性，对促性腺激素结合受体、体外肝脏激素结合受体均有抑制作用。诸如猪、牛、羊等家畜类动物摄入大量受玉米赤霉烯酮污染的粮谷类食物后会引起雌激素过多症，导致动物雌性化、性机能紊乱、不孕或流产等。同时，玉米赤霉烯酮类化合物在动物体内蓄积性较强，残留在动物体内的毒素会通过食物链进入人体，造成人体内分泌失调，影响第二性征正常发育，导致一系列机能紊乱相关性疾病，在外因诱导下甚至还可能导致癌症等恶性疾病的发生。

玉米赤霉烯酮检测方法主要有生物检测法、化学检测法和免疫学检测法。目前，国内外检测粮食及其制品、动物组织中玉米赤霉烯酮类化合物的方法主要有薄层色谱法（TLC）、高效液相色谱法（HPLC）、气相色谱-质谱（GC-MS）、液相色谱-串联质谱（LC-MS/MS）等方法。LC-MS/MS 和 HPLC 法是使用比较广泛的两种检测方法。

9. 伏马毒素

伏马毒素是由串珠镰刀菌、轮状镰刀菌、多育镰刀菌等在一定温度和湿度条件下繁殖所产生的次级代谢产物，是一类由不同的多氢醇和丙三酸组成的结构类似的双酯化合物。粮食在加工、贮存、运输过程中易受到上述真菌污染，从而产生出一类结构性质相似的毒素，其中含有伏马毒素 B_1（FB_1）、FB_2、FB_3，60%以上为伏马毒素 FB_1，其毒性也很强。目前至少已鉴定出 15 种不同的伏马毒素的类似物，包括 FA_1、FA_2、FB_1、FB_2、FB_3、FB_4、FC_1、FC_2、FC_3、FC_4 和 FP_1 等，FB_1 和 FB_2 是自然界最普遍存在且毒性最强的两种毒素。

目前，伏马毒素的检测多是针对 FB_1 和 FB_2，常用的检测方法有酶联免疫吸附法

（ELISA）、荧光分光光度法、薄层色谱法、液相色谱法以及液相色谱-串联质谱法。

10. 米酵菌酸

米酵菌酸是椰毒假单胞菌属酵米面亚种产生的一种毒素，可引起中毒。主要通过食物链进入人体，常见的污染食品主要为谷类发酵制品、薯类制品及银耳等，食用受其污染的食物会引发中毒，严重时可导致死亡。食品中米酵菌酸的测定方法有薄层色谱法（TLC）、液相色谱法（HPLC）、液相色谱-串联质谱法（HPLC-MS/MS）等。

第五节　食品中天然毒素的测定

食品中的天然毒素主要是指某些动物、植物中所含的有毒天然成分，种类很多，容易误食误用，引起中毒，严重者甚至导致死亡。常见的有：河鲀中含有河鲀毒素、苦杏仁中的氰化物、毒蕈中的毒肽或毒蝇碱、菜豆中的皂素、鲜黄花菜中的秋水仙碱等。

一、植物性食品中天然毒素的测定

在植物性有毒成分中，目前已发现的植物毒素有1000余种。但是它们大部分属于植物次生性代谢物，主要的种类有氰苷、皂苷、茄碱、棉酚、毒菌的有毒成分及植物凝集素等。其中棉酚的分子式为$C_{30}H_{30}O_8$，分子量为518，在结构上有醛、烯醇及醌式三种同分异构体，易溶于中等极性的有机溶剂，不溶于水及己烷等。棉酚对人体有一定的毒性，对心脏、肝脏、肾脏，以及神经系统、生殖系统均有毒性。在GB 5009.148—2014《食品安全国家标准　植物性食品中游离棉酚的测定》中，规定了采用高效液相色谱法测定食品中的游离棉酚的流程。

二、动物性食品中天然毒素的测定

1. 河鲀毒素的测定

河鲀毒素（TTX）是一种存在于河鲀、蝾螈、斑足蟾等动物中的毒素，为无色针状晶体，对热不稳定，微溶于水，易溶于弱酸的水溶液，在碱性溶液中易分解，在低的pH值溶液中也不稳定。河鲀毒素是强烈的神经毒素，很低浓度的河鲀毒素就能选择性地抑制钠离子通过神经细胞膜。河鲀毒素的检测标准有GB 5009.206—2016《食品安全国家标准　水产品中河豚毒素的测定》，检测方法有小鼠生物法、液相色谱-串联质谱法、液相色谱-荧光检测法、酶联免疫吸附法。

2. 组胺的测定

组胺，是一种有机含氮化合物，是由组氨酸在脱羧酶的作用下产生的。许多组织，特别是皮肤、肺和肠黏膜的肥大细胞中含有大量的组胺。当组织受到损伤或发生炎症和过敏反应时，都可释放组胺。组胺有强烈的舒血管作用，并能使毛细血管和微静脉的管壁通透性增加，血浆漏入组织，导致局部组织水肿。目前食品中组胺的检测有高效液相色谱法、胶体金免疫色谱法、偶氮试剂法-比色卡、液相色谱-质谱/质谱法等。

3. 贝类毒素的测定

贝类毒素包括麻痹性贝类毒素（PSP）、腹泻性贝类毒素（DSP）、神经性贝类毒素（NSP）和健忘性贝类毒素（ASP）。贝类毒素危害具有突发性和广泛性，由于其毒性大、反应快、无适宜解毒剂，给防治带来了许多困难。目前食品中贝类毒素的检测方法有小鼠生物法、酶联免疫吸附法、液相色谱法、液相色谱-串联质谱法等。

三、食品中激素的测定

激素是指由内分泌腺或内分泌细胞分泌的具有传递信息作用的高效生物活性物质。激素有动物激素和植物激素之分。前者一般存在于动物组织中，虽然含量很少，但影响极大。食品中动物激素主要有甲状腺素（T4）、肾上腺素（E）、去甲肾上腺素（NE）、胰岛素、胰高血糖素、前列腺素（PG）、皮质醇、醛固酮、雌二醇等。对于动物激素，最初曾采用生物法、比色法、荧光光度法、气相色谱法等方法测定其含量，但由于这些方法普遍复杂费时，干扰因素多，且特异性较差，测定结果并不精确，因此已逐步被放射性免疫分析法和酶免疫分析法等取代。目前常用的多为放射性免疫分析法，检测限可达 $10^{-12}\sim10^{-9}$g/mL。

植物激素包括生长素吲哚乙酸（IAA）、细胞分裂素（CTK）、赤霉素（GA）、脱落酸（ABA）和乙烯共五大类。在五大激素之外，油菜素是一类以甾醇为骨架的植物内源甾体类激素。在食品中，植物类激素含量很少，一般只占鲜重的 $10^{-9}\sim10^{-7}$。其性质很不稳定，易发生酶促变化，易受光、热、酸等因素的影响。因此，植物激素的测定较为困难，主要测定方法有生物法、气相色谱法、高效液相色谱法、气相色谱-质谱联用法和免疫法等。

第六节　其他有害物质的测定

一、食品加工过程中形成的有害物质的测定

食品加工中某些特定的工艺，如烟熏、油炸、焙烤、腌制等，在改善食品的外观和质地、增加风味、延长保存期以及提高食品的可利用度等方面发挥了很大作用，但与此同时，这些加工过程也会产生一些有害物质，对人体健康产生很大的危害。这类加工过程中形成的有害物质主要有 *N*-亚硝基化合物、多环芳烃和杂环胺等。

（一） *N*-亚硝基化合物及其检测

N-亚硝基化合物（NOC）是一类具有═N—N ═结构的有机化合物，根据其化学结构可分为两类：一类 *N*-为亚硝胺；另一类为 *N*-亚硝酰胺。通过对 300 多种 *N*-亚硝基化合物的研究，已经证明约 90%具有强致癌性，其中亚硝胺是确定的人类致癌物。*N*-亚硝基化合物的基本膳食来源是腌肉、腌鱼及啤酒。在食品中很少是人为添加的，而是由其前体物质和各种胺类反应生成的。

目前食品中 *N*-亚硝基化合物的测定方法主要有：GB 5009.26—2023《食品安全国家标准　食品中 *N*-亚硝胺类化合物的测定》、T/SAWP 0001—2020《饮用水中 *N*-二甲基亚硝

胺、二氯乙腈、二溴乙腈水质标准》等。

（二）多环芳烃及其检测

多环芳烃（polycyclic aromatic hydrocarbon，PAH）是煤、石油、木材、烟草、有机高分子化合物等有机物不完全燃烧时产生的挥发性碳氢化合物，是重要的环境和食品污染物。迄今已发现有200多种PAH，其中有相当一部分具有致癌性。大多数加工食品中的多环芳烃主要源于加工过程本身，而环境污染只起到很小的作用。

目前食品中多环芳烃的测定方法主要有：GB 5009.265—2021《食品安全国家标准　食品中多环芳烃的测定》、GB/T 24893—2010《动植物油脂　多环芳烃的测定》、GB/T 23213—2008《植物油中多环芳烃的测定　气相色谱-质谱法》、SC/T 3042—2008《水产品中16种多环芳烃的测定　气相色谱-质谱法》、SN/T 4000—2014《出口食品中多环芳烃类污染物检测方法　气相色谱-质谱法》等。

（三）丙烯酰胺及其检测

食品中的丙烯酰胺主要来源于高温烹炸制品，如炸薯条、烘焙类制品等。2002年，丙烯酰胺首次被从油炸薯条、谷物、面包中检出。之后人们发现，氨基酸及还原性糖在高温过程中（>120℃）的美拉德反应是促使丙烯酰胺形成的主要途径。丙烯酰胺主要引起摄入者神经毒性，流行病学研究也表明某些癌症的发生与丙烯酰胺的摄入具有一定相关性。

食品中丙烯酰胺的测定方法主要有：GB 5009.204—2025《食品安全国家标准　食品中丙烯酰胺的测定》、SN/T 2096—2008《食品中丙烯酰胺的检测方法　同位素内标法》、DB45/T 1154—2015《食糖产品中丙烯酰胺残留量的测定　气相色谱-质谱法》等。

二、非法添加的有毒、有害物质

（一）苏丹红的测定

目前，食品中检测苏丹红的方法有GB/T 19681—2005《食品中苏丹红染料的检测方法　高效液相色谱法》，适用于食品中苏丹红Ⅰ、苏丹红Ⅱ、苏丹红Ⅲ和苏丹红Ⅳ的检测；KJ 201801《辣椒制品中苏丹红Ⅰ的快速检测　胶体金免疫层析法》，适用于辣椒酱、辣椒油、辣椒粉等辣椒制品中苏丹红Ⅰ的快速测定。

（二）三聚氰胺及其含量的测定

三聚氰胺（melamine）是一种重要的三嗪类含氮杂环有机化合物，简称为三胺，俗称蜜胺、蛋白精，分子式为$C_3H_6N_6$，分子量为126.12。三聚氰胺作为一种白色结晶粉末，没有什么气味和味道，所以掺杂后不易被发现。食品中的蛋白质主要由氨基酸组成。蛋白质平均含氮量为16%，而三聚氰胺的含氮量为66%左右。常用的蛋白质测定方法凯氏定氮法是通过测出食品中的含氮量，再乘以6.25来估算蛋白质含量的，添加三聚氰胺会使食品的蛋白质测试含量虚高，因此，不法分子就利用这个原理往食品中掺入三聚氰胺。三聚氰胺毒性轻微，大鼠口服的半数致死量大于3g/kg体重。

目前，食品中三聚氰胺的检测方法较多，GB/T 22388—2008《原料乳与乳制品中三聚氰胺检测方法》、GB/T 22400—2008《原料乳中三聚氰胺快速检测　液相色谱法》、GB/T 22288—2008《植物源产品中三聚氰胺、三聚氰酸一酰胺、三聚氰酸二酰胺和三聚氰酸的测定　气相色谱-质谱法》、SN/T 3032—2011《出口食品中三聚氰胺和三聚氰酸检测方法　液相色谱-质谱/质谱法》、SN/T 2805—2011《出口液态乳中三聚氰胺快速测定　拉曼光谱法》、SN/T 3627—2013《出口液态原料乳中三聚氰胺的测定　极谱法》等。

（三）吊白块

吊白块化学名称为次硫酸氢钠甲醛或甲醛次硫酸氢钠，呈白色块状或结晶性粉状，易溶于水；高温下具有极强的还原性，有漂白作用；遇酸即分解，120℃下分解产生甲醛、二氧化硫和硫化氢等有毒气体。

吊白块的毒性为大鼠经口服（半数致死量）大于 2g/kg 体重。人长期接触低浓度甲醛蒸气可出现头晕、头痛、乏力、嗜睡、食欲减退、视力下降等。食品中甲醛的检测方法主要有 GB 5009.307—2025《食品安全国家标准　食品中甲醛的测定》、GB/T 21126—2007《小麦粉与大米粉及其制品中甲醛次硫酸氢钠含量的测定》。

思考题

1. 多环芳烃是什么物质？对人体有何危害？
2. 什么是检出限？什么是定量限？二者有何区别？
3. 黄曲霉毒素有哪些危害？分为哪几类？
4. 食品中有毒有害物质可以分为哪几类？
5. 食品中农药和兽药残留可分为哪些类别？常见的分析方法有哪些？
6. 简述色谱和质谱分析法在农药残留分析中的优缺点。

第十三章

食品香气物质分析

第一节 概 述

一、香气的基本知识

嗅觉感知的香味又称为香气、气味，是由食品中各种挥发性或半挥发性化合物刺激鼻腔嗅觉受体引起的。嗅觉刺激物可以来自正鼻腔（嗅闻食品时，气味刺激物直接从鼻腔进入嗅觉区域），也可以来自后鼻腔（食用食品时，气味刺激物从口腔进入嗅觉区域）。香气往往能直观地代表食品的特性，如水果是否成熟、食物是否变质。另外，食品的香气好坏直接决定了该食品的市场接受性。

（一）构成香气物质的特性

香气中往往含有几十甚至上百种化合物，香气化合物的分子量多数在 50～300 范围，沸点一般低于 300℃，具有一定的挥发性，在有机化学领域属于分子较小且结构较简单的一类化合物。组成香气化合物的元素主要包括碳、氢、氧、氮、硫，大多数化合物是由碳、氢、氧组成，以醚、醛、酯、酮、醇、酸等形式存在。氮通常构成五元或六元杂环化合物（如吡嗪类物质），硫元素可构成五元或六元杂环化合物（如噻吩类物质），也可以硫醇、硫酯等形式存在，此外，氮、硫元素还常同时存在同一香气分子中（如噻唑类物质）。绝大多数香气物质的含量很低，通常是在 mg/kg（10^{-6}），甚至 ng/kg（10^{-12}）级别。而且，这些香气成分通常对光、热、氧气和酶比较敏感，具有一定不稳定性。

（二）香气物质的产生途径

香气物质是果实次级代谢的产物，其生物合成途径主要有脂肪酸途径、氨基酸代谢途径及糖类降解途径。例如，脂肪酸途径通过 LOX 途径、α-氧化和 β-氧化途径生成香气物质。食品原料中所含有的酶或加入的酶被活化，使食品原料中的气味前驱物直接形成香气物质。如葱、蒜等香气的产生就属于这种作用机制。食品在加工过程中，由于酶的作用形成一些中间物，并作用于香气前驱物而形成香气。例如，红茶浓郁香气的形成就是间接酶作用的典型。多数食品在加热时都会产生诱人的香气，这主要是因为发生了羰氨反应，如花生、芝麻、面包等。油脂的热解反应也能生成各种特有的香气。通过发酵产生风味物质是一个较为复杂的过程，酵母菌、醋酸菌、植物乳杆菌等微生物通过代谢食品中的糖类物质产生初级代谢产物，如乙醇、乙酸，以及大量的次级代谢产物，如酯、醛、酮、醇等。肉制品中的香味物质主要是一些挥发性芳香族化合物，主要通过脂质氧化形成。美拉德反应是食品风味形成的重要途径，对食品的营养品质、安全性、感官特性以及消费者接受度有直接影响。硫胺素降解会产生含硫化合物，这也是香气物质的一个来源。蔬菜香气的形成过程不同于水果，因为蔬菜没有成熟期。某些蔬菜在生长期间生成香味（多数是味觉和有限的香气成分），例如芹菜（苯酞和芹子烯）、灯笼椒（2-甲基-3-异丁基吡嗪），大多数蔬菜是在细胞破裂时，细胞内的酶和底物混合生成香味（特征香气）。与水果中香气的一样，脂肪酸、糖类和氨基酸代谢可以生成蔬菜香气前体。

另外，某些香气化合物在水果和蔬菜中结合为糖苷，在成熟、储藏、加工或熟化过程中，它们利用酶、酸或热从糖类部分脱离、释放出来产生食品香气。目前，发现的含有糖苷结合香味前体的植物科目已超过 50 种（例如葡萄、杏、芒果等）。

一些食品在加工或制备时才出现特征香味，这类食品包括肉类、咖啡、酸菜、酸奶、焙烤食品和油炸食品等。这些食品最主要的香味形成途径包括非酶褐变、发酵和脂肪热氧化。

美拉德反应是非酶褐变反应中的一种，它是羰基化合物和胺之间的反应。还原糖是食品中最常见的羰基化合物，胺类则来自氨基酸或蛋白质。美拉德反应主要的最终产物是类黑精和其他非挥发性化合物，生成的挥发性化合物只占总反应产物的一小部分，但是种类却超过 3500 种，包括脂肪醛、酮、低级脂肪酸及含有氧、氮、硫或多种原子组合的杂环化合物，并且其中许多感官阈值非常低，对食品的香气有着重要贡献，美拉德反应对香味形成起着至关重要的作用。研究发现，烘焙可可豆时，大约只有 0.07% 的反应物通过美拉德反应转化为吡嗪，这些吡嗪对巧克力的香味却异常重要。

发酵过程中，在微生物的作用下可以生成酯类、酸类、醇类、羰基化合物、萜类、内酯、吡嗪及含硫化合物等香味物质。

脂质在食品加工过程中，同样会产生香味物质，一方面来自美拉德反应，另一方面可能来自热煎炸油的脂质氧化生成香味（不饱和醛类）。

二、分离分析方法

食品中香气化合物的种类多，例如咖啡的香气组成超过 700 个化合物，茶叶中也发现了 600 多种挥发性成分，迄今为止，食品中已经发现的挥发性物质超过了 7000 种。而且，这些香气物质组分含量极低，极性和沸点相差较大，具有一定的挥发性和不稳定性，通常对光、热、氧气和酶等都很敏感。这给食品中香气物质的分析研究工作带来了巨大的挑战。另外，由于食品样品基质复杂多样，这使香气物质的分离和分析也更加困难。

尽管食品天然香气在化学组成上复杂，但并不是每个化合物都有香气活性，一般只有关键香气成分对整体香气有贡献。搞清天然食品中具有影响力的关键香气成分，对于人工香料香精研制或天然香气的模拟具有重要意义。另外，由于遗传、环境（地理位置、气候、土壤等）、成熟度和储藏条件等对植物的香味的形成有影响，我们还能够通过检测香气成分得知该食品的产地、原料、真伪鉴别等信息。

香气分析主要涉及香气的感官品评和具有香味的化学物质结构含量分析。过去，人们对食品香气的评判是靠嗅觉辨别完成的，这个过程称为感官评价。感官评价对指导生产确实很有帮助，但无法提供香气物质的定性与定量信息，而且带有一定的主观性，评定结果常因参与评定人员的年龄、性别、身体状态、情绪状态、识香能力和描述能力产生很大差异，因此感官评价无法客观地完成对食品香气成分的定性和定量分析任务。

定性、定量地弄清楚香气的化学组成，从而找出对香气起主要作用的化合物，需要采用一套较完整的综合分离分析法，才能达到分析的目的和要求。需说明的是，没有任何一种分离或分析方法能够得到食品中所有香气化合物的完整信息，目前只是针对研究人员感兴趣的成分进行分析。随着现代仪器技术的发展，气相色谱（GC）、气相色谱-质谱联用仪（GC-MS）、全二维气相色谱（GC×GC）等在香气分析中得到广泛的应用，加之一些新颖的香气物质萃取浓缩技术，如顶空捕集法、固相微萃取（SPME）及超临界 CO_2 萃取等。香气分析，是从化学物质组成和生物效应（对人感官的刺激效果，如香味特征和强度等）两方面着手的。我们获得了食品中某种香气化合物的仪器图谱，但如何确定每种挥发物对所感受香气的贡献大小，这也是过去几十年香气研究面临的巨大难题。分析仪器没有嗅觉和味觉，有可能气相色谱上最小的峰对香气的贡献比最大的峰还要大，仪器也不能鉴别每一种成分的香气特征。因此，气相色谱-嗅觉探测仪（gas chromatography olfactometry ，GC-O）在香味测量与评价上受到了人们的青睐。为了克服人工感官评价的种种主观性影响，近年电子鼻应运而生，这使香气评价的快速、高通量成为可能，并且具备客观性和重现性好的优点。

通常，研究食品中香气成分的一般步骤是：首先应尽量较完全地从食品中提取出香味组分，然后借助现代仪器进行定性、定量的分析，最后是重要的特殊组分对香气贡献的评价。因此，食品香气成分分析的一般工作程序包括：样品预处理、香气的采集、浓缩、分离、鉴定（定性、定量）、综合评价等步骤。

第二节 样品制备

食品基质成分复杂且含量很高，如蛋白质、糖类、脂类、叶绿素、黏液质等，而香味成分含量很低（10^{-6} 或 10^{-9}）、种类多且不稳定，为了去除基质，提高检出限，满足仪器分析需要，需要对样品进行萃取、浓缩等预分离，该过程为样品的制备。

一、样品的选择及处理

（一）样品的选择

样品选择的原则是香味特征强烈、具有代表性和均匀性。首先必须明确要研究的食品的香气特征，选择香气特征强烈的食品，应具有所研究食品的代表性和均匀性。以茶叶为例，中国各地生产的茶叶香味各不相同，需要分析人员依照自己对茶叶香气的理解，确定欲研究的香气特征，选择具有强烈该香气特征的产品作为分析样品。同时需考虑采样的季节、时间、储藏的条件、加工方式等对香气成分有影响的因素。由于香气化合物具有较强的挥发性，且选取的新鲜动物、植物组织中样品的生理代谢活动仍在继续，所以选取的分析样品应该及时进行分析。如果不能立即进行分析，应将样品在－50℃下低温速冻处理后，置于洁净的瓷质或不锈钢容器中密封或放入密封且充满氮气的瓶中于－20℃以下的环境中保存，直至使用。

（二）样品的处理

对研究的食品目标物进行预处理，黏度低的液体样品无须进行处理，固态样品一般需要经过破碎、研磨、均化、离心、过滤等步骤，获得均匀的浆状物。在预处理过程中，要避免挥发性香气化合物损失，同时避免其他非挥发性成分在酶、微生物、高温、氧气等因素的作用下产生新的挥发性化合物，还要避免人为因素带来的其他干扰物。

二、香气物质的提取

香气化合物一般都具有溶解性、易挥发性且易被某些材料吸附，对香气化合物的提取分离一般是基于这三种特性进行的。利用绝大多数香气化合物在有机溶剂中的溶解度大于其在水溶液中的溶解度特性，可采用溶剂提取法分离香气物质；利用香气物质的挥发特性可采取顶空捕集法和各种类型蒸馏技术分离香气物质；根据香气化合物对某些吸附材料的选择性或非选择性吸附，可通过吸附萃取法提取香气物质。

迄今为止，对香气物质的提取方法主要包括溶剂萃取（索氏提取、微波辅助提取、超声辅助萃取、超临界 CO_2 流体萃取、加速溶剂萃取等）、顶空捕集法（包括静态顶空、动态顶空和顶空固相微萃取）、蒸馏法（直接热脱附、同时蒸馏提取、溶剂辅助蒸发等）和吸附萃取法（固相萃取、搅拌棒吸附等）。需要说明的是，上述各种提取分离技术都有各自的特点和不足之处，没有一种提取分离技术可以满足所有分析对象的要求，在具体分析食品香气物质时应根据食品本身的特性选择适合的提取分离方法。

（一）溶剂萃取

溶剂萃取法是利用大部分食品中气味物质在某些有机溶剂中具有良好的溶解性，通过溶剂萃取，把气味物质从食品中有效地提取分离出来。该方法是分析化学领域中经典的提取方法，具有设备简单、操作方便、分离效果较理想等优点。

1. 溶剂萃取香味物质的基本原理

大多数香气化合物是亲脂性的，利用待测组分与样品中的杂质在萃取溶剂与样品中的分配系数不同而进行的分离。

2. 萃取香味物质的溶剂

为了使萃取物的化学组成与原样品的香味组成相似，选用的溶剂要尽量有利于多种香味化合物的萃取，且没有气味干扰、沸点较低便于萃取后除去。适于萃取香味物质的溶剂，最常用的是二氯甲烷、戊烷/乙醚，超临界 CO_2 或超临界 N_2 也很合适。

3. 萃取方式及装置

当样品为液态时，称为液-液萃取，而当样品为固态时，称为固-液萃取。溶剂萃取可采用分液漏斗等简单的玻璃仪器手动间歇式进行，也可用萃取装置或萃取仪器进行，通常包括索氏提取、微波辅助萃取、超声辅助萃取、超临界流体萃取、加速溶剂萃取等。

（1）索氏提取　索氏提取是连续溶剂萃取方式，适用于固体、半固体或黏稠样品，萃取前先将固体物质研碎，以增加固液接触的面积。

（2）微波辅助提取　微波辅助提取，又称微波萃取，是指使用适合的溶剂在微波反应器中进行溶剂萃取，萃取过程可自动化进行，并可实现多个样品的同时萃取。

(3) 超声辅助萃取　超声辅助萃取是指用适合的溶剂在超声波提取器中进行溶剂萃取，萃取原理是利用超声波辐射产生的空化效应、机械效应、热效应三大效应，及扩散、搅拌、扰动等次级效应，使物料分子的运动频率和速度增加、溶剂的穿透力增强，从而加速萃取物溶解扩散。

(4) 超临界流体萃取　超临界流体是指超过临界温度和临界压力的流体。其具有十分独特的物理性质，密度与液体接近，黏度和扩散系数却与气体相近，因而渗透性、传质性远好于一般的液体溶剂。超临界 CO_2 萃取是将超临界状态下 CO_2 作为萃取剂的分离技术，该技术被广泛应用于食品风味物质的提取分离。因为 CO_2 的临界温度接近室温，萃取条件温和，适于热敏性物质的萃取，且性质稳定、无毒性、渗透能力强、萃取率高，不会因为加热和易氧化产生其他物质，也不会在提取物中残留等。

(5) 加速溶剂萃取　加速溶剂萃取也称为加压萃取、高压溶剂萃取、高压热溶剂萃取、高温高压溶剂萃取等。是通过升高温度（50～200℃）和压力（10.3～20.6MPa）增加物质溶解度和溶质扩散效率，提高有机溶剂对固体、半固体样品的萃取效率。

（二）顶空捕集法

1. 概述

把食品密封在一个容器中，通过加热使食品风味物质聚集在容器顶部空间，然后采用进样器对液体或固体物料上方挥发性成分直接取样和检测。

顶空捕集法简便、快捷、无溶剂、不会混入干扰物，样品用量小、可自动化。顶空取样技术适合提取低沸点、强挥发性成分，不会出现其他制样方法中低沸点成分“丢失”现象，也不会出现溶剂峰掩盖低沸点成峰的现象，可与溶剂萃取等提取技术形成互补。该提取法得到的组分与人能嗅到的香气极其近似，分析结果最能体现“香气”的概念。对于均匀的液体样品，这种取样方法具有很好的重现性；但对于固体样品，由于比表面积不均一，取样重现性较差。另外，因为挥发性成分在顶空气体中的浓度与样品体系的性质、温度等多种因素有关，顶空取样分析的数据只能代表顶空气体的组成，不能代表实际样品的挥发性组分，所以顶空取样一般不适于定量分析。但随着科学技术发展，新技术的应用克服了原有技术的缺陷，使顶空捕集法已经成为一个相对较为完善的分析体系，是食品风味物质分析的主要方法之一。

2. 顶空捕集类型

目前，顶空捕集法可分为静态顶空捕集（SHE）、动态顶空捕集或吹扫捕集（DHE）和顶空-固相微萃取（HS-SPME）三种类型。

(1) 静态顶空捕集（SHE）　静态顶空捕集是将样品放在密封的小瓶中，在一定温度下，搅拌或振荡一定时间，使达到气液平衡，气密性进样针（注射器）抽取顶空气体，直接注入色谱仪分析，如图 13-1 所示。

(2) 动态顶空捕集或吹扫捕集（DHE）　当挥发性物质在样品和顶空气相中达到分配平衡后，顶空中挥发物的含量就不再增加，这是导致静态顶空捕集法灵敏度低的主要原因。在动态顶空中，用惰性气体（氮气或氦气）将顶空的挥发物吹出，挥发性物质随气流进入捕集器，捕集器中含有吸附剂或采用低温冷却的方法进行捕集，被分析物在样品和顶空的平衡就被打破，因此，将有更多的挥发物不断地从样品中被吹出、捕集，达到浓缩香气分子的目的，这就是动态顶空捕集法的基本原理（图 13-2）。当样品是液体时，载气管可直接插进液面“吹扫”挥发性成分，此时动态顶空又称为吹扫捕集。

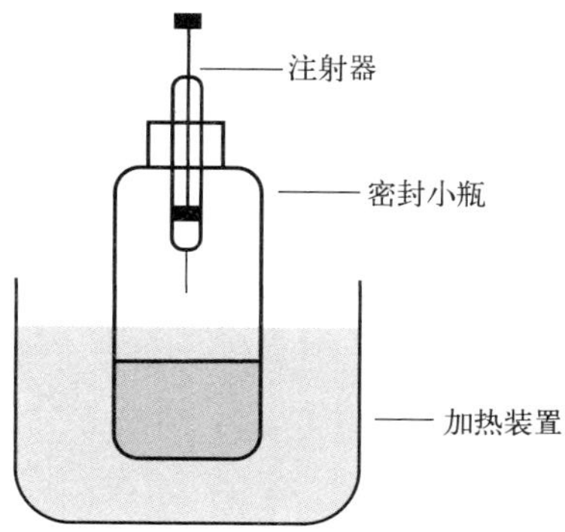

图 13-1 静态顶空装置示意图

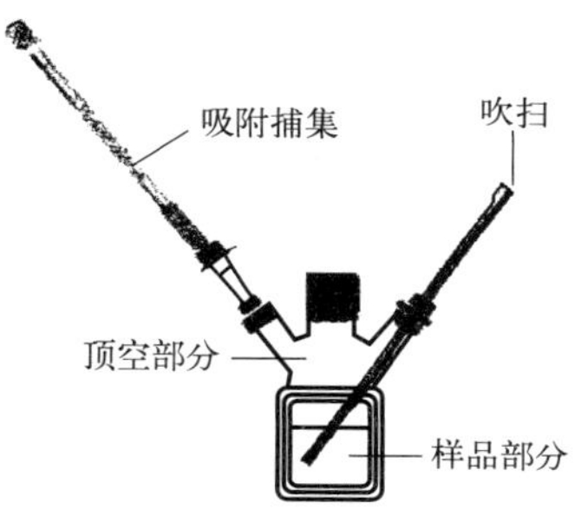

图 13-2 动态顶空装置示意图

(3) 顶空-固相微萃取（HS-SPME） 固相微萃取是利用微纤维表面少量的吸附剂从样品中分离和浓缩分析物的技术。图 13-3 是 SPME 装置示意图，纤维被固定在像注射器一样的手柄装置上，萃取时，穿刺隔垫的针先刺穿样品瓶的瓶垫，然后推下推杆，萃取头的弹簧被压紧，固相微萃取头的纤维涂层暴露，与样品接触后，分析物被吸收或吸附直到系统达到平衡，再将纤维涂层收缩进套管，完成萃取过程。

（三）蒸馏法

1. 概述

蒸馏法是一种利用食品中风味物质在加热时蒸发的特点，将其从食品中分离出来的方法，是食品风味分析中普遍应用的提取技术。

2. 蒸馏技术

常用蒸馏法一般包括直接热脱附、同时蒸馏提取和溶剂辅助蒸发等。

(1) 直接热脱附（DTD） 直接热脱附（direct thermal desorption，DTD），也称为热解析。它是一种能有效地将挥发性和半挥发性物质从样品基质或吸附剂中解析出来，转移至 GC 或 GC-MS 仪器分析的技术，其优点是吹扫和热脱附一步完成，分析时间短，不使用溶剂，适用于浓度极低的气态样品、固体样品、乳状物、盐/糖溶液等。热脱附目前已在牛肉、

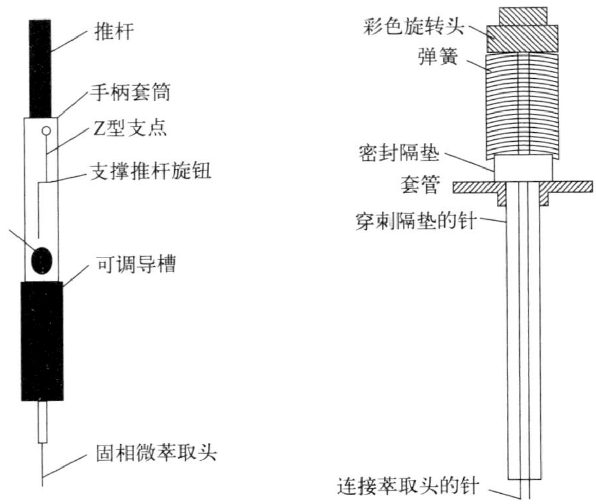

图 13-3 SPME 装置示意图

咖啡、茶叶、奶酪等多种食品的香气分析中得到应用。

(2) 同时蒸馏萃取 (SDE) 同时蒸馏萃取 (simultaneous distillation extraction, SDE) 是香味分析中应用较广泛的样品制备技术，它将水蒸气蒸馏与溶剂萃取合二为一，直接得到有机溶剂萃取液，萃取液浓缩后得到挥发性混合物。

(3) 溶剂辅助蒸发 (SAFE) 溶剂辅助蒸发 (solvent assisted evaporation, SAFE)，是 W. Engel 等在 1999 年提出，用于除去溶剂萃取所得萃取物中的含高沸点或难挥发性成分，有利于 GC 或 GC-MS 色谱分析。

（四）吸附萃取

吸附萃取是根据香气物质对某些吸附材料的选择性或非选择性吸附设计的提取方法，常见的有固相萃取法和搅拌棒吸附提取法。

1. 固相萃取

固相萃取 (solid phase extraction, SPE)，是利用分析物和杂质组分与固定相之间的结合力大小不同进行分离的。固相萃取的主要分离模式有正相、反相、吸附、离子交换等，正相固相萃取所用的吸附剂都是极性的，用于从溶解于非极性溶剂的样品中吸附极性化合物，此时的保留机理是化合物的极性官能团与吸附剂表面的极性官能团之间的相互作用，包括氢键、偶极-偶极作用、π-π 作用等。反相固相萃取所用的吸附剂通常是非极性或弱极性的，用于萃取和保留溶解于极性溶剂样品中的非极性至中等极性的样品分子，化合物与吸附剂之间的作用主要是疏水作用和范德瓦耳斯力。样品分子的极性与吸附剂的极性越相似，吸附力越强，保留得越好。图 13-4 所示是固相萃取的基本分析过程，萃取柱中装有吸附剂 (固定相)，先用溶剂活化固定相，然后上样，此时有两种情况：(a) 分析物和杂质都保留在固定相上，用适当溶剂洗涤固定相去除杂质，再用另一种洗脱溶剂洗脱含分析物的净化后的样品；(b) 杂质保留在固定相上，分析物直接流出萃取柱，得到净化的含分析物的样品。

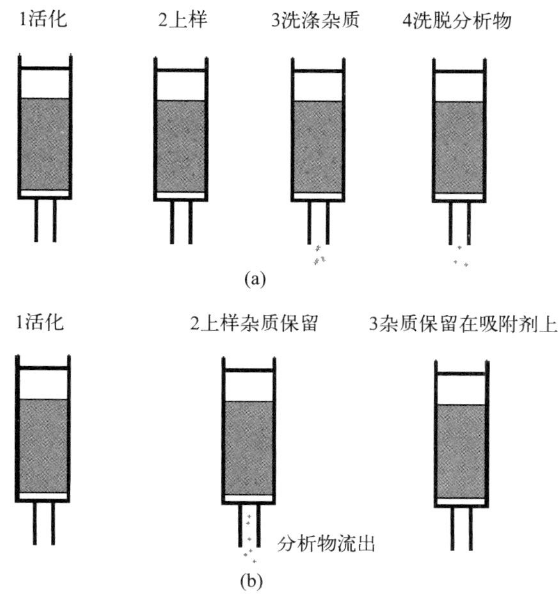

图 13-4　固相萃取的两种分离过程

2. 搅拌棒吸附

搅拌棒吸附（stir bar sorptive extraction，SBSE）适用于浓缩水性样品中的挥发性组分，搅拌棒包含一个磁性核，磁性核包封在玻璃管中，玻璃管外面涂有膜厚为 0.5mm 或 1mm 的聚二甲基硅氧烷（PDMS）。

SBSE 有三种采样方式如图 13-5 所示：顶空吸附、浸入吸附和浸入顶空混合吸附，顶空吸附是搅拌棒悬浮在样品瓶顶部空间进行吸附；浸入吸附是将搅拌棒浸入在样品溶液中，并进行转动搅拌；浸入顶空混合吸附兼具顶空和浸入两种方式。萃取完成后，将搅拌棒取出，用溶剂洗脱解吸或在热脱附管中热解吸。

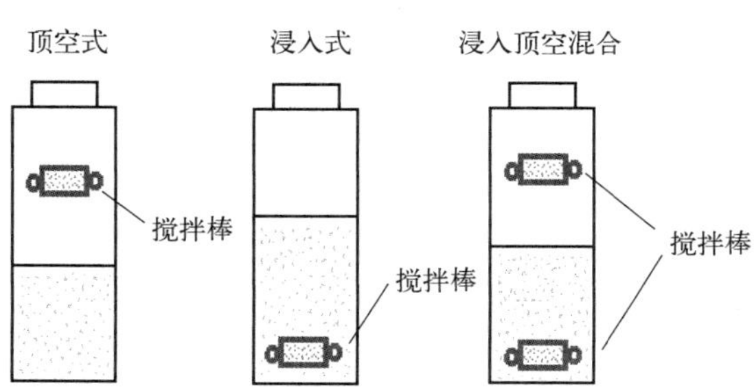

图 13-5　SBSE 的样品萃取过程

第三节　香气成分测定

迄今，香气物质分析的成就主要得益于气相色谱的发展，同时香气物质分析的应用也促使气相色谱技术的进步。目前，香气物质分析尤以气相色谱及其联用技术最为多用。常用的分析方法有气相色谱-质谱联用（GC-MS）、全二维气相色谱（GC×GC）、气相色谱-嗅觉探测（GC-O）技术、电子鼻技术（electronic nose）等。对一个香气化合物的完整鉴定通常应包括质谱比对、保留指数比对和香气特征比对三个方面的内容，前两项鉴定工作可利用 GC-MS、GC×GC 等分析完成，香气特征的信息则必须通过 GC-O 和电子鼻技术分析来获得。

一、 GC-MS 技术

1. GC-MS 技术特点

气相色谱是一种以气体为流动相的色谱分离技术，它可将多组分的混合物先分离后检测，可同时得到每一个组分的定性、定量分析结果。在气相中样品分子的传质速度快、在固定相中的分配次数多，且可供选择的固定相种类多，检测器灵敏度高，所以气相色谱具有高性能、高灵敏度、高选择性、分析速度快等优点。但其定性是基于化合物保留行为的间接定性，它一般只限于对已知物进行定性，不能鉴定未知化合物。另外，当结构或性质相近的不同化合物在色谱柱上出现近似的保留行为时，气相色谱也无法准确定性、定量。质谱分析法是通过对被测样品离子质荷比的测定来进行分析的一种分析方法。质谱仪具有灵敏度高、定性能力强的特点，它可以确定化合物的分子量、结构式等。但是一般的质谱仪只能对单一的组分给出良好的定性，对混合物效果不佳。

气相色谱的快速、高效分离与质谱的专一性、高灵敏性结构鉴定相结合，使气相色谱和质谱的各自优点得到充分利用，是分析复杂混合物样品的一种高效、高灵敏性的仪器，因此在食品香气物质分析等方面得到了广泛的应用。

2. GC-MS 工作原理

GC-MS 主要由 4 部分组成：气相色谱单元、质谱单元（离子源、质量分析器、离子检测器）、接口和计算机工作站，如图 13-6 所示。

当混合样品注入气相色谱，经色谱柱分离后，各物质由分子分离器进入离子源，在离子源中被电子轰击形成一系列不同质荷比的带正电荷的离子，经加速电场的作用，形成离子束，进入质量分析器。在质量分析器中，再利用电场和磁场使发生相反的速度色散，将它们分别聚焦而得到以碎片离子质荷比（m/z）为横轴、以碎片离子相对丰度为纵轴的质谱图，从而确定其质量。仪器数据处理系统将分析得到的质谱图与数据库中的化合物标准质谱图比较，给出被鉴定化合物有可能的名称和与标准图谱的匹配度，从而对香气物质进行定性分析。

3. 定性分析

（1）质谱定性　可根据有机质谱的分裂规律人工解析，但最常用的是计算机的标准质谱检索，如 NIST 谱库或 Wiley 谱库，谱库检索给出的是可能化合物，并按照标准谱图的相似

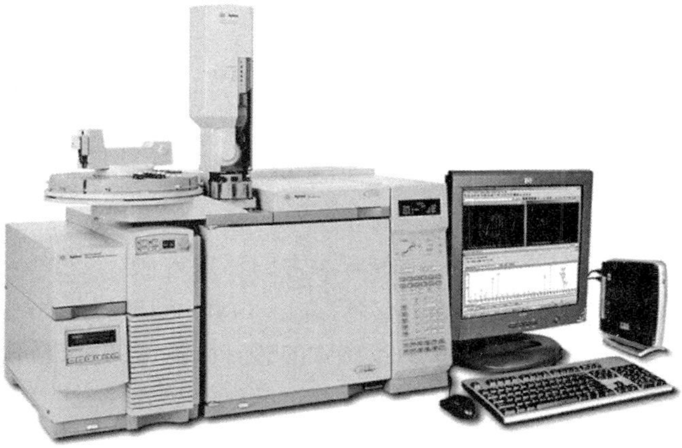

图 13-6 GC-MS

度从大到小列出，包括化合物名称、分子量、结构式、CAS 等信息。一般认为相似度>900 表明与标准谱库匹配得很好，相似度 800～900 表明与标准谱库匹配较好，相似度 700～800 表明与标准谱库匹配得可接受，相似度<700 表明与标准谱库匹配得较差。谱库检索结果与样品的复杂程度、分离状况等多种因素有关，因此，直接将检索匹配度作为化合物的鉴定结果，往往会得出错误的结论。应结合质谱图（基峰、分子离子峰、同位素峰）、化合物性质（沸点、官能团、气味）、色谱保留时间等信息对检索匹配度较好化合物逐一筛选，再与标准物质谱图对比后确定最终化合物。

（2）提取离子色谱定性　当确认某个组分在总离子流色谱图或某个色谱峰中存在时，除了用质谱检索外，还可以采用提取离子色谱，其更为方便，假设某种物质有三个质荷比 m_1、m_2、m_3 的碎片离子，让数据处理系统构建包含 m_1、m_2、m_3 质荷比的提取离子色谱图，若提取离子色谱图中没有这三个质荷比的色谱峰，说明未检测到该组分，构建提取离子色谱图时，可以只用 m_1，但用多个质荷比离子 m_1、m_2、m_3……会更准确。

当色谱峰未完全分离、重叠或不纯时，质谱检索的误差较大，此时可以用提取离子色谱定性克服色谱分离差的缺点。

（3）色谱保留时间定性　在天然香味分析中，用得较多的是保留指数定性，同分异构体的质谱图往往是相同的，但色谱保留时间会不同，因此，保留时间值定性可弥补质谱定性的不足，对同分异构体的区分意义重大。

4. 常用定量分析方法

质量色谱图定量是通过测量色谱图中色谱峰的峰面积或峰高进行的，就是利用 SIM 扫描质谱分析定量，定量方法包括内标法、外标法、标准加入法等，SIM 具有灵敏度高、消除干扰等优点，适用于复杂样品中痕量组分或不能达到较好分离组分的定量分析，样品用量少且更加准确。

5. 结果评价方法

对 GC-MS 分析结果的评价，是利用计算机系统对数据相关的统计方法和数据处理软件进行分析，主要有以下 3 种评价方法。

（1）主成分分析法（principal component analysis，PCA） 主成分分析也称主分量分析，旨在利用降维的思想，把多指标转化为少数几个综合指标（即主成分），其中每个主成分都能够反映原始变量的大部分信息，且所含信息互不重复。这种方法在引进多方面变量的同时将复杂因素归结为几个主成分，使问题简单化，同时得到结果更加科学有效的数据信息。基本思路是：首先求出原始多个挥发性成分的主成分，然后选取少数几个主成分来代替原始多个挥发性成分，再根据每个原始挥发性成分在少数几个主成分或贡献率最大的主成分中的载荷数值大小来评价多个挥发性成分的相对重要性。该方法可以通过计算机统计软件进行，可以使判断过程简单化，因此是一种很有潜力的评定方法。

（2）香味活性值（odor activity value，OVA） OVA能够将气相色谱或气相色谱-质谱等所测定的挥发性物质浓度，与每种挥发性物质的感官阈值相结合分析，此方法可有效评估单个挥发性成分对最终香气所做的贡献，且有助于构建关键香气成分和样品感官风味间的因果联系。OVA在数值上等于气味成分的浓度与其气味阈值之比。当挥发性成分浓度接近或高于阈值时，风味强度接近或大于1，表明该组分对食品的香气有较重要的影响，OVA越大，说明该组分对食品香气的贡献越大。但人们还不能测定所有挥发性成分的气味阈值，使该法的使用仅局限于评价已知阈值的挥发性成分的重要性。

（3）色谱指纹图谱法 评价模式：色谱指纹图谱是指待测样品经过适当提取浓缩处理，然后用气相色谱或GC-MS等分析仪器分析其中的香味成分，借助化学计量学、统计学等方法来鉴别产地、原料、真伪及质量稳定性的一种模式。指纹图谱是基于整体的、宏观的、非线性的综合分析方法，所反映的是香气的整体质量信息，不强调个体绝对唯一性，具有整体性、综合性、关联性和层次性等特点。

色谱指纹图谱的建立步骤：①选择适当的前处理及分析方法，包括各种分析条件，然后进行化学检测，要求尽可能地获取所有有效成分的原始数据；②建立标准指纹图谱，一般要求对至少6个批次的标准样品进行检测，把获取的原始图谱（图像）进行平均，得出标准图谱；③根据上一步，将每一个标样与标准图谱进行比较，据此设定待测样品的合格性允差范围；④待测样品与标准图谱进行分析比较，判定样品的质量。此法可用于食品生产过程中香气质量的控制及香精、香料的真伪辨别。

二、全二维气相色谱（GC×GC）

对于多组分复杂的样品，色谱分离时常出现的情况是，感兴趣的组分恰是附着在主峰尾部或前端的一个很小的痕量峰，或是与其他组分峰共流出。此时，只靠一根色谱柱，有时经过很长时间的色谱条件优化，还是达不到分离效果，但使用二维气相色谱可以很好地解决。

1. 原理

全二维气相色谱是一种将前级气相色谱柱分离的组分切换到后一级气相色谱上进一步分离的色谱-色谱联用技术。如图13-7所示，将两根分离机理不同或不同类型的色谱柱以串联方式连接，两个色谱柱之间装有一个调制器，其作用是将第一根柱上流出的每一个馏分进行聚焦，然后以脉冲的方式依次送到第二根色谱柱上进一步分离，经过第二根色谱柱后再进入检测器，最终可获得以第一根柱上的保留时间为第一横坐标、第二根柱上的时间为第二横坐标、信号强度为纵坐标的三维色谱图或经转换成的二维轮廓图。

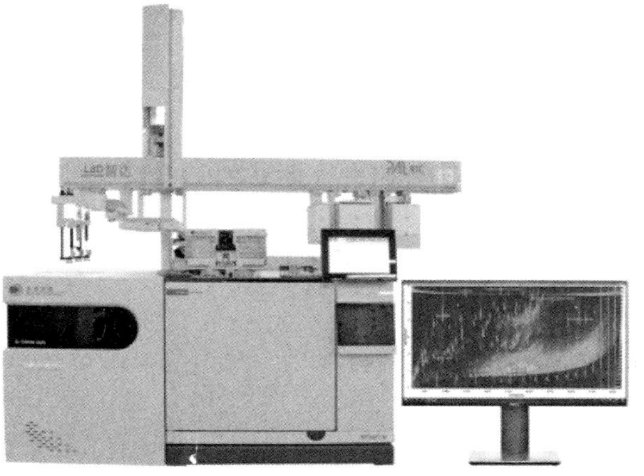

图 13-7　全二维气相色谱

2. 关键部件调制器

为使第一根柱上分离的馏分以较窄的区带进入第二根色谱柱，调制器需定时将第一根柱上流出的分析物浓缩，并以很窄的区带转移到第二根柱的柱头，起第二根色谱柱的进样器作用，同时其聚焦和再进样的操作具有重现性，不存在分子歧视。

3. 技术特点

全二维气相色谱峰容量大、分辨率高，峰容量是两个柱子各自容量的乘积，分辨率是两根柱子各自分辨率平方加和的平方根；分析时间短，对复杂的样品分离效果好，且总分析时间比一维色谱短，同时也适用于对相对简单的混合物样品进行快速扫描分析；检测器灵敏度高；定性定量分析准确度高，不同分离机理或不同类型的两根色谱柱的使用，提供了分离能力和更多的定性信息，并有利于准确定量分析。

三、 GC-O 技术

1. GC-O 技术特点

天然香味常常由上百种挥发性成分构成，但仅有小部分具有香味活性对整体香味有贡献。往往一些越是强势的香味化合物，含量反而越低，以至于在 GC-MS 等仪器上无法检测出来。并且这些高效的分析仪器只是从化学成分及含量上对香气的构成进行了阐述，属于间接的测量技术，无法确定单个香味活性物质对整体风味贡献的大小。

现代仪器技术发展到今天，所有仪器分析对香味的检测灵敏度仍比不上人的鼻子。在香味分析中，人鼻感受气味是最重要的标准，即在评价香味特性和质量上，仪器分析还不能完全代替人的嗅觉，Stuiver 推断出嗅觉神经元引起刺激最多需要 8 个分子，鼻子辨别气味需要 40 个分子。

GC-O 技术将气相色谱的分离能力和人类鼻子的敏感嗅觉联系在一起，将人鼻作为气相色谱检测器，大大提高了检测器灵敏度，使气相色谱的高效分离特性得到最大限度的利用，能快速有效地发现一种香味或香气成分，并根据气味强度对香味物质的贡献进行排序。但

GC-O 技术也有局限性，如嗅闻人员的专业水平和自身对香味的敏感度不同、浓度稀释度与香味阈值的关系等，都会很大地影响测试结果。因此，需要通过感官评比组进行评定才能得到有价值的评价结论，从而势必增加了评比过程的劳动强度。嗅闻实验最好在一周内完成，否则可能会出现不同时间的嗅闻结果相矛盾的现象。另外，不适用于有毒有害气味活性物质分析。

GC-O 和 GC-MS 技术各有优缺点，因此，两者的结合可弥补相互的不足，并发挥更大的优势。GC-O/MS（FID）现已较为广泛地应用于食品风味研究。

2. GC-O 工作原理

GC-O 技术是将气相色谱结合嗅闻仪的技术，属于一种感官检测技术，即气味检测法。如图 13-8 所示，在气相色谱柱的末端安装分流阀，色谱柱流出物（分流比一般为 1∶1），一部分进入检测器，另一部分进入嗅闻仪，气相色谱进样后，嗅闻人员在嗅闻仪出口记录闻到的气体流出物气味，同时气味可以被气相色谱检测到，并记录气相色谱图。

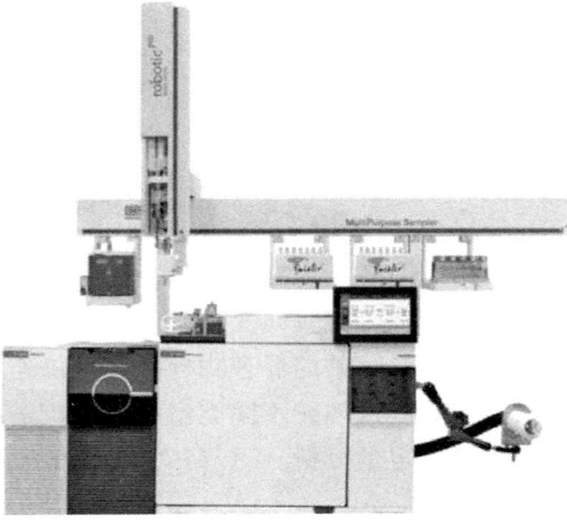

图 13-8　GC-O 系统

3. GC-O 检测技术

一般而言，根据一次进样的 GC-O 分析结果很难判断出挥发性物质对香气的贡献大小。目前，客观评价 GC-O 信息并判断单一香气组分的感官贡献的检测技术主要有时间-强度法、稀释法和检测频率法。

（1）时间-强度法　时间-强度法是根据嗅闻的气味强度评价各化合物对香气贡献大小的一种检测技术，又称为 OSME（气味）法，是测量气相色谱流出物气味的方法。分析过程中记录气味强度随时间的变化及相应的气味特征，得到与 FID 检测器类似的 OSME 谱图。理想状态下，人的鼻子可作为一种可靠的检测器检测香味强度随化合物浓度的变化，对有经验的评价人员来说，只需一次进样就可以分析出较好的结果，但它对评价人员要求较高，样品评价前，要对评价人员进行长时间的训练。

（2）稀释法　稀释法是将芳香萃取物进行连续稀释，分别 GC-O 进样分析，直到嗅闻口不能闻到气味为止。样品的最终稀释倍数，又称为稀释值（dilution value，DV）。每种化合物的稀释值与它在空气中的OAV值成比例，同时也与它的浓度成比例。从将嗅闻到的成分对总体香味的贡献进行排序的方法看，稀释法又分为AEDA（aroma extract dilution analysis，芳香萃取物稀释分析）、CHARM分析（combined hedonic aroma response measurement analysis，综合感官香气响应测量分析）两种方法。

AEDA：AEDA法被认为是最有效的寻找食品关键呈香化合物的方法，具有简单、易于操作的优点。具体操作是：将浓缩样品用溶剂按一定的比例（如1∶3、1∶7）逐步稀释，并进行GC-O分析，直到闻香人员在嗅探器末端不再闻到气味则停止稀释，在最低的浓度下仍然能闻到的成分被确定为样品的关键香味成分。通过计算每种香气化合物香气稀释因子（flavor dilution，FD，即初始样品中香气化合物的浓度与最大稀释后的样品中该化合物浓度的比值）来判断各化合物的香气贡献大小，以FD因子为纵坐标、RI保留指数为横坐标绘制出FD色谱图。FD越高说明该成分的香气就越强，该成分在食品的整个香气中所起的作用就越大。但AEDA法的应用是以气味强度与化合物的浓度呈线性关系为前提的，这与人们认同的对数或指数关系矛盾。此外，AEDA法无法弥补香味稀释过程中出现的误差或不同评价员之间的感知性误差。因此，AEDA法不适用于对香味化合物的定量分析，只适用于香味活性成分的筛选。

CHARM分析：CHARM分析中，采用随机的次序稀释以避免由于对样品的逐步习惯而引起的主观偏好，在嗅闻时，评价员需感知每种气味的持续时间并记录相应的气味特性，计算机系统由这些信息构建出以保留指数为横坐标、以稀释值（dilution value，DV）为纵坐标的CHARM谱图。在该谱图上，气味强度是与色谱峰面积成比例的。根据峰面积可客观地判断出各成分的香味强弱。CHARM值最大的化合物即为对香气贡献最大的关键成分。

（3）DF（检测频率）法　DF法是最简单的GC-O分析技术，该法需要大量评价人员，将同一个不经稀释的样品不断重复分析多次，统计每个香气成分出现的频率，然后用保留指数作横坐标，用DF值作纵坐标，绘制DF香味谱图。在DF图中，峰高是被闻到的次数，与香味强度无关。DF法认为一种气味的检测频率越大，则对样品整体香味的贡献就越大。DF能用最少的时间确定样品香味中活性物质，闻香人员也不需要经过特殊训练。

四、电子鼻技术

1. 电子鼻技术特点

电子鼻（electronic nose）是一种新颖的分析、识别和检测复杂气味的仪器，与GC-MS、GC-O等仪器的检测原理不同，电子鼻给出的是样品气味的整体信息，而不是被测样品中某种或某几种成分的定性、定量结果。电子鼻对气味的敏感性很强，检测限可达10^{-9}水平，完全可以与人鼻相媲美，通过分析传感器阵列与总体香气响应发挥作用，不需要分离香气成分，检测速率快，重复性好，不易疲劳；易于操作，样品无须前处理，检测时对环境要求低，灵敏度高，对浓度低的样品也能检测；有毒、无毒的气味均能检测；灵活性好，价格有优势。

目前，国内外对电子鼻的研究进入比较成熟阶段，在化工、食品、环境、医药等多个领域得到了极大的应用，尤其是在食品行业中的应用，如香精、香料、酒类、烟草、饮料、肉类、奶类、茶叶、水果等具有挥发性气味的食品的识别和分类，主要是对其进行等级划分、新鲜度判断、成熟度鉴别、烟草鉴别等。

2. 工作原理

电子鼻是建立在模拟人的嗅觉形成过程基础上的，如图 13-9 所示，主要有三个组成部分：气体传输/采样系统、气敏传感器阵列、信号处理系统。气体传输/采样系统相当于顶空取样装置，它利用载气将样品顶部空间的气体传输到传感器阵列单元。气敏传感器阵列相当于人的嗅觉感受细胞，产生嗅感信号。信号处理系统由计算机系统完成，相当于人的大脑，进行分析。

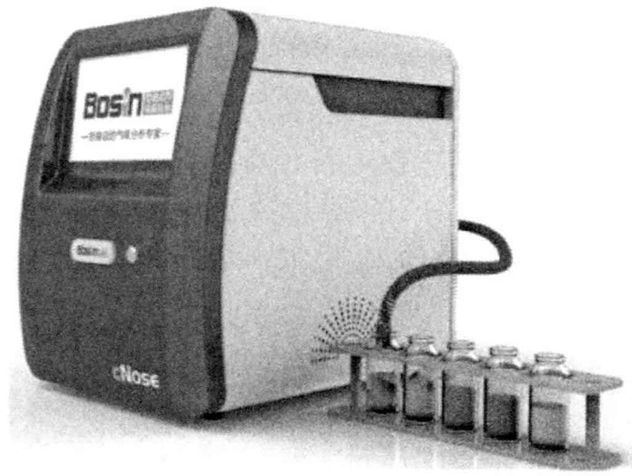

图 13-9 电子鼻

思考题

1. 简述食品中香气成分研究的步骤。
2. 香气物质的提取方法主要有哪些？简述各自的优缺点。
3. 食品中香气物质分析方法有哪些？简述各自的工作原理。

参考文献

[1] 孟晓．食品分析[M]．北京：中国轻工业出版社，2021.

[2] 王喜波．食品分析[M]．北京：科学出版社，2021.

[3] 谢笔钧．食品分析[M]．北京：科学出版社，2021.

[4] 卫生部，中国国家标准化管理委员会．GB/T 5009.1—2003《食品卫生检验方法 理化部分 总则》[S]．北京：中国标准出版社，2003.

[5] 戚穗坚，杨丽．食品分析实验指导[M]．北京：中国轻工业出版社，2018.

[6] 高向阳．现代食品分析[M]．北京：科学出版社，2018.

[7] 腾金秀．颜色测量技术[M]．北京：中国计量出版社，2007.

[8] 谢笔钧．食品分析[M]．北京：科学出版社，2017.

[9] 赵小敏，章洁琼，胡朝凤，等．遵义8个酒用高粱品种的产量及酿酒品质[J]．贵州农业科学，2022，50(5)：120-125.

[10] 浦浩亮，王柳清，胡秋辉，等．脱水香葱在不同水分活度下贮藏品质的变化规律[J]．食品科学，2019，40(9)：228-233.

[11] 侯曼玲．食品分析[M]．北京：化学工业出版社，2017.

[12] 余硕文，佘荣书，韩兴林，等．君丰大曲酱香白酒出池酒醅特性与各轮次基酒风味相关性分析[J]．中国酿造，2022，41(7)：64-70.

[13] 中华人民共和国国家质量监督检验检疫总局，中国国家标准化管理委员会．GB 12456—2021《食品安全国家标准 食品中总酸的测定》[S]．北京：中国标准出版社，2021.

[14] 中华人民共和国国家质量监督检验检疫总局，中国国家标准化管理委员会．GB 5009.157—2016《食品安全国家标准 食品中有机酸的测定》[S]．北京：中国标准出版社，2016.

[15] 中华人民共和国国家质量监督检验检疫总局，中国国家标准化管理委员会．GB/T 10345—2007 白酒分析方法[S]．北京：中国标准出版社，2007.

[16] 杜兵耀，王加启，李发弟，等．清香型白酒酒醅理化指标变化规律研究[J]．中国乳品工业，2019，47(2)：34-38.

[17] 谢音，屈小英．食品分析[M]．北京：科学技术文献出版社，2006.

[18] Verma S K，Sood S K，Saini R K，et al. Pediocin PA-1 containing fermented cheese whey reduces total viable count of raw buf-falo (*Bubalis bubalus*) milk[J]. LWT - Food Science and Technology，2017，83：193-200.

[19] 程度，曹建兰，王珂佳，等．高粱对酱香型白酒品质影响的研究进展[J]．食品科学，2022，43(7)：356-364.

[20] 钟敏，张健．原料糯高粱对酱香型白酒品质影响的研究现状[J]．中国酿造，2022，41(1)：32-36.

[21] 陈雪，梁克红，朱宏，等．游离氨基酸检测方法及其应用[J]．食品安全质量检测学报，2021，12(8)：7298-7304.

[22] 杜颖颖，刘相真，叶美君，等．超高效液相色谱-串联质谱法测定茶叶中游离氨基酸成分[J]．色谱，2019，37(6)：597-604.

[23] 国家市场监督管理总局，国家标准化管理委员会．GB/T 30987—2020《食品安全国家标准 植物中游离氨基酸的测定》[S]．北京：中国标准出版社，2020.

[24] 胡雪潇．高效液相色谱法检测食品中氨基酸的方法分析[J]．食品安全导刊，2020(15)：118.

[25] 黄小兰，何旭峰，杨勤，等．不同产地地参中17种氨基酸的测定与分析[J]．食品科学，2021，42(2)：255-261.

[26] 刘长姣，杨越越，王妮，等．茚三酮比色法测定秋葵中氨基酸含量条件的优化[J]．中国食品添加剂，2018，1：187-193.

[27] 彭真汾，王威，叶清华，等．高效液相色谱-串联质谱法定量分析橄榄果实氨基酸组分[J]．食品科学，2018，39(24)：231-238.

[28] 张庄英，范文来，徐岩．不同香型白酒中游离氨基酸比较分析[J]．食品工业科技，2014，35(17)：280-284+288.

[29] 中华人民共和国国家卫生和计划生育委员会，国家食品药品监督管理总局．GB 5009.124—2016《食品安全国家标准 食品中氨基酸的测定》[S]．北京：中国标准出版社，2016.

[30] Kazan R M，Seddik H A，Marstani Z M，et al. Determination of amino acids content in tea species using liquid chromatography via pre-column fluorescence derivatization[J]. Microchemical Journal，2019，150：104103.

[31] Vakilia H，Talebpour Z，Haghighi F. Development，validation，and uncertainty measurement of HPLC-DAD method for determination of some free amino acids in infant formula and medical food products for inborn errors of metabolism[J]. Food Chemistry，2022，390：133204.

[32] 吴谋成．食品分析与感官评定[M]. 2版．北京：中国农业出版社，2012.

[33] 刘长虹．食品分析与实验[M]．北京：化学工业出版社，2006.

[34] 张建勋．香味化学与工艺学[M]．北京：中国科学技术出版社，2012.

[35] 李盼盼，朱晓兰，黄兰，等．CO_2超临界萃取/GC-MS法测定烤烟中的香气成分[J]．分析仪器，2012(1)：42-47.

[36] 杨靖．超临界流体萃取茶叶香气成分的研究[J]．食品科技，2007：83-85.

[37] 杨文武，邓乐乐，许永，等．加速溶剂萃取GC-MS分析烟叶中香气成分[J]．广州化工，2019，47(22)：114-116，160.

[38] 张晓鸣．食品风味化学[M]．北京：中国轻工业出版社，2009.

[39] 谢建春．香味分析原理与技术[M]．北京：化学工业出

版社，2020.

[40] 付钦宝，蔡为荣，谢亮亮，等．顶空固相微萃取-气质联用分析荷叶香气成分[J]．安徽工程大学学报，2017，32(1)：24-28.

[41] 王淑燕，赵峰，饶耿慧，等．基于电子鼻和ATD-GC-MS技术分析茉莉花茶香气成分的产地差异[J]．食品工业科技，2021，42(15)：234-239.

[42] 师瑞，尹文婷，马雪停，等．SDE-GC-O-MS鉴定浓香葵花籽油香气活性成分[J]．中国粮油学报，2021，36(8)：113-117.

[43] 郭丽，杜正花，姚丽鸿，等．铁观音乌龙茶和红茶的香气化学特征分析[J]．食品科学，2021，42(10)：255-261.

[44] 王娟，孙瑞，王桂霞，等．8个草莓品种(系)果实特征香气成分比较分析[J]．果树学报，2018，35(8)：967-976.

[45] 李洪波，刘胜辉，李映志，等．顶空固相萃取和气相色谱-质谱法测定菠萝蜜果肉中的香气成分[J]．热带作物学报，2013，34(4)：755-763.

[46] 黄豆，曹烙文，岑延相，等．顶空固相微萃取-全二维气相色谱/飞行时间质谱测定三种芒果香气成分[J]．食品工业科技，2021，42(15)：218-226.

[47] 杨君，郜海燕，储国海，等．基于GC-MS和GC-O联用法分析佛手精油关键香气成分[J]．食品科学，2015，36(20)：194-197.

[48] 蒲璐璐，戴怡风，李豆南，等．电子鼻和气质联用技术分析不同酒龄酱香型白酒挥发性成分[J]．中国酿造，2021，40(7)：171-175.

附　录

食品分析期末练习题（1）

食品分析期末练习题（2）